U0271920

与饲料质量对话
·三部曲

孙浩先　李　珂　著

中国农业科学技术出版社

图书在版编目（CIP）数据

与饲料质量对话：三部曲 / 孙浩先，李珂著 .
北京：中国农业科学技术出版社，2025. 2. -- ISBN
978-7-5116-7292-6

Ⅰ . S816

中国国家版本馆 CIP 数据核字第 202591CX54 号

责任编辑	张国锋
责任校对	李向荣
责任印制	姜义伟　　王思文

出 版 者	中国农业科学技术出版社
	北京市中关村南大街 12 号　邮编：100081
电　　话	（010）82109705（编辑室）（010）82106624（发行部）
	（010）82109709（读者服务部）
网　　址	https://castp.caas.cn
经 销 者	各地新华书店
印 刷 者	北京地大彩印有限公司
开　　本	148 mm×210 mm　1/32
印　　张	15
字　　数	370 千字
版　　次	2025 年 2 月第 1 版　2025 年 2 月第 1 次印刷
定　　价	160.00 元

写在前面的话

饲料行业从业 25 年，曾就职于正大集团、新希望六和股份有限公司；从饲料化验工作开始到当下为饲料集团提供质量问题界定及系统解决方案的规划、设计、落地教辅；经过多年的深度思考和躬身入局，亲自做事的实践和体验；深深理解和体会到了饲料运营体系在企业经营中的巨大作用及价值，才萌生了把自己的实践经验整理成书的念头。

引　言

中国饲料行业到目前已经历了 40 多年的迅速发展。从开始的外资技术垄断到当下的中国本土饲料企业成为市场主角，饲料行业一直在探索中前行，企业经营管理也在不断地提升和迭代。

从市场规模和占有率等方面来看，目前本土的饲料企业已经在国内占据了绝对的优势，中国的饲料集团甚至已经走出国门，布局了国外市场。但是如果回归到经营指标（利润率、持续盈利能力）和运营指标（质量稳定性和综合成本），我们同国际一流的饲料集团还是有些差距，造成差距的真正原因是什么呢？笔者个人的观点是经营者对饲料运营及体系理解的不同是其中主要原因之一。因此通过厘清饲料经营与运营的区别和联系，厘清饲料运营的逻辑，厘清体系的本质和设计准则，洞见差距背后的真正原因，构建卓越的运营体系是当下饲料企业突破瓶颈、实现产业跃迁的一条重要路径。

为什么会这样说呢？让我们先简单回顾一下饲料行业的发展历程。1979 年外资进入中国以前我们是没有饲料概念的，养殖都是各家各户散养，根本谈不上规模和产业化。在初期阶段，饲料配方技术（核心是营养技术）成为最大的瓶颈。随着国家和企业对动物营养及其他相关技术领域研究的投入，动物营养专业技术瓶颈被突破，带来了本土饲料企业的第一次飞速发展和产业升级；接下来随着生产设备技术的突破，行业再一次地进行了升级和发展；随着自动化数控技术的应用，行业又一次迎来升级；饲料行业就是以这样的方式发展了40多年，取得了当下的成就与辉煌。

近几年，因整个世界政治经济形势的变化和国内消费需求的变化，饲料行业面临前所未有的压力和挑战。我们沿用以前的知识和技能来解决看到的"问题"，以求行业再次突破的行动，感觉收效并不理想。笔者认为不是外在的经济周期或技术价值网络困住我们，而是一种内在的组织心智。当我们在一个行业里或在一个社会里，一旦对某个事物形成了群体性心智，这个心智会自己增强。越多的人相信它，它的吸引力越大，当它的正确性被反复证明后，又吸引更多的人来相信它，于是很难被证伪。在原心智模式之内是很难寻求突破的。

当今我们迎来的是一个变革的时代，不仅是环境和资源的变化、新技术的产生，如 AI，甚至带来了行业和人的适配性的变化。这些倒逼饲料行业需要寻找新的发展和突破的奇点，这个奇点的突破需要我们使用与以前不同的思考框架来深度地思考。

当下行业的外部环境和以前最大的区别是"波动"，相对以前稳定的影响因素，现在的不确定性在不停地提升；如饲料主要原料玉米、豆粕行情的变化；养殖疫情的突然暴发；客户根据行情对饲料要求的不断变化等；我们想要突破这个奇点，我们就需要预知未来变化，根据预测的结果提前采取行动，提前把握机会，获取利益或者根据未来的预测提前采取措施减少损失。对未知变化的预判需要的是系统的能力，这种系统能力是企业自己内生性的能力，是一类原初的、根本性的决定力量。

系统能力的打造来自企业体系打造的能力和体系运转的质量，这就是本书的核心观点，即如何通过厘清饲料运营体系的逻辑和厘清体系规划落地的步骤，来打造企业应对未知变化的系统能力。

因此，饲料产业当下面临的问题不是产业的升级而是跃迁，行业的升级是针对行业遇到的普遍问题通过扩大规模、加深程度、加剧活动等手段来得到解决的过程；首先我们来看一下当下行业面临的一些困惑：

> 饲料产品利润越来越薄，企业还有生存空间和发展潜力吗？

> 国际集团的产品稳定和利润空间是如何做到的呢？

> 产品配方保持不变，产品质量为什么还不稳定呢？

> 设备配置和自动化程度越来越高，产品质量怎么还不稳定呢？

> 生产成本和费用的标准是什么？还有下降的空间吗？

> 如何实现价值采购降低未来配方成本？

> 质量管理工作的定位是什么，真正的价值在哪里？

> 为什么同样的质量问题总是重复发生？

面对上面的困惑，我们可以演绎一下解决的方案，发现根本无法从某个点来解释清楚。这些是问题的表象，结果还是真正的原因？造成这些问题的真正原因是什么？造成这些问题的原因的共性是什么？整个思考需要运用系统化思维框架去界定和洞见。在真正原因界定清晰后，问题的解决需要配套系统的解决方案。系统化的解决方案的梳理首先要厘清：

1. 真正的问题是什么？

2. 造成这个问题的因素有哪些？

3. 这些因素影响的权重各占多少？

4. 把关键因素按照是否达到了可以接受的最低质量要求排序，排序后厘清关键因素之间的因果关系链条是什么？

只有厘清了这些，我们才有可能洞见真正的问题，也才能从根本上设计出配套的解决方案。在方案的落地中我们还需要：

1. 厘清业务逻辑（厘清部门边界）。
2. 厘清做事的秩序（厘清业务流程）。
3. 厘清不同业务单元的职责和边界（厘清部门职责）。

体系的核心是流程和配套的制度；通过部门内部和部门间以"质量"和"成本"为核心组成的系统就是运营管理体系。本书是从如何做好饲料质量的角度切入，分享对饲料的业务逻辑和体系建设的理解与经验。书中把饲料的质量层层拆解，是为了向大家说明为什么要努力"看见"质量以及"看见"质量背后的隐患，对看到的质量隐患如何界定造成的真正原因，以及对界定原因的解决方案如何落地。这并不是一个全新原创的理论，恰恰相反，它是将其他具有坚实基础的理论引入饲料领域，以不同以往的视角来看我们熟悉的行业、熟悉的工作，整体性地"看见"饲料质量和饲料行业系统的质量。因此本书的观点更多是基于作者实战中的经验总结，不是缜密的学术理论，期望能为大家在厘清饲料运营管理体系工作方面提供参考。这本书还有一个作用，就是帮助大家清晰饲料企业不同岗位的"岗位画像"，哪怕你对饲料质量没什么兴趣，只想了解一下饲料这个行业，这本书也是值得一读的。

◇ 饲料经营者从中可以清晰了解各部门的职责。

◇ 运营管理者从中可以清晰了解部门的秩序和边界。

◇ 技术管理者可以清晰了解自己岗位的定位及职责。

◇ 质量管理者从中可以清晰了解自己的定位和价值。

◇ 采购管理者从中可以清晰了解价值采购实现的路径。

◇ 生产管理者从中可以清晰了解如何建立生产自己的管理数据。

◇ 人力管理者从中可以清晰了解各部门主管的人物画像。

看见质量

第一部分 "看见"质量

第一章 "看见"

"质量"这个词语在我们的日常生活中一点都不陌生，几乎每时每刻都在接触：每日购买的商品、享受的服务、每日工作的结果等，哪个没有与质量相关呢？所以见到"看见质量"这个话题，大家也许会觉得有些奇怪，尤其是在制造业领域工作的人，会认为自己时时刻刻都在关注着质量，也很重视质量，怎么还需要回到原点去"看见"质量呢？带着这样的疑惑，我们稍作停留思考一下这两个问题：

❖ 我们是如何定义看见的？

❖ 我们对看见的标准是什么？

一、我们理解的看见

看见是"看"和"见"的组合；其核心一个是"看"，一个是"见"；"看"是"见"的基础，"见"是"看"的结果。是不是我们眼睛看到的东西一定就会被看见呢？成语"视而不见"其实很好地诠释了这个问题；眼睛看到的东西也可能被忽视或者忽略掉，所以不一定有"见"；如果想有"见"，需要在"看到"的基础上用心思考，也就是我们平时说的"走心"，这样才会有"见"的结果。事物或者现象显现出来的被我们看到，这个已经是事物或者现象的结果了。人对于看到的事物或者现象，会产生一定的看法，这种看法就被称为"意见"或"见解"。"意见"或"见解"有各种各样，独创性的见解称为"创见"；正确而透彻的见解称为"灼见"；有预料性的见解称为"预见"；这个就是"见"的定义。是我们对于看到的事物的思考和更深层次了解的结果。

二、看见的标准

上文阐述了我们对于"看见"的理解和"见"的不同定义，为了便于理解，我们可以再区分一下"见"的标准。如果只停留在事物表现出来的结果层面，我们把这样的看见理解成普通级的"看见"，这个普通级的"看见"，我们暂时就称为"看到"吧。

如果我们想通过看到的结果去探究这个结果形成的原因，就需要去"看见"造成这个结果的因素有哪些，这些因素间的相关关系是什么？这个结果究竟自身是一个问题，还是一个更深层次问题的症状。然后通过对看到的表象抽丝剥茧，根据自己掌握的知识、方法、技能进一步去思考和分析，深入发掘现象背后深层次的原因，我们通过"看见"这些更深层次的事物，并结合自身的经历和体验，经过分析提炼形成自己的见解，就是"灼见"或者"创见"；这个可以理解为专家级的"看见"。

形成自己的"灼见"或者"创见"后，如果还想继续去探究事情的本源；这个时候需要具备保持置身局外，站到更高的位置去思考的能力，同时要有躬身入局，亲自做事的探究态度和精神，经过长年的思考、纠偏和体验，我们慢慢就会与这个事物本身产生深度的连接，此时我们会发现自己可以通过事物的一些表象就能感知到事物未来的发展方向和路径，这个情况可以理解为更高级别见微知著的"预见"。

上面是基于个人的理解，对"看见"标准的简单阐述和分级，便于理解为什么在日常生活中，大家在面对同样的事情和现象时会给出不同的"看见"结果，甚至是完全相反的结论。除了与个人的意愿、能力、兴趣、经历、获得的收益等诸多因素有关外，每个人对"看见"的要求和标准不同，才是影响"看见"结果的核心原因。标准不同，思考的深度必然不同，进而行动的方向和最终的结果也不尽相同。

这里的"看见"从某种角度，是了解自己和了解关系能力的外显。比如了解自己当下的方向和目标，了解自己思维的运转模式（自己到底如何在思考）；了解自己和这件事的关系：是真正看清了关系的全貌，还是只是一部分？对于此，理查德·尼斯贝特给出一个清晰简单的观点：我们对于人、情境的判断，甚至对整个物质世界的观念都仰仗我们既有的知识和潜在的思考过程，而非来自对于现实的直接解读。我们当下所处的时空和情境塑造我们的想法，决定了我们"看见"这个行为的结果。社会物理学一直致力于通过定量的方式描述信息和想法的流动与人类行为之间可靠的数学关系。其核心观点都与想法在人们之间的流动有关。这种想法的流动既体现在沟通模式或社交媒体传递中，也体现在人们花费的共处时间或相似体验。

因此笔者在这里提出"看见质量"的这个概念不能说是解决具体质量问题的理论纲领或实践模式，但至少为这些问题的解决提供一个视角、一个理论框架和一种实践策略。作为看待"质量"和"人与质量关系"的全新方式，"看见"是一种理念，也是一种行动；既是一种思维方式，也是一种行为方式。

第二章　质　量

　　质量本身有自己特有的属性，所以我们要看见质量，需要先了解它的属性。质量有 3 个方面的属性，分别是：动态性、相对性和对比性。质量的属性是相通的，不同领域的质量均可以从这 3 个方面来了解它，饲料也不例外，接下来我们分别展开来看一下质量的这 3 个属性。

一、饲料质量的第一个属性：动态性

　　我们理解的质量动态性有两方面，一是质量是动态的，是不停地在变化中的；二是时间的维度，比如同一个产品"今天"的质量、"昨天"的质量以及"明天"的质量是不同的。在饲料领域的日常工作中大家是否遇到过以下的情形：

　　◇ 我们研发出一款饲料产品，试验效果非常好；销售负责人或公司的总经理下达命令，这款饲料产品的配方不允许随意改变，生产要一直按照这个配方进行生产，这样做的目的是要保证产品的质量和养殖效果；

　　◇ 同样的一套饲料产品配方，我们昨天生产的饲料产品颗粒质量，如含粉率、饲料硬度、常规检测项目等均是合格的，但今天生产的同一配方的饲料产品到达客户那里后却收到客户的投诉；客户反映这批次产品的粉多、硬度不达标或检测出的常规营养成分出现不合格的现象；

◇我们在 1 个月前甚至更久之前做的总磷的标准曲线，到现在一直还是以它为标准来计算样品中总磷的含量；

◇集中力量（一段时间内所有分公司参与）开发出一个近红外预测模型，交付给分公司开始使用后，再重复上述方法开发其他模型；模型安装以后 1 年或几年都没有进行验证和更新，我们感觉近红外预测数据的准确性应该和最初一样不会有任何问题；

◇同一饲料原料供应商免检，不同日期或不同批次的进货偶尔抽查一下，原料的营养含量也是用上批原料甚至几个月前原料的检测结果；

◇筒仓储存的几千吨玉米，质量管理人员一直在提供同一套质量数据给我们的饲料配方师；或者饲料配方师始终用同一套数据来运算配方，直到这批玉米使用完。在玉米储存过程中也没有采取任何对应的质量检查；

◇几年都未对饲用油脂储存罐进行过彻底的清理，在日常使用中，还在不停地进油、出油；油罐加热保温也随着生产的开工停产而不停地关停等。

坦率地讲，这些现象在饲料日常的质量管理工作中都存在，且比较常见。大家可能不一定全部碰到过，但是碰到其中的一部分或相似的事情的概率还是较大的；更有甚者，会认为这些都是合理且正常的情况。存在即合理，笔者不予评论。

在这里想邀请大家思考一下，从上面所述的内容，我们有没有感受到有什么不对的地方？这里是不是存在一个假设：假设了质量都是最初我们看到的情况，它是不会随着外界的变化而变化的；或者认为这种质量的变化是安全的，是不会产生风险的；期待质量稳定，这种态度是很好的，但是还记得质量的第一个属性吗？它是动态的。所以我们认为质量是静止的或者没有看见这些变化带来的质量风险，这是不现实的。

现在让我们换一个视角继续来看质量的动态属性

◇生产过程中的粉碎、配料、混合、制粒等环节的设备，操作人员的意愿、工作的环境和饲料原料的质量等客观情况都是一直在变化的；这些变化必然会引起产品质量的波动；

◇饲料配方不变，虽然保持了配方中饲料原料的种类和比例没有改变，但是因为不同生产批次用到的饲料原料的质量是变化的，所以最终产品可以提供的营养是在变化的；

◇化验的标准曲线是基于建立标准曲线时的溶液、设备情况、当时操作人员的技能做出来的，几个月以后这些因素是不是都已经发生变化？

◇开发的近红外预测模型的准确性是基于当时收集的样品的数量、化验数据的准确性和当时样品的变异范围等做出的判断结果，几年后，样品来源的原料（饲料）加工工艺的改变、人工化验偏差的波动以及样品营养的波动（植物遗传育种带来的改变）会不会已经超出了定标样品的代表性范围，预测的质量会不变吗？

可以"看见"质量其实一直都是在变化中的，所以要想看见质量，必须看见质量的变化，要看见所有质量关键点的变化。因为质量的动态性，所以我们看待质量也必须用动态的思维，不能等看到质量结果了才去解决问题。就像当看到筒仓玉米发热冒烟了，市场出现大规模退货，客户开始投诉了，再去思考原因解决问题，这个时候要付出的成本太大了。

因此从质量的角度，我们"看见"的标准应该首先看到当下的质量现况，去"预见"未来的质量风险。

二、饲料质量的第二个属性：相对性

相对性在《辞海》里是这样被定义的：描写物质属性（如质量、电荷等）和运动状态（如位置、速度等）的物理量以及运动规律与参考系选择有关的性质。规律比较好理解，是事物发展过程中的本质联系和必然趋势。参考系理解起来就有些难度，因为这是一个物理学范畴的词汇。因为自然界中绝对静止的物体是不存在的，因此描述一个物体的机械运动，必须选择另外一个物体或者物体系作为参考，被选作参考的物体称为参考系。参考系是可以被选择的，根据不同的目的；同时参考系也是动态变化的，只是物体相对于它是静止的，但它们同时都在变化。

现在让我们带着这个认知，看一下饲料领域的日常工作中是否碰到这样的情形：

◇ 不同客户对我们公司同一饲料产品的功能提出不同的需求；

◇ 不同客户对同一公司的同一饲料产品的同一功能提出了不同的需求；

客户和我们的产品就好比物体和参考系。当情况符合客户预期，他们会感到愉悦；但对应的是，同一个饲料产品不可能满足所有客户的所有需求。但是只有满足客户合理需求的产品，才会被认为是质量好的产品。所以，需求不同，质量要求也就不同。因此在看见质量的时候，我们要看到饲料产品的质量定位与客户需求是否匹配。

规律是：客户的需求是在不断变化中的，这就提出了质量的相对性。我们要看见质量，就必须加入时间维度，动态地看。

把客户、公司看成一个大的系统，那么客户和公司分别是这个系统内的两个要素（参与者），他们之间关联的核心是"信息"

的流动。客户在购买饲料产品之前对产品进行分析观察的时候，信息的流动就出现了。在决定是否购买前会考虑很多因素，比如饲料产品价格、自身经济情况、市场上同类产品情况，我们应该从客户和公司共同构建的这个大系统出发来判断目的，而非从我们自己的期望或宣称的目的出发。不同的客户和公司构成了不同的系统，即便组成这些系统的要素（客户）有很大变化，只要对这类系统的关联和目的保持不变，系统会保持运转。所以系统内的关联就显得异常重要，它对系统影响非常显著。我们回看上述问题，如果我们希望公司可以满足客户对产品的需求，那么公司和客户对齐需求的定义就是至关重要的一点，看见质量也需要看见质量的相对性。

三、饲料质量的第三个属性：对比性

显而易见，饲料质量是可以进行比较的。在召开饲料销售会议的时候，我们是否碰到过这样的场景：

销售员带回来竞争对手公司的饲料产品，然后开始描述这个产品的众多优点：如粉少、颜色漂亮、硬度合适、价格低等；谈到我们产品的时候是饲料的价格高但是终端养殖成绩的确比对手公司好。

这里我想引入"快思考"和"慢思考"的概念。快思考顾名思义，就是很快得出结论的一种思考方式，这在人类没有解决基本安全问题的时候非常有用，但在现代社会面对问题继续使用这种思维方式就会无法适应。当我们不依赖直觉去判断的时候，发现许多事情没有表面那么简单。

现在让我们来仔细思考一下上面的案例，你会意识到竞争对手的这款饲料产品和我们自己的饲料产品相比，有可能就不是同一个产品定位；我们公司可能是定位在规模养殖场的产品，竞争对手可能是定位散养户的产品；基于不同的产品定位，上面所描述的质量对比点就不在一个层面上，所以这两个产品的质量就没有任何可比性。

看见质量需要看见质量的对比性，只有对比才能看出质量的差异。但饲料质量的对比性是需要在相同的水平下对比相同的质量指标。

第三章　如何看见质量

在前两章中分享了我们对于看见的理解，对质量的 3 个属性也做了简单的阐述。综合起来讲，如果我们要看见质量，就需要把看见的标准与质量的属性相结合，通过看到的质量结果，系统化地思考分析结果背后的影响因素及因素间的关联关系，找到真正的原因，最终实现我们期望看见的标准。在我们系统思考的过程中，我们需要转换不同的角度，下面几个思考的角度供读者参考。

一、"看见者"

俗话说"当局者迷，旁观者清"。如果我们身处某个局中就很难看到事物的本质，同时因为身处局中受利益、关系等很多因素的影响，也很难客观真实地评价。所以在看到事情的表象后，我们要置身局外以第三者的视角来思考和观察看到的结果，才有可能看见更深层次的东西。所以即使我们身处其中，如果要想做到质量预见的标准，也需要锻炼自己置身局外的思维习惯。

二、看见饲料质量的整体性

饲料是一种特殊的商品，所谓特殊性：

一是指饲料作为商品，其购买者是我们的养殖户，饲料的最终消费者是养殖户养殖的动物。所以饲料产品既要满足购买者的需求，又要满足消费者的需求。并且作为评价质量最有发言权的消费者（动物），无法与我们生产者和购买者直接沟通。基于这样的特性，我们如果要真正看见饲料的质量，必须从饲料到养殖的整个过程来看。

二是指饲料是一个非标准化的工业产品，为什么说它是一个非标准化的工业产品呢？

原料质量无法标准化：我们来看饲料使用的原料，无论是谷物原粮，还是其他深加工带来的副产品，营养成分、毒素、感官、气味每车的质量都不同；都在不停地变化，无法把原料质量相对地固化。原料质量只能控制在一个范围，不能标准化成一个数值，且波动的范围还比较大。

原料营养估算值无法做到精确：原料能提供的营养都是测算值，测算的误差大小不仅与原料的价值测算的方程有关，还与化验数据的准确性及饲料配方师的专业能力等都相关，所以配方提供的营养只能是一个接近或者超过动物营养需求的估算值；营养精准其实是努力在缩小估算值和真实需要值之间的差异。

动物营养需求无法固化：由于养殖环境、模式、管理水平和饲养目标的差异，相同的动物品种对营养的需求其实是不同的。在实际生产中，需要根据实际情况进行调整。

生产加工工艺参数无法固化：饲料的生产加工过程，虽然实现了机械化和自动化；但是从饲料原料的入厂到饲料成品（产品）出厂，因为各因素（原料、环境温度、配方设计等）每时每刻都在变化中，每个质量的关键点都无法固化到一个标准参数，所以工艺参数大多数是一个标准值加一个波动范围。

因此我们要看见饲料质量，需要从全局出发，从整体来看；不仅从饲料到养殖的整体质量来看，还要在工厂内部从原料入厂到产品出库的整个过程的每个质量关键点来看，这样才能全面看见饲料的质量。

三、看见饲料质量的"时间"维度

从质量的 3 个属性大家可以看到，无论是动态性、相对性和可比性都有时间的维度。因此，我们要想看见饲料的质量，必须强调时间的维度。时间其实是一个复杂而抽象的概念，对于时间的理解和感知也涉及多个领域，包含但不限于物理学、哲学、神经科学。我们从两个角度来看一下质量的"时间"维度。

第一个角度：物理学角度。物理学角度来看时间是宇宙中一种基本的物理量，是事件发生顺序的标志，也是运动和变化的基础。根据相对论观点，时间和空间是相互关联的，构成了时空整体结构。

在这个角度下，我们从过去的历史数据中看到的质量结果来分析具体的原因；通过公司内部的质量保证体系来查缺补漏，完善当下的流程，杜绝问题的再次发生。同时要不断完善当下质量关键点的数据化水平，通过数据去监控质量的波动，保证当下质量的安全。

第二个角度：哲学角度。哲学是衡量个体生存意义的工具。

这个角度提示我们要总结提炼经历过的质量结果，通过过往历史质量数据的变化去"预见"未来存在的质量风险，并采取措施进行预防和避免。

四、打通质量因果关系链

世界上所有的东西，都是因果关系链条上的一环。比如一根蜡烛，如果点燃它，它会发光发热，那就是它的"果"。而蜡烛之所以在这里出现，是因为之前有人制作了它，那是它的"因"。质量管理工作最终希望实现的是"质量可追溯"，那么如何追溯？这里就提到了"因果关系链"。

　　影响质量的因素很多，每个影响因素与质量结果之间的关系不同，有的是完全相关，有的是完全不相关，有的只是些许关联，有的则是因果关系。如果要看见质量，我们就必须把所有的影响因素尽可能地先列出来，然后分析每个因素与质量结果的关系，理顺其中的因果关系链条，只有这样我们才能通过看到的质量结果去"看见"质量。清晰质量影响因素之间的关系，才是能够看见质量的核心。

　　下面我们以饲料（原料）的粗蛋白的化验结果为例做一个关系简图；从图 1-1-1 中我们可以看到各个因素之间的关系以及每个因素对结果的影响。

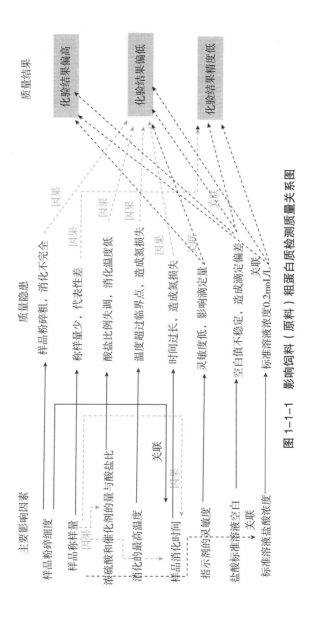

图 1-1-1 影响饲料（原料）粗蛋白质检测质量关系图

五、厘清饲料产品质量与饲料体系质量的关系

前文提到的"因果关系"是一种线性思维，这种思维模式探讨的是简单一对一的联系。它对解决某些特定类型问题非常有效。但缺点也很明显，它没有把事物看作一个复杂的系统，在一个大谜团中只是关注了其中一小块。现实中我们面对的情况远比线性思维能够分析到的部分要复杂许多，这就提出了另一个思维方式：系统思维。

提起饲料质量，映入我们脑海的首先是饲料产品的质量，日常工作我们也的确会聚焦于产品质量上面。但饲料产品的生产是一个公司内部各环节合作共同完成呈现的结果，所以看见质量除了看见产品质量外，更需要去看见公司内部运营体系设计和运行的质量。

把整个企业看成一个大的系统，其关联总是通过信息的流动而发生功能，这就是各部门间传递的信息流。信息流的质量决定了系统功能发挥的质量，是什么决定了信息流的质量呢？是一种"结构"，具体来说，就是内部运营体系设计和运行的质量。

对饲料企业来说，公司内部运营体系的质量直接决定了产品的质量，而产品的质量只是体系质量的显性结果。这就是在当下饲料行业，面对同样的原料市场、市场环境、养殖客户，为什么饲料产品的成本和质量差异巨大的主要原因之一。

图 1-1-2 是饲料产品与饲料运营体系的关系简图；关于产品质量和体系质量之间的内容在本书第二部分会进行详细的阐述。

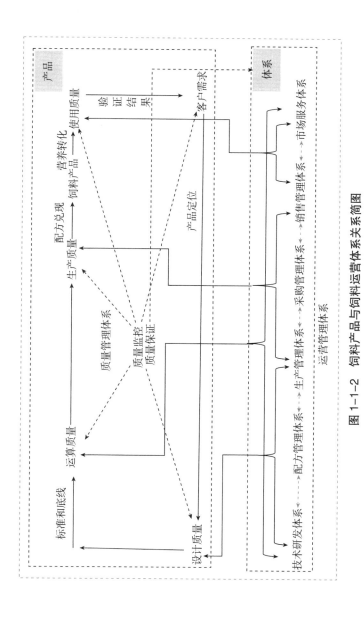

图 1-1-2 饲料产品与饲料运营体系关系简图

第四章 小 结

1. 看见可以分为看到、灼见 / 创见和预见不同的标准；

2. 我们看到事物表现出来的已经是结果了，我们只有在看到质量结果基础上去思考，才有可能进一步看见质量风险；

3. 我们看见质量期望的是预见质量的风险，不是单纯地看到当下的质量结果；

4. 看见质量是建立在看到质量结果的基础上，通过看到更多的影响因素，清晰各因素间的关联关系，"预见"未来质量的风险。

第二部分　定义与实践

第一章　质量相关定义

一、质量的定义

质量的通用定义是客体的一组固有特性满足要求的程度。所以不同的客体从自己的需求出发就有了不同的定义。商品从概念到市场的转化一般要经历从设计、生产、销售及售后等几个主要的环节，饲料作为一种商品也不例外。每个环节的客体从自己的需求和理解出发，也就对饲料质量有了不同维度的定义。

　　✧ 顾客的维度：基于个人的认知，满足或者超过自己的期望；

　　✧ 销售的维度：基于用户的质量，满足客户的需要；

　　✧ 研发的维度：基于用户的质量，满足客户和养殖动物的需求；

　　✧ 设计的维度：基于价值的质量（适用性、满意度与价格）；

　　✧ 生产的维度：基于生产质量，满足相应的工艺规范（工艺参数、质量标准等）。

对于饲料来说，我们要实现的是让客户感知到我们产品的质量达到或者超过他们的预期；客户的感知是客户购买我们产品使用后的个人判断。但是饲料从原料采购到产品销售明显不是一个部门的事情，这个过程需要的是整个公司的系统力量。

　　✧ 客户把自己的需求告诉销售部门或者市场服务人员，销售人员或者市场服务人员把客户的需求转化成具体的指标，如养殖指标、价格区间、客户主要关注点等质量语言传递给公司的技术或研发部门；

◇ 技术或研发部门根据相应的信息进行产品营养的设计，并要综合考虑产品的性能、配方成本、客户的覆盖率等指标；

◇ 产品设计完成后，技术部门下达生产配方给生产部门；生产部门要尽量保证配方的保真性，确保生产环节的工艺参数、质量监控指标符合要求；

◇ 产品通过分销到市场成为商品，客户使用后会与自己预期的质量对比；

◇ 服务部门提供良好售后服务，处理客户的反馈和投诉，提高客户满意度。

我们期望我们的产品达到，最好是超过客户的预期。从上述内容中我们发现要想达到这个目标，每个部门都需要对输出的质量负责：研发要对产品的设计质量负责，技术要对运算质量负责，生产要对生产质量负责，客户要对产品的使用质量负责；产品的质量并不能归因于一个部门的事情。我们把上述质量相关定义的内容整理成图如下（图1-2-1）。

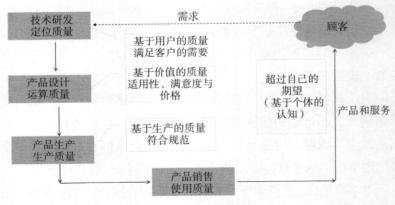

图1-2-1　质量的定义

二、饲料质量的分类

根据质量不同的定义结合饲料产品本身的属性，我们把饲料的质量整体切分成 4 个主要部分。

（一）定位质量

定位质量简单来说就是营养标准与动物需求的匹配程度。营养标准是营养师根据养殖场（户）的需求和养殖动物自身生长和生产的营养需求，结合养殖模式、管理水平等输出的一系列标准，包括但不限于常规营养指标（如粗蛋白质、粗脂肪）、原料的使用上下限、生物学效价指标（如代谢能、可消化氨基酸）、平衡指标（如赖能比）、离子浓度指标等。

（二）运算质量

运算质量是把原料质量的波动变成产品营养稳定的水平，以及提供动物所需营养经济成本的大小。配方师需要根据采购的原料质量的实际情况，凭借自己的技能和专业化的工具，进行营养运算，保证饲料配方呈现的营养水平符合营养标准要求且成本最优。关于成本最优的定义和内容，配方运算在实现原料价值采购中的指导定位，我们在质量实践的运算质量中会有详细的阐述，这里暂且略过；但是这里要说明的一点是，只有实现了原料的价值采购，配方成本才有可能真正地做到最优。

（三）生产质量

生产质量主要是指饲料生产过程中的关键环节的质量标准和生产自己的管理指标的达标情况。这里说的生产质量不仅是质量监控需要的质量指标，还应该包括饲料生产环节生产自己的管理指标，如效率、成本等指标；其中生产管理的十大管理内容我们在本书中管理实践的生产质量中有详细的阐述。

（四）使用质量

使用质量主要包括养殖场（户）对采购到养殖场的饲料的库存管理，及产品饲喂程序的执行情况。这部分工作须上游饲料端的市场销售人员或技术服务人员对养殖数据进行跟踪和管理，有效地确保营养设计的饲养方案在实际操作中得以实施，保证设计质量在养殖环节的养殖效益和动物健康水平等维度中体现。

三、质量管理体系的定义（图1-2-2）

对质量管理体系个人的理解是指在质量维度指导和监督组织，围绕经营，服务经营，把质量贯穿整个经营的管理体系。质量管理的定位要围绕经营、服务经营；不能脱离经营的现况去追求理想中的质量结果；体系的核心是落地而不是完美；所以当下推进的质量管理工作要与公司经营目标相匹配；同时质量管理工作的设计要和经营目标的实现形成因果关系；最终通过经营目标的实现体现质量管理的价值（质量管理体系的落地最终会提升公司5%～10%的经营利润）。

四、体系的定义

体系通常是指一定范围内或者同类事物，按照一定的秩序和联系组合而成的整体。在饲料领域主要包括技术研发体系、配方管理体系、生产管理体系、质量管理体系、采购管理体系、销售管理体系、客户管理体系、财务管理体系和人力管理体系等多个体系。每个体系都由很多不同的系统组成，所有体系互相监督和互相强化构成了整个大的运营管理体系。

五、全面质量管理的定义

全面质量管理，即TQM（Total Quality Management）就是指一个组织以质量为中心，以全员参与为基础，目的在于通过顾客满意和本组织所有成员及社会收益而达到长期成功的管理途径。

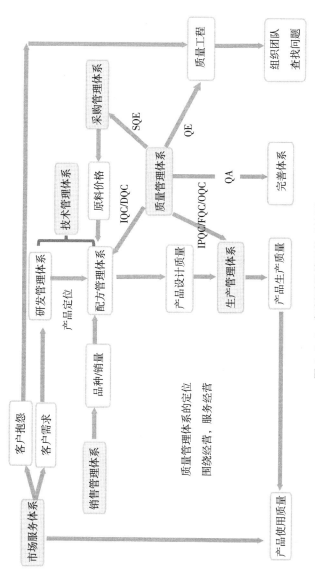

图1-2-2 饲料质量管理体系简图

全面的含义如下。

全面性：是指质量管理对象的全面性，是要把质量的维度嵌入公司的所有组织中，因此质量管理指导和监督的对象涉及公司的方方面面。

全过程：是企业生产经营的全过程。只有好的过程管理，才有好的质量结果。为了保证质量，质量管理会把质量的维度嵌入所有的过程管理中。

全员性：是指全面质量管理要依靠全体职工。体系的落地和实施最后依靠的是所有的员工，因此我们需要打造质量文化，教辅培训所有员工，建立与体系配套的业务团队。

六、体系的理解

◇体系的本质是流程和制度；

◇流程是制度的灵魂，制度是流程（某环节）得以执行的保证；

◇流程管的是做事的顺序和边界，制度管的是做事的标准；

◇流程看重的是整体行为，制度强调的是个人行为；

◇流程的意义是以追求某种利益而进行的最优化的行为办法；

◇流程的设计准则反映的是利益的分配和制衡；

◇流程的设计准则决定了体系建设的方向（分权/推责/成事）。

七、质量管理的职责（图1-2-3）

从图1-2-3中我们可以清晰地看到质量管理部门的定位和主要的工作职责。

QC（质量控制）

DQC：设计质量监控

IQC：原料的质量监控

IPQC：生产过程质量监控

FQC：产品质量监控

OQC：产品出入库质量监控

QA（质量保证）：

QA 的核心是质量体系的建设。QC 发现的质量问题或者预判到的质量风险，通过流程完善、纠偏、优化甚至重塑来避免质量事故的发生或者重复发生。

SQE（供应商工程）：

SQE 包含两个目的，一个是对供应商进行动态的质量监控，筛选优质的供应商；另一个是帮助或者协助与公司有战略合作的供应商建立起完善的质量管理体系。

QE（质量工程）：

QE 的主要职责是对于已经发生的质量问题进行追根溯源，看见造成质量问题的根本原因；同时结合当下界定的质量结果，以及可预见到的未来质量风险给出可行性的建设方案。通过流程的优化、纠偏甚至重塑避免类似质量问题的再次发生；采取措施避免预见到的质量隐患发生，提升公司的质量管理水平。

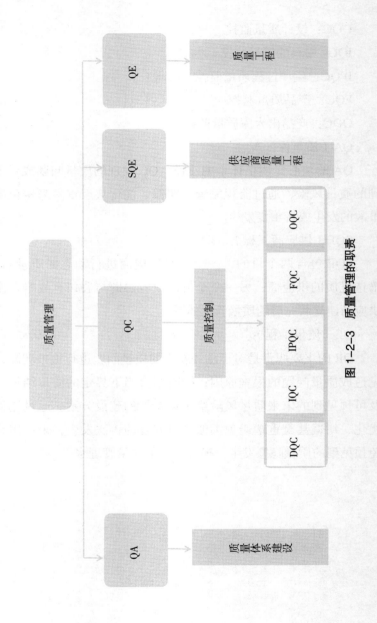

图 1-2-3　质量管理的职责

八、质量管理者的岗位画像（图 1-2-4）

质量管理部门的职责和工作，最终还是需要有人来落地。体系的落地必须配套相应的团队；那么要落地图 1-2-3 中所描述的质量管理的工作，除了需要配备相应的工作人员外，质量管理的领导者是其中非常关键的因素。管理者的水平和能力在很大程度上决定了工作的落地程度。图 1-2-4 是对一个优秀的质量管理者的能力画像。

（一）用数据和事实说话

用数据和事实客观地描述质量结果，尽量少用或不用如"挺好""不错""还行""应该没问题"这样的语言来阐述质量结果，是一个优秀质量管理者的基本功。比如谈到化验数据的质量，不能简单地描述：我们的化验数据没有问题，我们的化验室都经过某某认证了，这些都是某些事情结果的描述，从旁观者角度是无法从这些描述中去感知到真正的质量水平和质量现况的。换一种方法，如果我们这样描述：最近连续 4 次集团统一的 PT 测试结果显示，我们化验室常规检测项目的总体优秀率在 95%；其中粗蛋白质指标的最大绝对偏差在 0.4%；这样是不是会给人不同的感觉？这两种描述方式的核心区别在于，后一种描述是鉴于质量做得好不好是别人感知到，而非我们质量管理者自己说的这个底层逻辑。质量管理者通过对客观事实的描述，让对方通过自己的体验而下相关的结论。这点尤为重要，这是一种质量管理者和他人"对话"方法。这种"对话方法"有效地将质量管理者自己对于"质量标准"和质量现况的理解和信念传递给对方，因为不带评判，仅展示数据和事实，通过这样的"对话"，彼此的信任也由此建立起来。

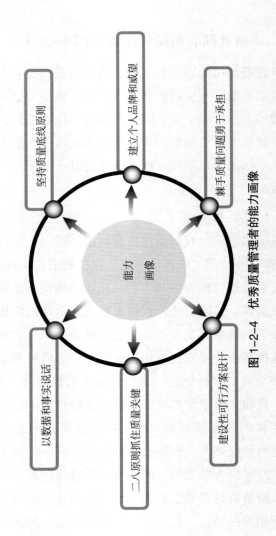

图 1-2-4　优秀质量管理者的能力画像

（二）二八原则抓住质量关键

对于显而易见的质量结果，公司所有人都会看到。作为质量的管理者，如果仅看到表面的质量结果，那么要想展示出质量管理水平和个人的价值是很难的。因此我们需要提高自己"看见质量"的标准，对于质量结果有自己的见解。幂律无处不在，大部分系统都有重点，做事情一定抓住重点，质量管理者通过看见质量结果背后更深层原因，抓住解决问题的关键，遵循二八法则，用80%的精力去解决20%的关键问题，只有这样我们的质量管理工作才有可能突出其该有的价值。最难的不仅是在复杂情形下找到那20%，而是在20%里依然遵循二八法则，找到20%中的20%。对内，质量管理者通过二八法则的指导，持续提升自我效能；对外，通过不断寻找关键点，获得系统的推动力。

（三）建设性可行方案设计

在遇到质量问题的时候，我们需要时刻提醒自己回到事情本身，提出自己的灼见或者创见，形成建设性的方案。切记不要只是把看到的质量结果通报一下就算完成了任务。建设性的方案往往不是0到1的创新，往往是对当下已知和已经具备资源的重新排序组合的创新。对于创新的定义和理解会影响到我们寻求解决方案的方向。

（四）棘手质量问题要勇于承担

面对质量问题，无论难度多大，在清晰部门边界和职责的前提下，作为质量管理者，要有勇气去负应该承担的责任，并完成相应的工作，这是岗位职责所在。这里所说的承担是指承担职责所在的部分，不是越界去承担其他业务部门的工作。

（五）建立个人品牌和威望

在面对大家对质量工作的质疑或对预期质量隐患判断结果怀疑时，我们首先要自己反复思考、复盘。如果确定自己的判断是合理的，一定要坚持；并且要用实际行动的结果来证明自己的正确性。当行动的结果让别人看到你的坚持是正确的时候，大家就会逐渐对你建立起信任。反复多次这样的过程，就会逐步建立起自己在质量管理方面的威望。这里所说的坚持是对于事物判断和做法的坚持，不是对于个人权威的坚持。需要强调的是，坚持并不是指一味地固守己见，而是基于对质量负责基础上的个人意识和价值主张的表达，是选择的结果。

（六）坚持质量底线原则

如果预见到公司当下的做法和方向产生的质量风险超过了安全底线，就要有"宁死不屈"的精神，坚守质量的底线。这是作为一个优秀质量管理者的职业底线和职业操守。

维克多·弗兰克尔在他的《活出生命的意义》一书中提出，无论在任何时候，人都有选择的权利。能意识到自己已经意识到的事物是人类特有的禀赋。质量管理者的专业性也会在对质量底线的坚持上体现出来，因为其经历过各类质量状况并对其中各类产生原因进行过深入研究，所以才会因为这些意识做出选择。

九、质量认证体系与质量管理体系（图1-2-5）

绝大多数的质量管理者都主导或者参与过公司的质量体系认证工作，也都亲自动手编写过质量认证的相关文件。公司最终也都通过了质量体系认证的审核，并成功拿到了证书。拿到证书后，大家是否会有这样的一种想法，就是感觉公司的质量工作已经做到位了，或者认为只要按照认证的要求去落实，质量就应该不会有问题了。

　　我们回到当下，纵观整个饲料行业，现在没有经过质量体系认证的公司数量估计少得可怜，但是为什么饲料产品的质量问题还在发生，并且有相当一部分在重复发生？在产品质量的稳定方面根本没有达到我们的预期效果呢？个人观点认为，这源于我们对质量认证体系的定位及目的的理解存在偏差，质量认证体系是质量建设的一个原则性和纲要性的文件体系，其主要目标是建立质量的相关文件和制度，核心是保证质量的可追溯性。而我们日常提起的质量管理，首先是一项管理工作。在管理中，最重要因素是人，因此我们必须考虑到人的意愿、技能、利益等多个维度。我们需要根据公司的现状，采取一系列的管理动作和方法，实现质量管理工作的目标。质量管理工作的目标不仅关注质量本身，还包括成本，其核心在于提质降本。此外，每个公司面临的质量问题及解决问题的资源配置都各不相同，因此质量管理是一个动态的、须与现况相匹配不断提升的管理工作。更侧重于工作的实效性和经济性，而非统一性。

　　大家也不要误解，似乎我们认为质量认证没有作用。实际上，这两个体系的偏重点和本质是有很大区别的。厘清后我们就可以将这两个体系的特点相互融合，以共同服务于质量目标的实现。从图1-2-5中我们可以看到，两个体系之间存在配合点，我们可以将质量认证的要求和内容融入我们日常的质量管理工作中，但是我们不能仅仅依赖质量认证来实现公司的质量管理目标。

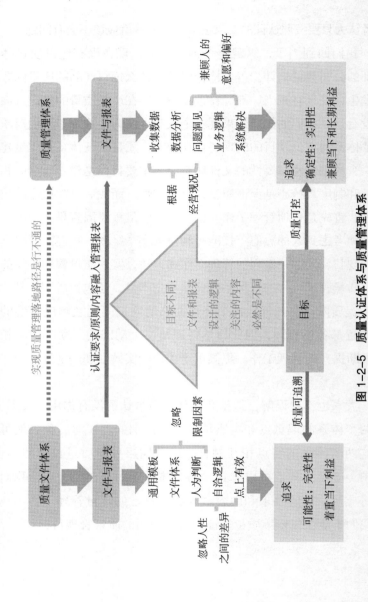

图 1-2-5 质量认证体系与质量管理体系

本章小结

1. 饲料的质量可以分为设计质量、运算质量、生产质量和使用质量 4 个方面。

2. 质量管理体系是贯穿整个经营、围绕经营服务经营的管理体系。

3. 质量管理部门职责包含质量监控 QC；质量保证 QA；供应商工程 SQE 和质量工程 QE 4 个部分。

4. 一个优秀的质量管理者画像包含 6 个方面：

● 用数据和事实说话；

● 二八原则抓住质量关键；

● 建设性可行方案设计；

● 棘手质量问题要勇于承担；

● 建立个人品牌和威望；

● 坚持质量底线原则。

5. 质量认证体系与质量管理体系有区别，也有关联，每个体系的定位和目的不同。

第二章　质量管理实践

（检验质量）

在日常质量管理的工作沟通和汇报中，有时会出现混淆检测、化验和检验这三项工作定义的情况。这三项工作有区别，但同时相互之间也存在关联。

一、检测的定义

检测通常指通过特定的方法或工具，识别和确定样品中某种物质的存在与否，或测量某种特征。检测的重点在于发现和确认。例如血液检测可以用来确定是否存在感染，环境监测可以用于检测水中有害物质的存在；饲料镜检可以用来发现原料中是否掺假掺杂，是否有活虫；原料过筛检测可发现其中的杂质含量等。

二、化验的定义

化验是指对样品进行更为深入的分析，以获取定量或定性的数据。化验通常涉及对物质的成分、性质等进行详细的分析和测试。例如化学分析可以用来确定水样中的具体化学成分及其浓度，食品化验可以检测食品中的营养成分及添加剂，饲料化验可以检测产品中的常规营养成分的含量，也可以检测其中氨基酸、维生素等营养的含量。

检测更侧重于识别和确认，而化验则强调对物质的详细分析。在饲料企业日常样品分析中，既有检测，也有化验，所以日常工作中有人把检测和化验简称为"检化验"，感觉还是很贴切的，为了阐述方便，在后面内容的阐述过程中我们暂时就用检化验代替检测和化验。

三、检验的定义

通常指的是对某种假设、理论或产品的测试和评估过程，以确定其有效性、可靠性或符合性。从检验的定义来看，测试的方法同时包括检测以及化验；评估则是根据测试的结果进行有效性、可靠性或符合性判定的过程。在不同的科学领域，检验的具体定义和方法有所不同。以下是几个常见领域中检验的定义。

（1）统计学：检验是指通过数据分析来判断一个假设是否成立的过程，通常包括假设检验的步骤，例如设定原假设和备择假设，通过统计量和显著性水平来决定接受或拒绝原假设。

（2）质量控制：在制造和生产中，检验是指对产品进行测试和评估，以确保其符合标准和规范。这包括对材料、工艺和最终产品的检查。

（3）科学实验：在科学研究中，检验是指通过实验和观察来验证或否定一个科学假设的过程。

（4）法律：在法律领域，检验可以指对证据的审查和评估，确保其合法性和有效性。

本书的所有内容都是围绕着饲料的质量展开，所以本书提到检验的定义均属于质量控制领域。从上述定义中可以清晰地看到从质量管理角度需要关注的是检验的质量，其目的是对产品进行检测和化验，通过检化验结果评估验证的目标，确保验证目标的符合性。

检验质量包含两个部分，分别是检化验数据质量和验证目标的评估质量，对检化验数据质量的评估还需要看见验证目标的评估质量。如果检化验数据未与验证目标关联，再多的数据也仅仅是数据，并不能发挥其应有的价值。从另外的角度来讲也是一种浪费，所以当下有的饲料企业的管理者不重视检化验，笔者认为这可能是原因之一。要看见这两个方面的质量，需要首先弄清楚以下信息。

1. 检化验数据的来源

✧质量控制需要的常规检化验数据来自分公司的化验室。

✧样品的特殊项目，如总氨基酸、重金属等的检测数据一般来自集团（公司）的中心化验室。

✧检化验质量评估数据一般来自集团（公司）的中心化验室，第三方检测机构或者参与评估活动的组织者。

✧研发需要的检化验数据根据研发项目验证所需的数据需求（类型、效率或其他），来自分公司化验室、集团（公司）中心化验室、动保实验室等不同种类的化验室。

因为验证的目的不同，公司需要配置不同的资源，其中因常规项目使用频次高，数据需求量大应是每个饲料厂质量监控所必需的资源。

2. 检化验数据责任人

数据所来源的业务单元的管理者因承担数据质量的监控和判断职责，所以是第一责任人。如数据来源于分公司化验室，则质量管理部经理是第一责任人；如数据来源于集团中心化验室，则中心化验室的管理者是第一责任人。检化验数据的第一责任人要对本业务单元输出的数据的精准度负责。

3. 检化验数据质量的评价者

承担数据质量评估工作的应是数据的使用方，而非数据的输出方。使用者需要根据数据与验证目标建立的关联来评估数据的质量（精准度）。使用方在初始设计工作时，已经明确了验证目标，取得数据后，要评估检化验数据是否能够对验证目标给出确定且符合客观事实的判断。如检化验数据质量的评价者只是输出方，可能出现的现象是输出方判定数据本身是精准的，但是与验证目标的客观事实相差甚远，甚至是完全相反；这就是使用方需要根据验证结果质量，对检化验数据的精准度进行监督和评价的原因。

4. 检化验数据质量判断标准

检化验数据的质量判断标准是：能否有效地评估验证目标的有效性、可靠性和符合性。从饲料质量控制角度，是看检化验数据的质量是否能够反映验证目标的客观事实。如原料的检化验数据是否能够客观评价原料的真实质量情况；做到这点的前提是要保证检化验数据的精准度，也就是数据本身的质量。数据质量的判断标准与公司的管理要求有密切的关系，数据误差的标准可以参考国家标准，可根据公司经营的要求和当下的现况由企业自行设定，也可仅以依靠人的判断。如果质量管理工作定位是服务经营，则需要检化验数据的精准度越高越好。

5. 检化验数据质量监控方法

数据质量监控涉及化验室内部管理流程，即化验室内部标准的作业程序和质量保证体系。其中各化验室存在较大差异和争议的往往集中在质量保证体系部分，化验室的质量保证体系是指化验室通过哪些管理方法和流程来保证检化验数据的精准度；笔者曾与多位化验室负责人聊过，一提到这个话题常见的答复是按照标准操作，中心化验室会经常培训，定期参加化验室准确度测试。

这些动作不可否认都是保证检化验数据质量的做法，但是并没有形成一套固化的流程和制度去看到当下的质量结果和看见其中的质量隐患（用质量管理的视角去看待）。如仅完成上述动作，基本可以预判输出数据的质量稳定性是不高的。因此检化验要建立一套量化的评估方法对本业务单元输出的数据质量进行监控，这也是化验室管理体系的职责和目标。

6. 检化验数据的价值

无论是检测数据还是化验数据，如果不能与验证目标建立关联，那么这些数据仅仅是数据，很难发挥数据的价值。检化验的价值，并不是体现在检测和化验了多少样品，产出了多少数据，而是在于是否可以有效地评估所要验证的目标。检验的目标，应该是以最少的样品数量，即最少的经济成本，来实现验证目标的有效评价，这才是最大的价值所在。

评估验证的目标不同，检化验的数据来源也是不同的。我们不能将饲料营养研发需要的检化验数据，如氨基酸含量、体外可消化能含量等指标，用于监控产品质量。同理也不能使用常规的检化验数据来评估饲料生物学效价。但是在做质量问题界定工作时，根据需要可以进行相关项目的分析，这是另外的原因，这里所要阐述的是质量监控的维度。

评估验证的目标不同，检化验的数据的质量要求也是不同的。比如用于质量监控的数据偏重的是数据的数量及全面性，主要用于验证产品质量的波动；数据的精准度在一定安全范围内（指质量的内控标准）就可以接受，误差要求要远低于国家推荐和企业标准中约定的误差范围。

看见检化验数据的质量（常规）：

在质量管理工作中，需要的质量监控的数据的来源主要是以下几个方面。

◇ 现场采集的信息，如生产的工艺参数，原料入厂时货车的车牌号、入厂时间、货物名称等。

◇ 相关业务单元提供的信息，如供应商名称、采购数量、原料的存在位置、库存数量等。

◇ 样品的检化验数据，如原料的镜检结果，常规化验结果，容重、杂质、毒素化验结果等。

质量管理是基于上述数据，通过数据之间的关联关系，建立质量的管理模型，每次收集的数据通过模型分析就可以看见当下的质量结果，根据模型分析的结论是否超过设定的安全范围来预测存在的质量风险的大小。由此可以看出数据的准确性对于质量管理的重要性。在质量监控的上述数据来源中，除了样品的检化验数据，其余的数据因为要提供给不同的业务单元，会受到不同部门的监督和验证，因此数据的准确性相对来说还是比较高的；而样品的检化验数据需要经过专门的工具或专业设备，所以这部分数据往往来自公司的专业检测部门，数据准确性的判断需要专业能力，因此在日常的工作中大家拿到数据后往往容易忽略对数据准确性的判断，直接根据工作的需要对数据进行分析。数据的准确性是化验室管理质量的结果外显，因此要保证数据的质量需要回归到化验室管理的质量，这里提到的数据质量主要是化验室管理的质量。接下来笔者把在日常工作中大家经常忽略的几点与大家分享一下，供大家参考。

1. 检验定位

➢ 借助检化验数据监控质量趋势，分析异常，从源头上消灭并防止质量隐患。

➢ 检测和化验是质量控制必不可少的手段。

➤ 检测和化验是质量改进的信息收集的工具。

由此可以看出，检验在质量管理中主要有 2 个作用：一是监控产品质量波动趋势（不是监控产品质量，更不是保证产品质量）；二是质量监控的手段和质量改进信息收集的工具；从另一个角度理解，质量管理要想落地，检验是必备的工具和手段；因此每个饲料企业基础的检验资源是不可或缺的。

2. 检验资源

资源的配置需要分别匹配公司质量管理和技术研发的需求，需求根据工作需要和项目使用频次两个维度来区分。

质量管理工作需要配置的分析项目如下。

◇ 使用频次较高的化验项目：如粗水分、粗蛋白质、粗纤维、粗脂肪、粗灰分、钙、总磷及总盐分，这几项也常被统称为八大常规；毒素化验（黄曲霉毒素、呕吐毒素、赤霉烯酮）等。

◇ 使用频次较高的检测项目：如容重、镜检、硬度、含粉率、颗粒质量（PDI）等。

◇ 使用频次一般化验项目：如尿素酶活性、蛋白溶解度、糖苷毒素、游离棉酚、新鲜度等。

◇ 使用频率较少的化验项目：维生素含量检测、重金属含量检测、氨基酸组成、脂肪酸组成分析等。

技术及研发工作需要配置的分析项目如下。

◇ 使用频次较高的化验项目：如粗水分、粗蛋白质、粗纤维、粗脂肪、粗灰分、钙、总磷、总盐分、酸性洗涤纤维、中性洗涤纤维、氨基酸定性定量、脂肪酸组成分析、离子含量、总能等。

◇ 使用频次较高的检测项目：如容重、镜检等。

◇ 使用频次一般化验项目：如体外酶解消化率、体外干物质消化率、维生素含量、微量元素等。

技术及研发需要配置的资源与公司（集团）的技术研发战略匹配，比如体外干物质消化率项目的配置是用于原料营养价值的评估，并非原料质量的监控。厘清目的可以降低资源配置的偏差，避免资源浪费，提高检化验工作效率。其中，常规项目的化验能力是质量管理和技术研发工作共同需要的，且同属使用频次较高的项目。在质量管理日常工作中，需要通过对常规检测项目数据的变化及其关联业务的作业质量波动去分析和洞见质量的变化趋势以及存在的质量隐患。在技术研发工作中，需要先通过常规检测项目评判合格，样品才进入更深入的项目检测（可消化氨基酸、干物质消化率等）。由此可见，配置常规项目的检测能力对于饲料公司（集团）是非常必要和重要的。

3. 检化验数据的准确性

这里的准确性是指一个公司化验室化验数据的准确性，或者扩展到整个集团内所有公司化验室化验数据的准确性，强调数据的整体性准确。质量监控工作需要的数据是整体数据，这个整体可以是指某集团、某公司或某产品线，是针对质量管理工作面对的对象。因此，数据质量的评估标准应该基于整个化验室或者集团的化验误差控制的质量，而非某一次或某几次测试的结果。

要想看见数据的质量，我们先来看一下影响检化验数据的影响因素有哪些。通过对影响因素质量的看见去评估和验证检化验数据的质量。

见图 1-2-6（以常规项目为例）。

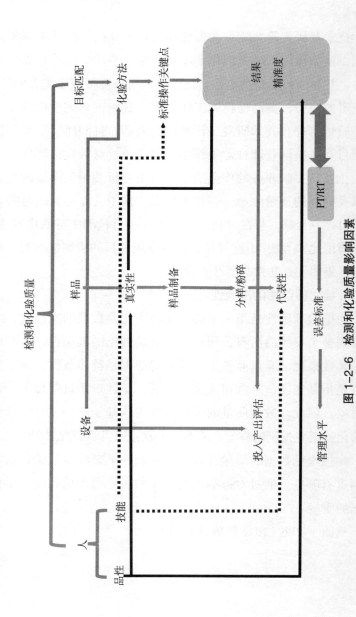

图 1-2-6　检测和化验质量影响因素

1. 检测和化验质量影响因素

从图 1-2-6 中可以看到人的质量、设备的质量、样品的质量及方法与目标的匹配度等因素均会对结果精准性造成影响。数据精度是指化验结果的重复性偏差，数据准确性是指与真实值接近的程度，两者定义及所代表的意义不同。化验室管理质量最终的目标是数据的精准度，是以化验室间对比统计的结果为标准进行评估，即整个化验室的精准度水平反映了化验室的管理水平。

人的质量

人的质量包括人的品性和技能两个方面。化验人员是数据的直接产出方，对结果的质量具有直接影响。这里主要包含两个方面的质量隐患，其一是检化验结果的人为修改，另一类是更为隐蔽的做法，比如通过调换样品，有目的或者有针对性地给出期望的结果。数据质量的第一要素永远是人为因素，其次分别是样品代表性、化验设备及方法、样品检测频率、数据录入错误等。作为化验室管理者的首要任务是如何避免和杜绝此类人为事件的发生，这也是需要建立化验室管理体系的重要原因。

设备质量

设备质量是在分析方法匹配的基础上，通过日常检测数据的精准度的统计结果就可以评估。

样品质量

样品质量这部分内容可参照原料质量管理中样品质量的内容。化验室的管理者大都有一个底层的逻辑，即需要对样品负责，这点是完全正确的，但如何来定义对样品负责呢？笔者的理解，首先要保证送检样品的真实性，在保证样品真实的基础上，同时还要关注样品的代表性，这两部分工作都做到位，才符合对样品负责的定义。样品质量也是与人直接相关，比如标准程序执行是否到位，以原料质量管理中的库存原料的取样为例：原料的取样从管理角度要有意安排给不同的人员进行检测，这是预防人为因素的关键。

目标匹配

仅从图 1-2-6 中，很难理解目标匹配要表达的意思，含糊且笼统，接下来我们就目标匹配进行详细说明。

检测方法与评估的质量目标匹配

分析项目一定要与质量管理的目标匹配，以饲料产品化验盐分含量的方法为例，有的公司采用测总氯的方法（样品经过硝酸消化以后，测消化后样品中氯离子的含量），有的公司采用测水溶性氯的方法（样品用水溶解后测溶液中氯离子含量）。饲料营养标准中有个指标是阴阳离子差，计算中包含氯离子的含量，如果基于这个维度，测定方法选择测总氯离子的化验方法是比较合适的，因为产品结果值要与配方设计的目标值进行比对，在方法上须对齐。

在对混合均匀度质量监控中，如果采用测样品中氯离子的方法，由于最后计算的是氯离子浓度的变异，因此两种方法都可以。但是在实际操作中，我们会发现同样一组样品两种方法得出的最终结论存在较大差异，原因是什么呢？仔细对比一下两种方法的取样量，我们会发现总氯的方法样品称样量大约是 2g；水溶性氯的方法称样量是 5～10g，样品称样量大，样品本身的均匀性就会提升，因此测总氯的方法反而更为合适（以测氯离子为例，只是为了方便阐述检测方法需要与评估的质量目标匹配的观点。在日常工作中，如果有相关的规定和要求，请按照规定和要求执行，请勿以此作为理由）。

检测方法与样品的特性匹配

饲料中钙的测定方法有高锰酸钾滴定法、乙二胺四乙酸二钠络合滴定法（简称 EDTA 络合滴定法）和原子吸收光谱法。前两个方法为常规分析方法，也是日常工作中经常被使用的方法。在测定石粉中钙含量时，如果用 EDTA 络合滴定法，数据的准确度就需要进行评估，因为某些石粉中镁的干扰，使钙在这种测定方法下会被高估，且镁离子含量越高，差异越大。相对来说，饲料生产中使用高锰酸钾滴定法测定钙含量较为合适。

采购标准与公司内部管理匹配

日常工作中会遇到这样的情形，原料采购合同签订的指标，其测定的检测或化验方法与公司使用的不同。从表面来看，仅是数据的差异，但从公司内部系统视角来看，差异产生的影响可不能这么简单直接地计算。以玉米为例，采购玉米的合同中以颗粒玉米水分的化验方法测定的水分为玉米水分的质量标准，但公司在饲料生产环节中，如生产过程质量监控中用到的水分数据、粉碎后原料的水分、混合产品的水分、调制后样品的水分、饲料成品的水分等化验方法均是国标的烘箱法。笔者认为，是否以这个方法为标准，须回到公司管理的维度去思考。从化验方法的实用性（需要的时间、成本等）以及化验数据与公司相关部门的管理数据如何融合和对接，包括融合和对接的成本等多方面进行思考。比如对质量管理的影响。遇上述情况，如果质量监控数据要对齐，入厂玉米就需要用国标的烘箱法重新化验（不用几个样品或者几组样品方法的差异均值转换两种化验方法化验数据，原因是样品的代表性不够和统计均值可能会掩盖掉很多质量隐患）。对齐质量监控数据不仅仅是质量管理工作的需要，在生产损耗计算、财务成本核算工作中都需面对同样的问题。因此，在签订采购合同时，合同约定指标的化验方法需要综合考量，并与公司的管理相结合。

检测和化验方法与设备匹配

很多饲料厂都配置了近红外光谱分析设备（NIRS）用于样品的化验工作。尽管 NIRS 已经被越来越多的人重视，但对它在饲料化验工作中作用的理解却是千差万别。下面就结合笔者的工作经历和 NIRS 测定原理、特点等，从化验方法与设备匹配的角度一起去理解 NIRS 在饲料检化验工作中的作用。NIRS 在饲料检测中的工作定位是一个"二手"的快速检测设备，其特点是只需要有化验数据和光谱就可以建模，只要有模型它就可以给出化验数据，但具体数据是否准确、数据是否合理，仪器本身是不能做出判断的。判断的标准由人提供，不同的人会给出不同的结论。有的观点是给 NIRS 赋予一个万能的角色定位（可以检测包含常规项目以外的很多项目，甚至是生物学效价指标等），最符合仪器特点以及使用质量的观点是将 NIRS 定位成一个常规项目的快速检测设备。在检化验工作中，倘若这种方法能够准确快速地完成常规项目（不包括钙、盐等无机成分的化验），数据误差也可达到经营要求使用的质量标准，设备的价值就已经非常大了。

2. 检测和化验质量的评估方法

以上是检测和化验质量的主要影响因素，影响质量的这些因素在不同的检验人员、不同的化验室等情况下，其影响的顺序和权重是完全不同的（这是同一个样品在不同化验室结果不同的主要原因），这就对准确评价一个化验室整体质量的工作方法提出要求。通过 PT 测试和 RT 测试量化评估检验数据的准确性是常用的工作方法，具体如下。

PT（Proficiency Testing）是采用四分位的统计方法，对不同化验室之间数据质量进行对比的方法，关键点如下。

◇ 关键不是去看本实验室自己的 Z 得分（PT 统计的一个指

标，z 分数（z-score），也叫标准分数（standard score）是一个数与平均数的差再除以标准差的过程。在统计学中，标准分数是一个观测或数据点的值高于被观测值或测量值的平均值的标准偏差的符号数）。而是需要在 Z 得分的基础上分析自己实验室的结果和统计结果间形成偏差的原因，目的是完善工作过程，提升自己化验室管理的质量。

◇ PT 分析方法的关键在于数据统计过程中如何剔除异常数据，剔除的数据不同，最终得到的统计结果及偏差就不同。

◇化验室管理者可通过定期的 PT 统计结果去看到自己化验室在所有参与评比的化验室中的成绩位置及检测结果的质量水平。

◇定期开展和参与 PT 评估活动，并对每次的评估结果进行统计分析，可以评估公司（集团）整体化验室的化验质量水平。

RT（Ring Testing）是一个化验室内部评估检测精确度的方法，即使用 PT 测试样品（PT 测试样品重量要预留 RT 测试需要的量），让化验室的所有化验人员随机检测同一项目，定期对统计结果进行统计分析，得出本化验室同一项目检测偏差的最大值、最小值和中值；最大值反映了最大质量隐患，最小值则反映了质量的最高水平；偏差反映了分析的精度；同时结合 PT 测试的统计结果，就可以综合评价参与测试的每个化验室的管理水平，即可以量化地看见整体化验质量。

3. 检测和化验质量问题界定

在检验的日常工作中经常会遇到检化验结果超出允许偏差情况，这时需要回归到化验室内部管理查找原因。关于查找方法，不同的管理者有不同的见解，笔者在这里想要表达的一个观点是检化验质量管理和其他业务质量管理工作一样，要保持检化验数据又稳又准，需要找到每个检化验方法的关键控制点。在日常实验室操作过程中，把这些关键点做到位，才能保证数据的质量。当出现异常数据须界定问题时，往往需要从这些关键点开始排除；下面我们以饲料中粗蛋白质的测定（凯氏定氮法）为例来列举化验质量控制的关键点。

✧样品的粉碎细度

✧样品称样重量

✧浓硫酸和催化剂的添加量

✧浓硫酸和催化剂的比值（酸盐比）

✧消化的最高温度

✧样品消化时间

✧指示剂的配比（变色的灵敏度）

✧盐酸的空白值

✧盐酸标准溶液的标定质量

✧盐酸标准溶液的浓度

✧盐酸标准溶液的使用时间等

看见检化验数据的质量（近红外分析法）：

关于对近红外光谱分析的定义在常规项目质量管理中做了阐述，本小节主要介绍模型开发流程，模型验证以及模型的准确性判断工作。近红外作为一种检测设备，其核心功能就是采集样品的扫描光谱，扫描的光谱经过预测模型的计算得出预测结果。因此预测模型是近红外化验质量的核心，预测模型的质量决定了预测数据的准确性。

近红外预测模型的开发是一项需要长期且持续投入的工作，不可能一蹴而就，更不可能一劳永逸。模型开发前期需要收集大量的样品，样品需要进行手工化验，因此在模型开发前期，化验的工作量是增加的，原则上需要大量化验人员投入化验工作中。

又或者模型的预测准确性达不到要求，化验工作量也会增加，因为要通过手工化验进行结果验证，以确认结果的准确性。综上，如果需要 NIRS 发挥价值，核心是模型的预测质量要达到经营管理对误差的要求。

笔者曾负责某国际饲料集团的近红外模型开发工作。从零开始进行样品收集，经历了仪器公司的模型验证，集团国外中心化验室模型的验证，国内模型自己开发，兄弟公司模型安装，到集团模型统一、统一管理的全过程，从第一台仪器入厂到集团开始规模采购，整个过程持续了 6 年多的时间；过程中发生过很多有意思的事情，接下来笔者分享两个看起来平淡无奇但却影响深远的事：一个是与预测模型的建立过程有关，一个是关于模型的验证方法及标准，供大家参考。

预测模型开发：

图 1-2-7 是近红外模型开发到模型应用的过程简图。

1. 确定购买仪器要检测的项目，评估仪器是否可以实现。

2. 根据化验室偏差的 1.5 倍评估模型的预测偏差，并决定是否可以接受这个偏差。

3. 制定样品的制备的细度标准。

4. 样品扫描后进行手工检测，并不断重复样品扫描手工化验，数据录入的重复性工作。

5. 样品积累到一定数量，开始建立实验模型。由于建模需要的样品数量庞大，因此最好是集团所有公司参与。

6. 模型验证后根据后期继续收集的样品定期进行模型验证，并统计模型预测的准确性和定标误差。

7. 模型的定标偏差和预测的准确性达到要求后，开始使用，同时规定验证样品收集要求。

8. 根据后期各公司模型的验证情况，减少验证样品收集的频率。这个时候模型基本是成熟的，可以放心使用。

9. 模型安装之前需要各分公司收集一段时间的样品，一般在仪器到厂前 3 个月左右开始准备。仪器到了以后，近红外安装人员要到现场（1 台设备安装大概需要 1 周的时间），根据样品的预测结果和手工化验结果之间的差异，查找原因并帮忙解决。如果是手工化验的问题，就要帮助化验室进行培训纠偏，找到根本原因解决；如果是模型覆盖面的问题，就要进行模型升级。

10. 如果我们使用仪器公司或者其他公司的模型，上述的方法也同样适用。近红外预测的准确性是一个统计学概率问题，这个会在模型验证中讲到。

11. 模型安装后会根据模型的预测准确性和预测样品的覆盖面，对不同的模型制定不同验证频率。定期收集样品对模型进行验证，以保证预测数据的质量。

12. 在模型的预测准确性评估前，建议不要尝试用仪器去分析任何样品，因为错误的数据比没有数据更可怕。

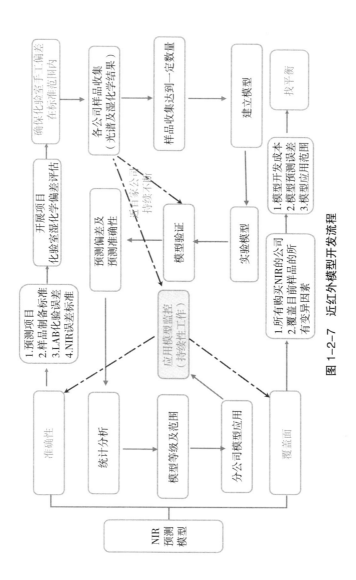

图 1-2-7　近红外模型开发流程

上面对模型开发过程进行了介绍，再进一步梳理一下影响模型质量的影响因素（图 1-2-8），从图 1-2-8 中可以得出如下结论。

❖ 近红外预测模型的准确性取决于手工化验数据的质量，数据的准确性和标准偏差；这在常规化验质量中已经阐述了如何看见手工化验的质量，在此不再赘述。但是要说明一点，手工化验数据的准确性不仅影响到近红外模型的定标偏差，还影响到验证偏差以及模型预测准确率的判断。

❖ 我们不能期望手工提供的检测数据 100% 准确，并且完全符合标准偏差的要求，因为这是不现实的。因此，近红外管理者的前提是一个优秀的化验室管理者，具备自己识别数据精准度的理论和方法。因此，NIRS 预测模型的负责人必须具备常规化验项目问题界定的能力，即能够达到从化验员的操作或交流中预判到检验数据偏差，同时提出验证方法和整改意见，提高手工检验数据的准确性和准确率。

❖ 影响近红外预测准确性的关键和核心是预测模型，预测模型的质量是预测质量成败的关键。而设备的不同类型其实对预测准确性的影响是有限的。人员的操作虽然对预测结果会有些影响，但是总体影响不大。

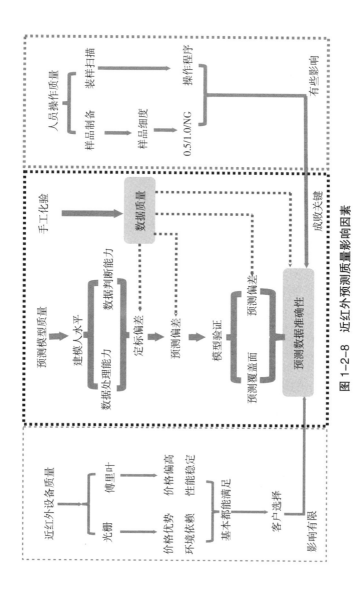

图 1-2-8 近红外预测质量影响因素

预测模型的验证：

近红外预测模型已经验证通过并进入了应用阶段，为什么还要不停地收集样品进行模型验证呢？从模型开发的流程图中可以看到模型预测质量的两个维度，即模型预测结果的准确性和模型预测样品的覆盖面。饲料产品的配方在不停地变化；饲料原料因植物育种工作和加工工艺的变化，其营养成分也在不停地改变。因此，随着时间推移，最初建立的 NIRS 定标模型是否始终能够覆盖变异是未知的。所以需要定期、定时收集新的样品进行模型的验证，以确保模型预测结果的准确性。

有观点认为，因为饲料产品配方不停地变化，所以成品的模型就需要不停地验证。其实这是错误的观点，或者说片面。回到模型预测质量的定义，NIRS 定标模型是根据扫描样品的光谱来判断样品是否在建模的样品库中，所以只要产品配方的变动所引起的光谱变化不超过建模的样品库范围，仪器就认为模型预测的覆盖面是包含当下预测的样品的，配方的变化只是引起光谱变化的因素之一。还有一个观点认为，为降低成品模型的预测偏差，把饲料产品的每个料号建一个预测模型，这样建立的模型的覆盖面必然很小，一点点因素变化就会引起光谱的变化，继而引起光谱报警。另一个隐患在于，同一个料号样品的相似度非常高，相似度会直接影响到模型的预测成分的相关性，如果需要预测成分的相关性低，那么预测结果的准确性肯定不会高。值得注意的是，近红外模型就是要在预测准确性和预测覆盖面之间找平衡，在保证误差符合要求的情况下尽可能地扩大样品的变异性。

模型验证样品的收集频率要结合每次模型验证的结论。根据模型每次验证预测的准确率，结合需要分析样品的变异情况，验证的频率可以规定为每个季度验证 1 次或者每个月验证 1 次。但是无论模型如何成熟，验证工作是必须定时开展的，因为我们不知道样品的变异是否在建模的样品集中；验证方法如下。

◇ 不同公司根据模型预测的准确率有不同的验证要求。

● 从新的原料供应商的进货必须进行验证。

● 成品模型预测的所有成品类型，每个月抽查 1 个。如肉鸡配合饲料模型包含肉鸡各个阶段的饲料产品，验证抽查的样品可以是随机的某个阶段的某料号产品。

● 每个原料模型每个月随机抽查 1 个供应商的样品。

● 限制性应用模型（比如只分析特定供应商的样品）限制条件以外的样品必须进行验证等。

◇ 不同公司收集的样品统一把光谱文件（已经录入手工化验数据）发给 NIRS 的管理者。

◇ 收到光谱后，近红外管理者用对应的方程进行预测，得到预测结果。

◇ 把预测结果和手工结果进行差异计算，统计差值在 1 倍定标偏差和 2 倍偏差内样品的数量占比。

◇ 参照误差的正态分布图评估模型预测的准确性结果。

◇ 根据预测结果给出模型的验证报告和使用注意事项。

误差分布的正态分布图如下（图 1-2-9）。

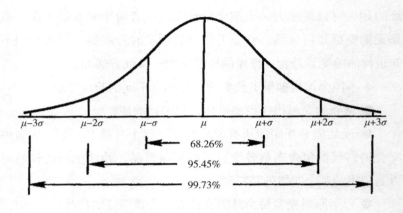

测定值　±1σ以内的概率为68.26%
测定值　±2σ以内的概率为95.45%
测定值　±3σ以内的概率为99.73%

图1-2-9　误差分布的正态分布

正态分布图是从统计学的概率来分析的，但是在日常的工作中，供货的供应商、原料的生产工艺等很多条件是相对是固定的。因此，在实际的样品验证的工作中，一个好的预测模型1倍偏差内的样品比例通常会远远大于上面的标准值。

看见检化验评估质量：

上述的阐述内容主要是从如何看见检化验数据的质量。要想全面和系统地看见检验的质量，还必须考虑验证的质量。验证主要是依靠数据的使用方把数据与验证的目标关联的能力和评估的质量。因此，影响到验证质量的主要有两个方面：一个是验证者的个人技能；另一个是数据与验证目标之间建立的关联评估的质量。

1. 评估原料质量

◇检化验数据要与原料感官质量之间关联评估。

◇同一原料不同营养素的化验结果之间关联评估。

◇ 原料质量不同的检测和化验方法结果之间互相验证结果评估。

◇ 检化验数据与原料质量隐患之间的关联评估。

◇ 检化验数据与原料生产工艺之间的关联评估。

◇ 库存原料的检化验数据与原料入厂质量之间的关联评估。

◇ 配料仓中原料的检化验数据与原料入厂质量之间的关联评估。

◇ 检化验数据与供应商质量之间的关联评估。

2. 评估产品质量

◇ 调制过程检化验数据与颗粒质量之间的关联评估。

◇ 配料仓中原料的检化验数据与产品质量之间的关联评估。

◇ 产品脂肪检化验数据与油脂添加质量之间的关联评估。

◇ 检化验数据与产品质量结果之间的关联评估。

◇ 检化验数据与产品质量趋势之间的关联评估。

◇ 检化验数据与生产损耗和成本之间的关联评估。

3. 评估研发质量

◇ 检化验数据与原料价值评估之间的关联评估。

◇ 检化验数据与动物实验结果之间的关联评估。

◇ 检化验数据与营养设计质量之间的关联评估。

◇ 检化验数据与配方运算质量之间的关联评估。

4. 评估数据匹配质量

◇ 根据验证的目标设计需要的检测和化验方法。

◇ 检测和化验的数据要与验证目标的现况匹配。

◇ 最少的数据最小的成本匹配验证的目标。

5. 评估者质量

◇ 对输出方提供数据精准度的判断能力。

◇数据与验证目标评估模型的设计建立能力。

◇系统思考看见整体检验质量的能力。

◇产生异议的数据有自己的验证方法和验证数据的分析能力。

因此，饲料厂的检测和化验质量不能单纯地从数据的角度去看，还需要从验证的目的去看，整体地、系统地看见检测和化验的质量和价值。如果单独从数据的角度是很难发现数据的质量和存在的质量风险。

第三章　质量管理实践

（原料质量）

　　饲料的本质是动物的食品，旨在为动物的存活、生长和生产提供所需的营养。营养来自使用的各种饲料原料。从原料视角来看，饲料原料的特性对饲料产品的质量具有很大影响。这种影响不仅呈现在其可提供的营养数量上，还呈现在提供的营养质量上，如消化率和生物利用率等方面，原料的营养及营养的质量统称为原料的营养价值。营养价值是衡量饲料原料价值的重要维度之一，它与原料的价格、销售的饲料产品结构及供应链的稳定性共同决定了原料的价值。

　　从产品视角来看，饲料原料本身是一种产品，而产品具有两个基本属性，即质量和成本。原料成本在整个饲料成本中占据的比重最大，而饲料成本又占了运营成本的最大比例，所以原料的质量与成本是公司内部运营体系关注的重点。原料的质量与成本是密切相关的，控制原料成本的同时需要看见原料的质量，不仅看到原料的质量结果还要看见原料的质量隐患，隐性的质量风险造成的成本往往大于显性的成本。原料成本需要关注两个方面，一方面是原料价格、运输费用等原料的显性成本，另外一方面是原料隐性质量风险带来的隐性成本，如人为因素造成的原料以次充好、入厂原料的质量不一等。因此，饲料公司对原料质量的控制水平直接影响了原料的采购成本，进而影响到饲料产品的成本。

原料的质量要控制到位，需要公司内部采购部、技术部、质量管理部、生产部、销售部等多个部门的协同合作；原料质量控制的结果，本质是系统性支撑结果的呈现；通过公司控制的原料质量的结果，我们也可以洞见内部相关业务体系的管理质量。接下来我们从产品的维度来看原料的质量。

一、从产品维度看原料质量

从产品维度看原料的质量，可以按照原料从入厂到使用的不同阶段，将原料质量切分为原料的入厂质量、库存质量和使用质量3个方面，本章将从这3个方面展开阐述。原料入厂前为了达到原料质量监控的目的，需要思考并回答下面3个问题。

1. 需要控制原料质量的哪些方面？

2. 影响原料质量主要的因素有哪些？

3. 影响原料质量的这些因素间的关系是什么？

每类（种）原料受自身具有的特性以及其后期生产加工工艺特点的影响，其质量指标间必然存在着一定的关联性。原料质量的判断往往需要整体性地从其主要营养指标间的关系去看，而非单一关注某项指标。整体性视角不仅提高了原料质量判断的全面性，更重要的是提高结论的准确性。整体性看见原料的质量也需要看到局部的质量结果。局部的视角可从以下这三方面来看原料质量，即原料的安全质量、原料的感官质量和原料的营养质量。

（1）原料的安全质量

◇安全第一，所以原料质量的第一考虑因素是安全指标，包括毒素、重金属、有害微生物等。对于重金属和微生物指标的控制，公司会针对特殊的原料采取抽查的方式，通过供应商管理以达到质量监控的目标。毒素目前已经是饲料工厂每日必检的项目，由此也可以看出，饲料企业对于毒素是非常重视的。原料的安全指标受到多类因素的影响，除原料本身的特性、生长环境和库存条件外，人为因素更不可忽视，如在肉骨粉中人为添加的皮革粉带来的重金属风险；样品失真或没有代表性带来的人为因素风险等。

✧原料的安全指标一旦超过设定的质量标准，解决方案一般是进行重新取样并复检。复检如若仍是超标，笔者个人的观点是应采取直接退货的措施，因为这个维度质量问题不属于将原料降价或让步接收就能解决的问题。无论每吨原料价格降多少，颜色不可能改变，毒素的含量不可能降低，这样质量的原料属于少量即可影响到产品最终质量。如果通过配方设计降低用量来保证产品的安全性，除非让步接收的收益远远大于原料处理的总的隐性成本，否则最终可能造成的结果是配方成本增加并叠加产品质量问题。叠加的产品质量问题会在对动物采食、动物健康方面表现出来，严重者可能导致动物死亡。这些存在的潜在质量风险就是上述内容中所述的隐性质量带来的成本。

（2）原料的感官质量

✧原料的感官质量是指通过人的感觉器官（如视觉、嗅觉、味觉、触觉等）对原料进行的质量评估。这些感官特征可以包括：颜色、气味、口感、形状和大小以及声音等。

✧影响原料感官质量的因素主要有以下几个方面：原料的生产工艺、原料质量和掺假掺杂人为因素等。如喷浆类的原料（如玉米酒精糟、玉米蛋白饲料等）添加浆液的质量、喷浆量的多少、烘干的工艺和温度都会直接影响到产品的感官。

✧我们还是以玉米酒精糟和玉米蛋白饲料为例，样品喷浆量的多少可以影响到原料中营养素的质量，如粗蛋白质、粗脂肪的含量，同时也会影响到安全指标，如毒素含量。可以根据其颜色的深浅和焦煳情况判断其加工过程情况，如果原料中的焦煳味较重或者出现很多的焦煳颗粒，那么就很有可能是生产过程中烘干温度过高所致；这类存在感官质量问题的原料不仅直接影响动物采食量，其中营养物质的消化和利用效率也比正常原料低。

原料的感官质量是质量管理中非常重要的维度，其重要性主要体现在可以通过原料的感官质量与其影响因素之间的关系，更深层地去看见原料质量存在的风险。

感官质量基本是依靠人的判断，但因为大脑构造和个人体验的差异，所以人的判断必然就会受个人因素的影响。如果公司内部对质量管理部的判断出现质疑时，往往大家都期望找一个可以量化感官判断的化验方法，通过检测数据对感官质量进行量化评价。本人的观点是，如果能找到这样的指标和方法，那当然是最好的，如果找不到，也没有关系。感官质量本身就是依靠人的判断，通过提升人的判断能力和有效的管理方法也可以实现质量的把控，感官质量控制的目标是把原料的感官控制在一个合适的范围内即可，不是要求每批原料的颜色必须一致。我们一般会在原料的质量标准中对于原料的颜色有一个范围的描述，如从棕黄色到浅褐色，只要在这个范围内的质量，我们认为都是合格的。

感官质量需要的专业判断能力，这需要通过个人对日常接触到的不同质量水平的原料不断地对比、学习和沉淀，在大量时间的加持下才可能具备的专业技能。这显然不是随便一个新人短时间内就可以学会的。我们可以给予他品管岗位，但无法同时给予他这一岗位应有的技能。原料的感官是原料入厂质量监控的第一个质量控制目标，因此从一定程度上讲，饲料厂的原料取样人员的专业技能就决定了原料感官质量的监控水平。取样人员的功能不是简单地取样品，而是在取样过程中对原料的感官质量进行把握，取样的过程中对原料的感官质量的判断才是其核心工作。针对当下很多饲料厂现况（原料取样员随意安排，甚至安排其他岗位的人来替代的现象），大概率是低估了原料感官质量控制工作的重要性，而仅仅只是为了完成取样品的工作，这点建议饲料厂引起重视，深度思考一下这样安排可能带来的质量风险和隐患。

（3）原料的营养质量

◇原料的卫生指标和感官质量都合格后，我们来看原料所含有的营养素的质量，即粗水分、粗蛋白质、粗脂肪等，这些也称为原料的营养指标。

◇对原料营养指标的影响主要来自原料本身的特性和加工工艺这两方面，也包括人为因素，如人为地掺假掺杂。

◇营养指标的质量一般是依靠化验数据来进行判定的。每种原料都会包含多种营养素，各营养素间具有一定的关联性，且这种关联性并不是以固定的数值呈现，其表现为在一定波动范围内的数值规律。这两个特点是我们判断原料的质量和化验数据准确性的主要依据。如我们采购的膨化大豆，其检测粗蛋白质是37%，粗脂肪是20%，这样的样品我们需要从化验数据的质量和原料质量两个方面进行验证和判断。如果化验数据质量本身没有问题，就需要考虑样品掺假掺杂的问题。如果原料质量没有问题，就需要考虑化验数据的准确性。如果为某种原料制定了多个营养指标的和作为其质量标准，如上述的膨化大豆的粗蛋白质和粗脂肪的和作为一个质量指标，要求粗蛋白质和粗脂肪的和≥55%，这其实是给人为作弊提供了机会和空间。笔者所举的这个案例是亲身经历，即通过在膨化大豆中掺入豆粕来达到质量标准。

综上所述，我们发现不同原料的质量受到多种因素的影响。明确这些影响因素之间的关系，有助于我们更好地理解原料质量。原料质量的评估需要综合考虑其感官质量、卫生指标和营养指标。我们不仅要关注这些指标之间的相互关系，还要分析原料内部营养素之间的关联。只有通过全面的视角，才能真正把握原料质量的整体情况。

二、从体系维度看原料质量

根据我们上面阐述的逻辑，从原料的质量情况我们可以洞见相关业务体系的管理质量，反过来我们通过相关业务体系的质量也可以预见原料质量监控的质量。通过评估当下的相关业务体系流程是否可以预防我们已知的质量隐患，从产品的维度来看见原料产品存在的质量的风险。支撑原料质量的体系主要有化验管理体系、原料的入厂管理流程、原料的库存管理制度等，接下来我们将原料质量监控相关业务体系分别进行阐述。

1. 从原料采购过程看原料预期质量

原料的质量标准相关流程

✧原料的质量标准应该包括有原料质量标准、原料的品控标准和原料的扣款标准。原料标准的修订流程和内容直接影响到原料入厂的质量监控的质量以及与采购部及供应商沟通的质量。

✧原料质量标准包含的项目非常多，从质量的角度最好做到没有遗漏，这让我们从知识的层面去全面了解原料的质量是非常重要的，但是在执行的过程中我们需要了解公司当下质量管理的现况以及配置的资源情况，如制定原料的品控标准，也需要从质量管理的角度考虑从哪些方面来监控原料质量，这些方面质量监控的标准是什么？

◇原料的扣款标准是指在入厂原料出现营养指标不合格时原料进行扣款让步接收的标准，通过原料的扣款项目和扣款方法可以洞见对原料质量的理解和对公司经营存在的隐性风险。如果一种原料因为粗蛋白质、粗纤维、粗灰分等项目不合格都需要单独扣款，这就忽略了营养之间的关系，造成重复扣款，在这样的背景下供应商为了屏蔽风险，就可能会提高销售价格，最终的结果可能是采购同样质量的原料要付出更高的采购成本。

◇关于原料品控标准的来源，提及此问题时，大家似乎有些疑问，原料品控标准当然是由质量管理部制定，或者由质量管理部与采购部门共同制定。这里我们关注的是原料品控质量的标准值是如何确定的，是通过大家讨论得出的，还是通过历史数据统计分析所得？标准的来源可能会直接决定原料质量品控标准扣款标准的合理性和落地执行的可能性。

◇原料的质量标准通常是按照原料的属性来进行分类的，如谷物类原料，饼粕类原料等。除了特殊的要求，比如肉骨粉不能用于反刍动物外，并没有明确要求哪种原料只能用于哪种动物，即在遵守特殊规定的前提下，同一种原料通常可以用于多种畜种的饲料。原料质量标准应该是基于公司管理现况的最低质量标准，我们要保证的是采购的原料质量达到或者超过原料的质量标准，所以原料质量标准的制定是需要根据当下市场原料的质量情况而定，并不是根据养殖动物来区分。把原料用到哪种动物的产品价值最大是营养运算的核心，在后面的章节会对影响营养运算的因素进行详细阐述，原料质量只是影响因素之一，并非唯一因素，因为动物需要的是整体饲料提供的质量，而非单一原料的质量。

◇笔者的观点是同一种原料哪个畜种都能用，只是用的时候要考虑风险和成本，如果以畜种来区分更多考虑的可能是原料的风险，而原料的风险不等于产品的风险，我们可以通过配方调整减少风险。如果我们按照畜种分，那么就有可能人为地增加了原料的使用成本，如果一个公司有负责不同畜种的配方师，那么同一种原料要按照他们不同的要求进货，最终会造成库存、周转成本的提升，或许可以保证自己畜种的配方成本最低，但整个公司的综合成本是否最低，那就很难说了。

❖ 入厂原料的质量合格判断的标准是根据合同约定的项目和签订的标准，还是针对每种原料有固化的原料品控标准和扣款标准？每个项目的判断合格的标准是什么？是严格执行标准，还是判断的标准留有余量？比如我们玉米采购合同的水分标准是 ≤ 14%，我们判断质量合格的标准是 ≤ 14%，还是 ≤ 14.5%？这其实是决定了质量风险的成本由谁来承担的问题，对后期原料的库存质量也会产生一定的质量隐患。

采购合同的签订流程

❖ 原料质量标准中规定了采购合同必须签订的质量项目，合同签订中这些质量的标准是系统自动匹配原料名称，还是需要经过质量管理部门确认，或是采购部门可以按照市场情况可以进行调整？这直接影响到即将采购的原料的预期质量，预期质量则直接影响到原料的价值测算，也直接影响到原料价值采购中原料的品种和数量的预测。本人亲身经历过一个集团的原料质量标准制定得非常完善，甚至被众多公司学习和引用，但是在集团下属公司发现实际采购合同中原料质量竟然是供应商的质量标准。说到这里我们不得不感叹系统的力量，失去了体系的支撑和系统的监督，失去了业务逻辑背后的关联和监控，动作就是动作，文件不等于落地，这正是我们需要通过构建体系来看原料质量的重要原因。

❖ 采购合同的签订应该有固定的模板。每批采购合同采购的数量在系统中锁定，在超出或者合同执行不到位的时候有对应的处理流程和制度。在每日到货与生产和质量管理部分享的信息中，是否有采购合同编号、供应商名称、采购数量等相关信息。这些都是为了从原料的采购开始减少相关业务环节对入厂原料的预期质量的影响。

供应商管理和准入流程

◇ 筛选优秀的供应商，建立长期的合作伙伴关系，可以从原料的源头降低原料的质量风险。一般同一种原料公司会筛选3家供应商，同时根据供应商的供货情况进行动态的评估，调整每个供应商的进货配额。

◇ 供应商的评估方案决定了我们筛选供应商的质量，评估方案的流程和参与的部门，每个部门输出的内容是什么，不同业务部门输出内容在评估中所占的权重，都直接影响到供应商的评定结果，也间接影响到原料的预期质量和风险。

◇ 供应商评定必然面临供应商的淘汰和新供应商的加入，新供应商的准入审批流程就非常重要，是简单地看看资质或者现场走个过场，还是有一套系统的评价标准，这直接决定了新加入供应商的质量，同时也决定了淘汰供应商重新进入供应商目录的难度，这对于控制原料的预期质量的影响非常大，同时也影响到采购的预期成本和质量风险。

2. 从化验管理体系看入厂原料质量

◇ 化验能力的配置：通过公司化验能力的配置情况，我们可以看见支撑原料质量的化验体系的质量。如果要做到原料的质量有效监控，公司需要具备基本的化验能力，其中包括常规项目的检测以及一些常用的监控项目（如尿素酶活性、蛋白溶解度、新鲜度等）；使用的原料种类不同，所需配置的最低化验能力也有所不同。

◇ 化验人员的配置：一般月产量在 5 000t 以上的饲料厂，要满足基本的质量管理需要，至少需要 2 名专职化验人员。如果人员配置不足，通常采用的措施是减少检测项目或降低化验频率。这些措施无疑会增加我们通过营养的关联来判断原料质量的难度。

◇ 化验资源配置：有的公司可能会把化验资源集中在公司总部化验中心，而每个饲料工厂仅配置粗水分、粗蛋白质等少数项目检测资源。从质量管理的角度，笔者觉得有些欠妥，因为化验数据是配套质量管理工作的，工厂出现原料异常或产品异常时需要立刻进行样品检测工作来做质量管理决策判定。如果基本检测项目都需要寄送样品到总部化验中心进行检测，抛去时间成本，每个饲料工厂对原料质量和产品质量的判断工作如何开展？每个饲料工厂的专业技能如何提升？没有专业技能如何看见入厂原料的质量，更不用谈看见其中的质量风险了。一想到可能带来的后果，就让人感到十分担忧。

◇ 使用的营养指标检测方法是否匹配目标是一个关键问题。有的公司使用近红外设备测定豆粕的尿素酶活性，但这样的数据本身就不可信。如果我们还用这样的数据来支撑原料质量监控工作，那么检测也失去了本身的意义。由此带来的质量风险也无法预知。

◇ 化验室的管理水平，这在化验质量一章中有过详细说明，此处就不再重复。

3. 原料的进货相关流程看原料入厂监控质量

除了人的技能、个人的素质意愿等方面外，人为故意造成的质量隐患才是最可怕的。这类隐性的质量风险具有很强的隐蔽性，等结果被看见的时候大概率已经给公司造成了极大的显性经济损失。作为公司的管理者也好，质量管理者也好，都非常担心这种人为行为发生在自己的公司。相比担心，更关键的是希望找到一个省心省力的有效方法来做到预防。日常的培训学习和宣讲只能提高人员技能和水平，不能解决人为作假的隐患（技能和品德是两个不同维度，提升技能并不一定能带来品德的提升）。只有依靠完善的体系，才能预防和尽量减少这种风险的发生。因此，要控制原料的质量，必须重视原料进货的相关流程。原料进货流程的设计需要从管理的角度去"看见"人的质量隐患，通过流程和制度去避免隐患，通过看见工作的质量结果去洞见人的隐患。在原料的入厂流程中，评价取样员工作质量首先是看他们所取的样品的质量；其次是他们对原料质量的判断；样品的质量包含两个方面，一是样品的真实性，二是样品的代表性。

样品的真实性

✧ 样品的真实性包含两个方面，一是样品是真实的，有没有人为掺假掺杂。这依靠的是专业判定能力，需要定期的培训来提升能力。二是要保证检测样品的真实性，原料样品有没有被人为调换。如果发现检测样品已经不是在取样现场取到的原料，这个样品可能被人为调包了，大概率是人为故意的结果。

样品的代表性

✧ 样品的代表性是指公司原料取样人员在现场取到的样品与整批原料质量的匹配度。简而言之，取样员取到的原料样品有多少代表性。

✧ 原料取到样品的代表性与人的因素密切相关，一方面与人的技能和素质相关，取样员对标准取样程序的理解和执行程度，比如有没有按照操作规范的要求取样，有没有取够规定的包装比例等。这需要通过管理和监督，提供培训来提升人的能力，通过人的能力提升来提高取到样品的代表性。

◇另外，与人的职业道德相关，为了一定的目的和利益特意让取到的样品与实际原料不同，比如对特定供应商只取特定位置和包装内的原料样品（因为这些原料质量是合格的）等。

围绕着原料入厂取到的样品质量，评估当下原料进货相关业务流程是否可以做到有效地预防质量隐患，尤其是能否避免人为故意的质量风险。通过判断相关流程，可以预防质量隐患的情况，看见当下流程的质量以及流程需要完善的部分。通过看见体系运转质量就能预见原料入厂存在的潜在质量风险，也就有可能通过体系建设来预防或者杜绝质量问题的发生。那么我们如何看见业务流程是否可以有效地预防质量隐患，尤其是人为造成的质量风险呢？可以尝试从进货流程的相关方面进行初步的判断。

◇原料入厂是 1 次取样还是 2 次取样？

◇2 次取样的取样员是否是同一个人？

◇原料取样后的化验流程和项目是什么？

◇取样员和化验员是否是同一个人？

◇原料卸货过程中取样员是否在现场取样？

◇原料入厂免检的判断依据是什么？

◇原料免检的决策程序是什么？

◇原料取样的样品的数量是如何规定的？

◇原料取样现场是否有固定的取样平台或者取样推车？

◇原料的卸货流程中有无质量管理人员需要确认的信息？

◇原料卸货的位置是如何通知司机和取样人员的？

◇2 次取样后的样品下一步的流程是什么？

以上每个流程中的关键点都是为了减少和避免人为因素造成对原料入厂样品质量的影响，也可以间接判断整个流程对于原料质量风险的把控程度。当下很多饲料厂可能从人员成本角度考虑，往往取样员只有一名或者临时安排人，如果仅从财务数据来看，这是节约成本的，但是实际潜在风险成本在增加，多出的成本从其他业务流中体现了而已。另外，有的公司在公司内推行标准化，要求标准化到每个员工的动作，期望可以达到预期工作质量，最终往往呈现的结果是，期望是期望，现实是现实。规定的动作员工都在做，但是工作质量却没有多大的改善。根本原因是忽略了这些动作背后的逻辑，因为没有系统整体去看原料的质量，所以也就忽略动作的目的以及这些动作背后的业务逻辑，每个动作间的关系和关联，单纯地只去做了动作，最后的结果就是动作还是动作，质量还是原来的质量。

　　上述是从产品维度和体系维度来看见入厂原料的质量。简而言之，入厂原料的质量是如下 3 个质量的综合结果。

　　入厂原料质量 = 人员质量 × 化验管理质量 × 进货流程质量

　　原料的质量管理关键也就是这 3 个质量的管理（图 1–2–10）。如果要想提高入厂原料的质量需要这 3 个方面同时努力才可能实现。

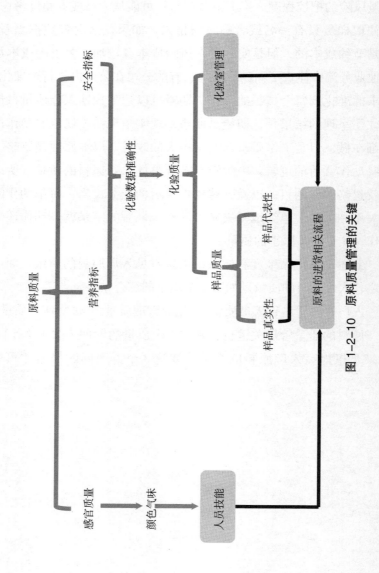

图 1-2-10 原料质量管理的关键

　　入厂原料的质量监控需要质量管理体系、化验管理体系、采购管理体系、生产管理体系等不同体系力量的支撑。反过来原料每一个关键点的质量同时也会影响到整个系统的质量。体系主要价值之一就是通过复盘过去看到质量的结果和风险，来完善当下的流程，达到预防质量风险再次发生的目的。因此，在没有看见质量风险时，也许会觉得一些流程的设计有些画蛇添足，根本是在浪费人力和物力。其实不然，这反而正是体系真正的价值点所在，因为它是在预防质量问题的发生。要看见隐性质量隐患是一件比较困难的事情，这也是体系建设推进难的原因之一，也是很多公司或者集团出现重大的质量事故以后才开始反思体系重要性的原因之一。借此机会我们梳理一下体系建设的难点，以便以后质量管理工作的规划及开展。体系建设的前提条件是要经历并且全面理解见过的"好"体系；这里面的核心是要经历过，亲身经历的最好方式是在一个好的体系公司工作，亲身去经历和体验。

　　◇ 如果要全面理解这个体系，需要经历不同的工作岗位，理解不同部门的业务逻辑，清晰不同部门的职责和工作内容。最好经历过不同的体系经过对比、思考，才能发现体系设计的根逻辑的差异和优劣。要全面理解一个好的体系首先要有机会参与，其次是很长时间体验，最后是长时间的思考归纳总结。因此，理解一个好的体系的确是一件非常困难、耗时耗力的工作。

　　◇ 体系中每个环节的质量都会对其他环节产生影响，最后所有影响叠加起来在一个点表现出来，就是我们看到的最后的质量结果。为什么每个环节点的质量不会立刻表现出来？这是因为质量的不闭环特性，当下环节的质量问题如果你没有看见，它就会溜到其他业务环节，等相关的质量隐患都溜到一个点，就可能会造成这个点的质量超出安全红线，爆发大的质量事故。因此，我们需要看见业务中每个环节输出的质量，需要在清晰当下环节与其他环节关系的基础上，看见对其他环节的质量隐患。

❖ 质量问题的界定需要系统的思维，整体看到饲料的质量，要从饲料产品的质量看见体系的质量，才可能发现根本原因。如果不去思考体系的质量，只是就事件本身出发，去与以前做过的事情对比寻找差异，本人觉得这样是很难发现造成当下质量结果的根本原因。

现在回到原料的质量控制这件工作上来理解体系。除了关注原料产品属性的质量外，更重要的是关注影响原料质量的进货流程的质量。体系的质量不仅影响原料的预期质量，还影响到入厂原料样品的真实性和代表性，最终影响到原料的质量。原料的质量会影响到技术部门原料价值评估方程的准确性；而原料价值方程评估的准确性又直接影响到原料的价值；在固定的营养标准下，直接影响到产品的质量和成本；这就是原料质量对整个体系的影响。为了便于理解，我们把原料对体系的影响总结成为简图如下（图 1-2-11）。

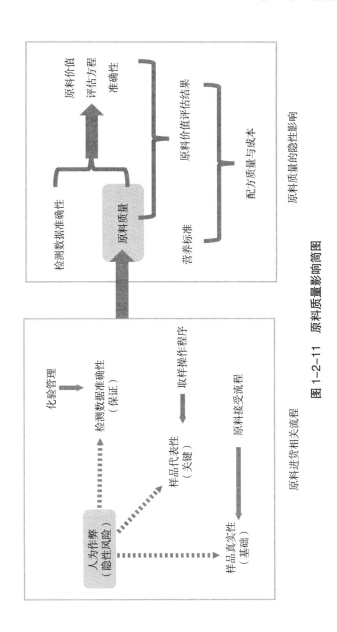

图 1-2-11　原料质量影响简图

原料进货相关流程

原料质量的隐性影响

　　说到体系的质量，除了原料的入厂相关流程外，还有质量管理部内部的质量监控流程和原料的库存质量。这3个方面。从工作的定位和职责来看，是属于不同的岗位；入厂原料的质量监控是属于IQC的工作职责，使用原料的质量是属于IPQC的工作职责；针对库存原料的质量，不同的公司有不同的安排，有的属于IQC，有的属于IPQC，有的属于化验。由此我们可以感觉到，看见原料质量不是一个点的事情，也不是一个面的维度，是否有点立体的感觉就是要从不同的角度和维度去观察看到质量结果，努力看见不同角度和维度的质量，思考后形成自己的看见。这就是系统思维的能力和价值。

　　上述内容看到了原料质量对体系质量产生的隐性影响；每个体系其实都是很多小体系基于共同的目标互相监督、互作促进、互相协作、相互牵制而组成的网络；每个小体系的质量决定了系统输出的质量。体系的本质就是流程和制度，其中流程是灵魂，制度只是为了保证流程中的某个环节得以实施。因此，谈到体系的质量核心就是流程的质量；流程中每个关键点落地的质量决定了体系运转的最终质量，体系运转的质量最后通过产品的质量显现出来。

　　我们如何看到每个环节自己的质量结果以及在看到质量结果的基础上看见对所在体系和整个系统的质量风险，就会对同样的质量结果有不同的见解，甚至我们下的结论和别人就是天壤之别。根本原因是对于流程中的每个环节间的业务逻辑和关系理解得不同，不同的环节中不同部门的关系，输出内容的关联都是基于要完成的目标。目标是相同的，但是如果部门间关系定位错了，部门的职责也就偏了，输出内容的对应目标也就偏离了最初设计的目标。

　　接下来我们就以一个典型的原料入厂的流程为例，通过看到和看见的质量做一个分享。图 1-2-12 是当下典型的一个原料入厂的相关流程简图，我们就围绕原料质量，用系统的思维来体验一下看到的质量结果和我们希望看见的质量隐患。

1. 采购员把到货信息直接发到相应的工作群完成自己的工作

思考：

✧ 我们建群的原因是什么？

✧ 到货信息共享的目的是什么？

✧ 要实现这个目的和我们建群发信息这个动作匹配吗？

笔者的理解：

采购到货信息与品管部生产部门的共享的目的是让相关部门提前知道第二天的进货情况，以便相关部门安排相应的人员来配合采购部完成原料的卸货入库工作。其实就是原料入厂相关流程中的一个业务环节原料到货计划，第二天到厂原料的具体信息。计划是具有约束和责任追溯功能的，是管理动作；而信息是随时可以交流的，也随时可以增加和减少。建群发信息后谁跟踪、如何跟踪就成为面临的主要问题，所以笔者认为这个动作与目的的匹配度不高。

看到的质量结果：

✧ 随时来货，随时要求卸货，会不定时碰到需要紧急卸货的原料（原料断货生产急用）。

✧ 品管和库管人员的工作时而超量完不成，时而时间充裕无事可做，工作无法有效提前安排规划。

看见的质量风险：

✧ 信息分享流程没有固化，造成沟通成本高，工作效率低。

✧ 出现需要追责时，责任不清，出现互相扯皮现象。

✧ 原料经常出现断货现象，经常紧急处理类似事件。

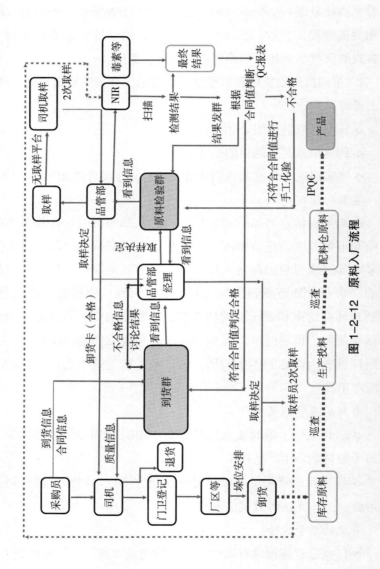

图1-2-12 原料入厂流程

2. 信息传递中共享信息不全（无合同中供应商名称/采购数量）

思考：

◇ 今天进货的原料是来自签订合同的供应商吗？

◇ 今天进货的原料在合同签订的数量内吗？

笔者的理解：

体系的逻辑就是部门间互作配合、协助和监督牵制。所以部门间的信息分享是需要明确的，除了部门独享的信息外，需要根据合作的部门的需求提供对应的信息。

看到的质量结果：

这是采购部门的事情，不会对原料质量造成什么风险。

看见的质量风险：

◇ 发货者与合同签订的供应商不一样，劣质供应商甚至黑名单的供应商可以借壳进货。

◇ 合同数量超标或者不执行合同，比如市场价格低于合同价，可以按照此合同价格超量供货，合同价低于市场价减少供货，给公司造成经济损失，没有相关业务单元的监督。

3. 原料入厂不需要每车取样

思考：

◇ 每车取样的意义是什么？

◇ 我们放行的供应商评价的标准是什么？

◇ 我们放行的供应商提供的原料哪些维度质量是可以免检的？

笔者的理解：

现在由于饲料的利润空间越来越小，面对来自经营的压力。很多经营者为了节省成本在压缩人员编制，其中首先受到影响的是经营者认为没有价值的部门人员，当经营者看不到取样的目的、意义和风险时，取样人员就会被压缩，甚至由其他部门人员来承担这部分工作，比如让化验员，甚至门卫来取样就行了。在人员不足的情况下，质量管理者如果不能与经营者共识这样决策的风险，只能采取其他办法，比如与经营者共识部分原料可以免检或者原料抽检，让取样的质量风险转移到其他环节。

看到的质量：

其余部门或者兄弟公司检查时发现有原料的质量问题。

看见的质量风险：

✧ 原料的卫生指标尤其是毒素的风险极大。由于毒素的分布不均和检测偏差大的特性造成检测数据准确性的关键因素是样品的代表性。也许免检供应商的原料营养指标是稳定的，但是由于毒素本身的特性，以前合格的原料，这次入厂原料的毒素含量有可能已经超过标准的几百倍甚至上千倍。

✧ 供应商作弊的风险。供应商拿到免检的资格后，在利益的驱动下，极有可能以次充好来获利。如果供应商还是中间商，我们感觉这里的风险会成倍增加。

✧ 品管内部人员作弊。在利益和亲情面前，如果员工定力不足，对特定供应商放行，那么入厂原料的具体质量我们就无法知晓，地沟油、狐貉油等是如何反复进入同一饲料公司的？这些事件造成的教训我们是不能掉以轻心的。

✧ 上报给配方师的原料质量结果与当下的原料质量不匹配，造成配方师设计的营养自己觉得是稳定的和合格的，但是实际产品中的营养有可能根本达不到设计的要求或者某些营养已经完全超出质量的安全范围，这在日常的工作中我们也会经常碰到，市场出现客诉，即使判断原因是饲料产品设计问题，配方师也感觉不可思议，因为他设计的营养从设计的结果来看是完全可以满足需求的。

✧ 原料的安全卫生指标如果按照取样的检测数据上报给配方

师，而现在原料中的毒素含量极有可能完全超过检测数据的几千倍。最终可能导致实际产品毒素严重超标，出现大面积幼龄动物因为毒素死亡的重大质量事故都是行业内发生过的惨痛教训。

4. 取样 1 次就足够，无须 2 次取样

思考：

✧ 1 次取样和 2 次取样的目的和意义是什么？

✧ 1 次取样我们取到的样品能代表整车原料吗？

✧ 1 次取样和 2 次取样我们要分不同的人的目的是什么？

笔者的理解：

前面已经讲过因为经营者对取样价值和意义的理解不同。从经营成本的维度考虑，实现原料入厂不需要取样或者在原料入厂前取 1 次样检验合格后直接卸货，或者原料直接入厂卸货，等取样人员有时间从垛位上取样。那么我们为什么要这么坚持 2 次取样呢？ 1 次取样主要是对车辆外面的样品取样，包括车的顶部，目的是要看原料质量的均匀性，有没有感官质量不一的问题。同时，根据毒素等卫生指标把原料分类存放、分类使用。2 次取样员与 1 次取样员要区分，目的一是为了互相监督，二是减少供应商作弊的空间。另外，2 次取样从卸车开始到结束，一直在现场随时取样，更容易发现质量问题且取到的样品更有代表性。

看到的质量：

原料已取样，完成了取样的动作。

看见的质量风险：

✧ 原料取样的目的仅仅是完成取样动作，取个样品；发现不了原料中有没有作弊、掺假掺杂的质量风险。

✧ 供应商如果根据我们取样特点作弊，这个风险我们发现不了。比如卸货过程中无人监控，车厢底部是劣质原料，码垛都在垛位顶部；或者把劣质的原料码垛码到中间，这样就是后期去取样也根本发现不了存在的质量隐患。

◇质量管理人员作弊，因为只有一个人取样，不存在复查被发现的风险，基于利益和亲情等原因进行样品调包，样品和实际到货的原料质量相差甚远的风险无法避免。

◇原料取样的代表性对配方设计中营养的稳定和安全风险的影响与原料入厂不需要取样带来的风险一样，这里不再赘述。

5. 取样只取够得着位置不设取样平台

思考：

◇取样的目的和意义是什么？

◇我们取到的样品有代表性吗？

◇如果样品没有代表性造成的质量风险是什么？

笔者的理解：

由于运输成本的增加，到工厂的原料车辆基本是几十吨甚至是百吨的大货车，人站在地面上能够伸胳膊够到可以取样的原料是非常少的。如果只是人站到地面的取样操作就是为了完成所谓的取样工作，根本不管取样工作的质量。

看到的质量：

完成原料取样。

看见的质量风险：

◇无法保证样品的代表性。人在地面能取到的包装数量非常少，可能连10%都不到，这样的样品没有代表性。

◇供应商作弊根本无法发现。如果供应商在装货时特意安排，那么我们只能取到他们希望我们取到的原料。

◇原料的感官质量、毒素等安全质量根本没有代表性，如果我们没有进行2次取样，或者即便是2次取样，但是毒素都以1

次取样的结果为准，那么其中毒素的风险就与上面提到的同样大。

6. 司机帮忙取样

思考：

✧ 取样的目的和意义是什么？

✧ 司机有判断原料的感官质量的能力吗？

笔者的理解：

有的公司因为安全原因或者成本问题，没有取样平台，为了解决取样，只能在地面取到够得着原料的问题，想出的解决方案是让货车司机上车帮忙取样。这样的做法完成了原料的取样工作，但是忽略了原料取样的目的和意义，取到样品的代表性也是无法保证的。

看到的质量结果：

在符合公司安全规定的要求下，完成了原料取样。

看见的质量风险：

✧ 原料的感官质量的判断是需要技能的，司机只是帮我们完成了取样的动作，其中有劣质的原料或者感官差异的质量问题是发现不了的。

✧ 样品代表性造成的质量风险是无法避免的，比如玉米的水分差异很大，司机取样混合在一起检测数据是合格的，可以入仓。但是由于存在高水分的玉米，进入筒仓后，极有可能造成发热，玉米霉变，甚至筒仓起火倒塌。

✧ 供应商与司机串通作弊无法避免，也许车上本来就已经准备好了合格的样品或者司机也知道哪些包装的样品不能取；帮忙取样刚好给了一个很好的机会。

✧ 如果公司允许，那么品管人员的作弊就合理化，最后有合理的理由解释自己的行为。

✧ 原料取样的代表性对配方设计中营养的稳定和安全风险的

影响同原料入厂不需要取样带来的风险一样，这里不再赘述。

7. 原料库没有分区和垛位标识

思考：

◇ 6S 管理中要求的分区划线的意义和目的是什么？

◇ 如果当下没有划线，我们的质量追溯是如何做到的？

◇ 为什么现在大家没有看见需要分区和划线标识呢？

笔者的思考：

很多公司的原料库根本就没有分区，更谈不上划分垛位了，大家都觉得做这个的目的其实就是为了美观而已。其实如果公司的质量管理体系建立起来以后回头来看这个事情的价值就会完全不同；分区和垛位标识是实现质量可追溯的主线，所有原料从入库开始到产品的出厂质量的追溯都需要垛位这个信息来贯穿始终，如果我们看不到垛位划分的价值，那么要实现质量可追溯是一件非常困难的事情。

看到的质量：

原料的入库，出库投料依靠人的记忆能力。

看见的质量：

◇ 垛位其实是质量追溯的核心信息，没有垛位的标识大概率质量的可追溯只是文件层面。

◇ 原料库空位置在哪里，工人投料去哪里找，这些都依赖于人的记忆，这样增加了出错的概率和降低工作的效率。

上述我们根据原料质量的影响因素以及每个质量点会对系统质量造成的影响进行了阐述。原料的质量主要是讲述了原料的入厂质量。根据原料在整个饲料生产过程的使用周期，质量主要分成 3 个主要方面，一个是入厂的原料质量，一个是库存原料的质量，一个是原料的使用质量。接下来我们对原料的库存质量和使用质量也简单地做一个说明。

库存原料质量管理

原料入厂卸货入库后就进入了原料的库存管理的环节。从质量动态性的角度我们知道，原料质量时刻都在变化的，如何能保证原料质量在使用前不发生大的质量波动或者能够及时发现其质量已经发生的变化并采取相应措施来预防质量事故的发生呢？这其实就是库存原料管理的工作范畴了。

首先需要明确一下原料库存质量的主要责任人。提到库存原料，大家首先会想到这属于库管的工作，这样的想法本身是没有问题的，库管是原料库存管理的落地执行者，那么库存原料质量的管理原则和具体的管理流程是需要谁来设计呢？质量相关定义的章节内容中已经阐述了质量体系的建设是质量管理者的工作内容，所以库存原料的质量管理需要质量管理和生产的互相配合来完成，并非一个部门独立的工作。

那么我们首先来看一下库存原料的质量管理需要关注质量哪些方面，其关注的目的和意义是什么？

1. 原料的营养指标的变化

❖我们会定期对入库的原料进行重新取样，这个取样动作可以由生产品控员来完成，因为他需要关注原料使用前的质量，同时作为一个入厂原料质量的监督者，帮我们去发现原料入厂过程中是否存在人为作弊和质量漏洞。

❖对库存原料的定期重新取样，通过对所取样品营养指标的变化情况，来确定原料的库存时间和改善库存条件。同时以新的检测数据来进行配方设计，以增加配方设计的营养的稳定性。

❖重新检测的数据也可以分享给生产部门，为生产部门投入产出核算提供依据和支撑（主要是原料的水分变化）。

✧定期对筒仓内的原料取样检测水分、温度，通过其变异情况，来评估筒仓存储原料的质量变化和存在的风险。

2. 原料卫生指标的变化

✧对于重点原料，如玉米、小麦等用量较大的原料，经常是一次性采购量较大，库存时间也较长；其中卫生指标的质量风险是无法预估的。按照一定的监控频率来取样重新进行毒素等指标的检测，以监控原料质量的变化。同时把定期重新取样的检测指标数据通过 QC 报表上报给配方师，及时调整配方保证产品的质量安全，是一件非常重要且极有意义的工作。

3. 原料库存时间的变化

✧对于很多添加剂，比如益生菌、维生素、酶等，很多饲料公司是没有检测能力的，即使有检测能力，检测项目也不一定能准确地反映出原料质量已经发生的变化。这类原料我们就需要关注原料的库存时间，要定期去关注是否在安全的库存时间内。安全的库存时间每个公司有自己不同的理解和规定，共识是不能超过原料的保质期。从质量管理的角度越快使用完越好，所以一般情况下安全库存时间会要求远远低于保质期，例如某个集团质量要求多维的库存时间是 30d（以生产日期开始计时），多矿的库存时间是 45d（以生产日期开始计时），且要求原料安全时间到达前提前要 15d 通知技术部，请技术部关注并协助尽快处理和使用。

综上所述库存原料质量管理的关键词是看见"变化"。库存过程原料质量变化需要我们建立库存原料的管理流程，通过体系的力量实现管理的目的和意义。其中原料每个维度质量的变化产生的质量隐患与入厂原料一样，也会对系统质量产生影响。因此，库存原料的管理也需要引起经营者和质量管理者的高度重视。

当下的饲料行业，笔者接触比较多的管理方式是经营者要求质量管理人员每天巡查。看到质量问题，拍完照片后将照片发到相关群内，督促相关部门改进。这也是发现质量问题的一个有效的方法。但是我们会发现，通过巡查发现的问题的能力完全依赖于人的素质和专业能力，巡查发现的从结果和问题的定义来区分，应该都是质量结果，那么只将巡查看到的结果发生相关群内，就缺失了对质量结果造成原因的分析，也就更没有对应解决方案的规划；如果没有找到根本原因，仅仅根据图片的改进大部分都是点上的改善，质量问题再次发生且会多次重复发生的概率还很大。由此我们觉得，单纯通过巡查要实现发现库存原料质量变化的目标还是非常困难的，真正要想实现这个目标，结合我们前面所述的内容，建立库存原料的管理体系才是可行之路。

原料使用质量管理

原料从原料库出库投料开始就进入了原料的使用环节。在使用环节如何可以发现原料的质量风险，及时采取措施，预防质量事故的发生，我们就需要回归到生产的过程管理。原料的生产过程管理涉及原料的出入库、原料投料等相关环节，这里是为了与前面所述的原料的入厂原料和库存原料的质量结合起来，系统地看见原料的质量，所以重点讲述的是进入配料仓的原料质量监控的目的和意义。原料经过投料进入配料仓，会定时对配料仓中的原料进行取样，以及原料质量的相关检查，包括常规项目的检测。这项工作的意义和目的如下。

✧ 监控从原料投料到配料仓中，确认原料是否出现混仓现象。

✧ 配料仓中的原料质量可以与库存质量和原料入厂质量进行对比，从而发现其中的质量隐患。

✧ 配料仓中的原料质量与 QC 报表中原料的质量对比，如果发现偏差太大，及时沟通技术人员进行配方调整，避免出现质量问题。

其实原料的使用质量是对原料入厂质量另外维度的监督和验证，同时也是对 QC 报表中原料的质量与实际使用质量的一个验证。这就是我们上面所述的原料质量的人为风险必须依靠体系的力量的一个环节。入厂的原料质量会经过不同部门不同人员的验证，只有这样才能震慑那些有作弊想法的人员，同时及时发现问题，及时补漏，真正实现原料质量可控的目标。

本章小结

1. 原料采购前的相关流程是原料预期质量的管理，这是原料质量监控的第一步。

2. 入厂原料质量是化验质量、人员质量和原料入厂相关流程质量体现的综合结果。

3. 原料的质量需要相关体系的支撑，相关流程的质量决定了入厂原料的质量。

4. 原料质量的把握需要通过原料的安全质量、感官质量和营养质量综合起来进行判断。其中安全质量是第一位的，其次是感官质量，最后是原料的营养质量。

5. 原料入厂相关流程设计的重点是避免和预防"人为"造成的质量隐患，不是单纯为了取一个原料样品。

6. 原料的库存质量和使用质量都是对原料入厂质量的监督和验证。

7. 通过原料营养素之间的关联和关系结合化验数据，是判断原料质量和化验数据准确性的一个有效方法。

8. 原料的库存质量核心是看见原料质量的变化，确保原料质量的波动在安全范围内。

第四章　质量管理实践

（设计质量）

作者　李珂博士

　　饲料是动物的食品，本质是为动物的生存、生长和生产提供所需的各种营养。商品饲料做到营养满足需要两个重要的步骤，营养设计和营养运算。营养设计是根据动物营养需求，结合市场、客户需求的基础上，给出营养标准（本书指现实饲料生产中使用的营养标准，以特定动物为对象，在特定环境条件下研制的满足其特定生理阶段或生理状态的营养物质需要的数量定额）和配套的饲养方案。营养设计的质量就是本章提到的设计质量。营养运算是在营养标准清晰明确的前提下，各公司的配方人员（师）根据动物营养标准、原料的营养成分、原料质量、原料的价格等进行配方运算，最终的配方结构（包含：原料种类，各原料在配方中的含量）保证饲料产品提供的设计营养符合动物营养标准，同时要控制饲料配方的成本达到最优。营养运算的质量就是我们在第五章要阐述的运算质量。

　　营养运算准确的前提之一，也是关键所在，是拥有清晰明确的营养标准，可以说设计质量决定了运算质量。营养设计工作输出的是一套标准，需要通过运算变成配方，配方经过生产成为产品，产品经由动物养殖环节进行效果验证。每一项工作是独立且互为验证，运算质量是对设计质量中营养标准准确性判断的环节之一。从质量管理角度，在配方运算过程中，配方人员（师）不能随意修改营养标准。在出现需要界定饲料环节导致养殖效果未达预期的原因时，须明确切分是营养设计还是配方运算问题。假设如果配方师具有修改权限，最终呈现出的养殖效果，我们很难切分出主因，营养标准设定得是否合理和准确，更严重的是如果设计质量设定的本身有问题，但是动物实验效果又很理想，那么这个错误的营养标准有可能被固化应用，造成的质量隐患不可估量。

因此，我们需要清晰地区分营养设计和营养运算的区别和联系，也要明确负责这两类工作的人员的工作职责，不能把设计质量和运算质量混淆，更不能等同。本章主要先厘清设计质量的相关工作内容。首先来看一下设计质量需要输出的工作内容（图 1-2-13）。

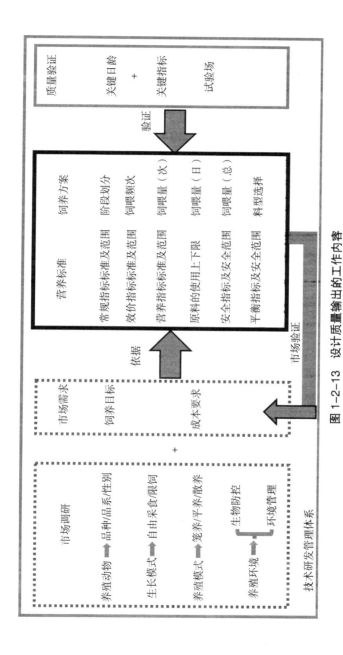

图 1-2-13 设计质量输出的工作内容

设计质量其实就是饲料公司日常工作经常提及的饲料产品定位质量。从图 1-2-13 中我们可以清晰地看到输出的工作内容是饲料的营养标准和产品的饲养方案。最终营养标准与饲养方案是对应匹配的，是一个整体，不能把这两部分隔离单独来看。制定产品的营养标准和饲养方案的依据是什么呢？接下来就对图 1-2-13 中的内容做一些简单说明。

一、市场调研

1. 养殖动物的情况

首先需要明确养殖动物的类型及用途，包括动物的品种、品系、性别及用途（用途是指：饲养动物提供肉、蛋、乳、兼用或繁殖需要，实验用途：营养或遗传研究使用）。更进一步，需要明确养殖细节情况，如在育肥的生产目的下，动物是混养还是单性别饲养；同样的品种品系内是公母混养（公母混养比例不同，也会导致需求差异），还是仅饲养母畜或者单独饲养公畜，这些情况对于营养的整体需求差异较大。在做营养设计时，必须考虑动物类型带来的营养需求的不同。

2. 饲喂方式

饲喂方式有任食与限食两类，任食是指动物自由接触饲料，任意采食或自由采食。限食则是对动物的采食进行一定的限制。

3. 饲喂的连续性

从营养上讲，动物从出生起的整个生命，虽然人为分为几个阶段，但前后之间存在连续性。如母猪妊娠期的采食量不仅影响妊娠期母猪增重和胎儿发育，也会影响泌乳期采食量，从而影响泌乳量，应从全局的观点来决定其各阶段的营养标准等。

4. 养殖模式

这部分主要是关注在同一生产用途下，同品种、同品系、同性别的动物，在同一养殖目标下，因养殖模式的差异，动物对营养的需求是不同的。如在肉禽养殖中，存在平养、散养、水养、半水半陆养殖等不同模式；同样是笼养模式，因为笼养的层数不同，达到同一生产目标时的营养需求也存在差异。

5. 养殖生产目的

通常是指在特定的经济、环境和社会条件下，进行动物养殖的主要目标和预期成果。如对肉用动物说，生产中对其生长速度有一定要求。在生长阶段，动物可群饲（几个动物同圈饲养），也可单饲（一个动物单独饲养）。群饲下动物采食有竞争，可能采食量比较多，但可能造成弱小的动物采食不足；单个饲养虽避免群饲的缺点，但动物可能会减少采食量。可以看出，不同饲喂模式下，同品种同性别动物因采食量不同，可造成在同一营养水平下生长速度不同。在设定饲料营养标准时，要整体性考虑。

6. 养殖环境

各种造成动物应激的环境因素，如拥挤、运输和环境温度等因素会影响动物采食量和健康，进而影响饲养结果。很多现代化规模养殖场都配有专职的防控专家和环控专家，非常重视养殖环境的管理，在做商品饲料营养设计的时候需要关注养殖场的环境管理水平。

二、市场需求

商品饲料最终是要满足客户的需求，要从两类客户的角度分别来看各自的需求。首先是购买者，一般指养殖场（户）的经营决策者或管理决策者；另一个是消费者，即养殖场（户）养殖的动物。前者决定是否购买我们的饲料产品，后者会证明我们饲料产品的质量。动物会通过自己的生长表现和生产成绩告诉养殖场（户）经营者要不要购买我们的产品。因此，在做产品设计时，需要同时满足两个客户的需求。

1. 作为消费者的养殖动物是无法与我们直接用语言进行沟通

交流的，因此它的需求需要营养设计者，也就是我们的技术人员（如营养师）有与动物"对话"的能力，需要具有通过动物的行为表现（精神状态、异食癖等）、生长和生产表现（如生长速度、采食量、体况等）来判断饲料产品质量情况的能力。

2. 购买者的需求解读主要是指同养殖场（户）经营者对齐饲养目标和要求，如饲料转化效率、出栏时间、成活率等。在对齐饲养目标的基础上共识对饲料产品成本或其他（如饲料料型、颗粒质量等）的要求。

三、营养标准

在市场调研和市场需求相关信息均清晰的情况下，技术人员（营养师）可以根据这些信息进行营养设计工作。工作输出的结果就是营养标准及其配套的饲养方案。诚然任何"标准"的产生和应用都是有条件的，也具有一定局限性。接下来我们就这两个方面包含的具体内容展开说明。

营养标准包含 5 个方面的内容，分别是常规指标的标准及范围；效价指标的指标及范围；平衡指标的标准及范围，安全指标的标准及范围以及原料的上下限的限制标准。

（1）常规指标的标准及范围：主要指粗水分、粗蛋白质、粗脂肪、粗纤维、粗灰分、钙、总磷、盐分等指标；营养标准中不仅要包含这些指标的标准，同时要设定每个项目允许的上下偏差范围。

（2）效价指标的标准及范围：效价指标主要是指有效能（如消化能、代谢能、净能等）、可消化氨基酸（如回肠末端可消化氨基酸）、可消化磷以及部分维生素（如胆碱）等指标，营养标准中要有这些指标的标准和每个标准允许的上下偏差范围。

（3）平衡指标的标准及范围：这是指为了营养平衡而设定的相关指标，如有效能和可消化氨基酸比值，有效磷和有效能之间的比值等。

（4）安全指标的标准及范围：对动物健康有巨大影响甚至有致命风险的指标我们统称为安全指标，如毒素、重金属等。这些必须明确安全指标的具体数值以及允许其波动的范围，或者允许的最大值或最小值。

（5）原料使用的上下限：每种原料对于不同的养殖动物或同一种动物的不同用途下，都有其用量的最大值和最小值，超出最大值或最小值规定的范围，动物在采食量或者生长生产效率方面会受到影响。这就好比人一样，再好的东西也不能天天只吃这一样，毒药的作用也是在超过安全剂量时才产生毒性，甚至在一定剂量内，毒药可能发挥治病救人的作用。原料使用的上下限标准的设定，不仅影响到设计质量和配方成本，还会结合原料的价格和饲料产品的结构，直接影响到我们对原料价值的判断及采购决策。

四、饲养方案

饲养方案主要包括动物饲养阶段的划分，每日的饲喂频次，每日的饲喂的重量，每个饲喂阶段需要饲喂的重量，整个养殖过程需要饲喂的总重量，以及饲喂的料型（颗粒料、粉料、粉加粒、湿拌料、液体饲料等）。在某个具体区域市场，同一生产目的下，往往同品种动物饲养方案是接近的，是共识且经过验证的成熟方案，商品料公司需要根据这些饲养方案，配套营养设计的工作。

1. 在新产品开发、产品进行差异化的市场竞争、新产品营养设计时就需要同步进行匹配的饲养方案的设计。

2. 对于饲养方案，养殖场常常有自己的见解和决定，这个时候商品料公司能做的是匹配养殖场的饲养方案来进行营养设计。

3. 营养标准和饲养方案是需要匹配的，所以不能简单套用别人或其他区域的营养标准来匹配本区域的饲养方案，更不可能用一套营养标准去配套适用所有区域的饲养方案。

五、质量验证

技术人员（营养师）根据市场调研和市场需求的信息，结合自己的专业能力及经验，制订对应的营养标准和饲养方案，但是这个标准和方案能不能真正满足市场情况和市场需求是需要经过动物养殖的结果来验证的。简单来说就是看养殖结果效果是否达到设计预期。通常使用体内消化代谢试验、生长试验、比较屠宰试验等动物营养学试验方法。

1. 养殖质量的验证需要关注两个关键点，关键日龄和关键指标，且需要这两个指标同时达标。养殖质量的判断标准就是要通过每个关键日龄的关键指标的情况来判断。

2. 动物试验一般会在公司自己的养殖场内进行，如果出现关键日龄的关键指标没有达到标准的情况，需要启动质量问题界定（QE），查找真正的问题，如果确定是营养标准或者饲养方案的问题，则需要进行纠偏，甚至启动重新设计。

3. 试验阶段的养殖效果达到了设计的标准，就进入产品的推广阶段。设计质量的最终判断标准就是饲料产品是否满足或者超出了市场当下的需求。

上述内容主要是对设计质量的工作流程简单做了一些说明，从市场调研、需求解读到营养设计、营养验证、营养纠偏，再到最后的营养的确定。对于饲料客户来说判断产品质量的标准就是是否满足了他们的需求，达到了他们的要求。基于只有好的过程才有好的质量结果的理念，需要回到营养设计的过程中，梳理一下影响营养设计质量的因素有哪些，把过程中每个质量的关键点做到位，才能保证最终的设计质量。

接下来我们就上述内容进一步展开，梳理一下设计质量的关键影响因素（图 1-2-14）。

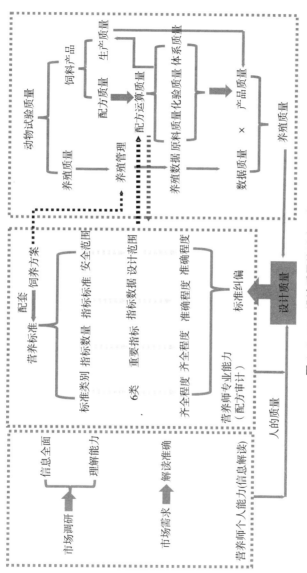

图 1-2-14 设计质量的影响因素

市场调研质量

信息质量：

◇对营养标准质量影响较大的是市场调研工作的质量，包括收集的信息是不是全面、完整以及真实。

人的质量：

◇有的公司是由公司技术人员完成市场调研工作，有的是由市场服务部门或其他部门。无论信息由谁调研，作为营养设计者都需要具备信息的解读和判断能力，包括对信息的完整度、准确性以及信息的归纳总结的能力。

市场需求解读质量

人的质量：

◇市场需求需要通过解读不同客户的沟通信息来获取，客户的需求往往是隐蔽的，甚至有的客户自己都不清楚真正的需求是什么，所以客户需求更多地需要依靠个人的能力去解读、对齐甚至创造客户的需求。信息解读的质量大部分是依靠个人的能力，这也是作为营养设计者需要具备的能力之一。

营养标准的质量

◇影响设计质量的第一个因素是营养标准中指标类型的完整度，即常规指标、效价指标、安全指标、平衡指标以及原料使用的上下限5类指标是否完整，其完整度决定了设计营养的均衡和稳定性。

◇影响设计质量的第二个因素是每类指标中指标数量的完整度，如在常规指标中，主要的8种常规指标是否齐全，平衡指标中的重要平衡指标是否设定。

◇影响设计质量的第三个因素是每个指标设定的具体数值。这是整个设计质量的核心，数值准确与否直接决定了营养设计的质量。

◇影响设计质量的第四个因素是每个指标的安全范围设定质

量，主要指大小及合理性，这部分值对饲料产品质量安全和配方空间具有直接影响，间接影响到产品营养的稳定和配方成本高低。

◇影响设计质量的第五个因素是动物试验的质量。因设计的营养标准需要根据动物试验反馈的结果来进行纠偏和调整。所以动物试验的质量会直接影响到营养标准准确性判断以及具体修改的内容质量。

动物试验质量

从营养的设计到动物试验验证是一个系统性工作，需要看成一个整体。

◇动物试验质量的影响因素包括两个方面，一个是养殖质量，主要指养殖管理过程的质量，包括生物防控效果、饲养密度和环境管理等；另一个是饲料产品的质量。

◇养殖质量需要通过对养殖现场记录的数据进行分析验证后来判断。现场记录不仅包含有环境监测数据、免疫程序数据等，在饲养方案中涉及的内容均需要有现场记录的相关数据。对数据准确性判断后，进行分析，根据分析结果来判断养殖管理质量对饲料产品中养分消化吸收的影响情况和程度。

◇饲料产品的质量。设计质量（营养标准和饲养方案）确定好以后，要进行配方设计，配方经由生产才变成饲料产品。生产配方的质量是由设计质量和配方运算质量共同决定的。设计质量是核心，也是配方运算质量的标准，直接决定了产品提供营养的质量。

◇配方运算质量同时受设计质量、原料质量、原料价格、生产质量等相关质量的影响，而这些方面的质量都由相关业务体系质量决定的。比如原料质量管理的相关流程、生产管理体系、质量管理体系、化验管理体系的运行质量的叠加就决定了配方运算的质量。

◇产品在生产过程中的质量主要是受生产质量的相关因素的影响，我们在生产质量的部分会做详细阐述，故不再赘述，如有不清晰的地方，可以回顾相关内容。

◇产品的质量和养殖数据的质量叠加的效果可以通过动物试验质量表现出来。动物试验最终的养殖效果如未符合预期，需要去界定问题，查找原因。原因查找步骤一般先排除生产质量的影响，再进行营养标准的问题界定。

我们可以看到，对设计质量影响最大的因素是人的质量，也就是技术人员（营养师）的个人质量。在实际工作中的确是这样的，所以各饲料集团（公司）对于负责这部分公司的技术人员的选拔标准是非常高的，因为他不仅代表了集团或者公司的最高专业水平，同时也是公司技术核心竞争力的载体。动物营养学是研究和阐明不同种类动物所需要的营养素种类、作用和代谢利用规律，同时还须研究和阐明每种营养素需要的数量。一般通过动物种类来划分研究领域，相对应的，在实际生产中，也根据不同畜种来区分技术工作范畴。通常饲料集团（公司）会根据自己的产品种类对应的不同专业条线设定负责条线的技术负责人，如禽、猪、水产、反刍动物技术负责人等。也有的公司会直接根据饲料产品条线来设定对应的技术负责人，如特种水产产品技术负责人。基于上述内容我们来总结一下，一个优秀的技术负责人（营养师）需要具备的技能或能力有哪些？

1. 市场调研信息的判断需要的信息解读能力；

2. 市场需求的解读和洞见能力；

3. 营养标准和饲养方案的设定需要的专业能力；

4. 安全指标和安全范围需要的专业能力和实战经验；

5. 养殖质量的判断需要的专业能力和养殖经验；

6. 养殖效果出现了偏差时需要界定问题的能力；

7. 界定问题的时候需要从饲料到养殖的系统思考能力；

上面对能力的描述是指基于一个饲料集团或者公司内专业线路的技术负责人的能力画像，具有从集团层面来把握设计质量需要的能力，这样的技术负责人自我的成长一般要花费 5～10 年，甚至更长的时间（与公司的培养机制与个人的能力有较大关系）。举个例子，某集团公司禽料线路技术负责人，需要从公司基层配方师、片区配方师、片区营养师、线路总营养师一步步成长起来。在此过程中，最重要的阶段是片区营养师，这个岗位承上启下，属于技术线路腰部，其主要技术职责是在公司总部设定的营养标准基础上，根据片区的情况进行调整，最终保证片区使用的营养标准质量。

集团总部发布的营养标准均需要通过验证后才可投入使用，设定好的营养标准及匹配的饲养方案在集团层面进行推广应用时，所有下属公司的产品营养设计值都不能超过这个营养设计的标准和安全范围。营养设计的标准（营养标准和饲养方案）是一个饲料集团（公司）产品核心竞争力的载体，是每个饲料集团需要保密的技术信息。通常设置对应的信息保密制度和流程。真正了解和掌握此类信息的人不多，除了设定标准的每类畜种的技术负责人之外，能接触到的最全信息的一般是饲料配方数据库或配方系统的管理者。但信息不仅要保密，同时还要使用和更新，如何才能做到保密呢？下面是我们了解到的某饲料集团关于营养标准保密的一些做法，供大家参考。

◇ 营养标准锁死在集团自己的配方系统中，查看和修改权限有严格的流程和制度。

◇ 每次营养标准的修改需要有书面的审批文件，且要保留每次修改的电脑痕迹，做到可追溯。

◇ 每个畜种的最高级别的营养师有指标的修改权（专业责任），集团的技术管理者有审批权（管理责任），配方数据库的管理者负责修改（执行责任）。

◇其余片区的营养师无权查看和修改，片区标准的修改需要经过畜种的最高级别的营养师确认和审批。

通过上述内容我们体验到营养设计质量的重要性，技术人员个人的能力对设计质量的影响，也感受到饲料集团对于营养标准保密的重视度。从局外看，技术保密加上个人能力就好比把营养标准锁到一个保险箱里，如果设计质量的评价者是营养设计者本人，那就好比我们平时常说的既是运动员又是裁判员，如果是这样，其中潜在的风险就无法估量，可能会给公司的经营造成致命的伤害。因为既是运动员又是裁判员，所以如果想根据上述营养标准设定的内容及数据的质量来评估设计质量的评估者需要第三方且必须具备以下条件。

1. 评估者获得营养标准查看的资格和权限；

2. 评估者要有比营养设计者更高的专业能力和经验；

3. 评估者的人品是可靠的，能够保证客观真实地进行评估；

4. 经营决策者相信评估者的评估报告；

5. 评估者的能力能够准确评估；

6. 评估者的人品能够准确判断；

这样循环下去似乎就是一个死循环，最后可能演变成一个知识辩论赛或者单纯证明对方有错的辩论赛，背离了初心。我们做这项工作是希望看见设计质量中存在的质量风险，以便纠偏和调整，提升产品的设计质量。那么如何破除这个黑匣子，使得能够比较清晰准确地知道设计质量的情况呢？在此作者必须声明一下，这里所说的破除这个黑匣子，并不是要获取集团的技术核心，而是在思考有没有其他的途径和方法来看见产品的设计质量。我们先来看一下图 1-2-15。

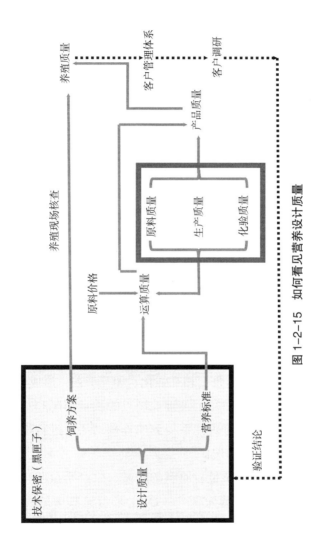

图 1-2-15　如何看见营养设计质量

从图 1-2-15 中可以看到：

◇ 设计质量的最终验证者是养殖质量，养殖质量相关信息可以通过定期的客户调研等方法获取。而要定期获取养殖质量的信息，则需要建立公司的客户管理体系，通过客户服务工作建立起与客户沟通的信息通道。

◇ 销售或市场技术人员会学习饲料产品对应的饲养方案，并在做饲料产品推广时，与客户进行详细的说明；并在产品使用过程中跟踪饲养方案执行情况，以保证产品的使用质量。

◇ 影响养殖质量影响较大的是饲料产品的质量，从图 1-2-15 中我们可以看到，影响饲料产品质量的因素主要有配方运算质量、原料质量、生产质量、化验质量；同时，原料质量、生产质量和化验质量也影响到配方运算的质量。

◇ 评估设计质量的关键是产品质量；而保证产品质量的核心是原料质量、生产质量、化验质量。

◇ 关于原料质量、生产质量和化验质量在相关的章节已进行了详细的阐述，得出的共同结论是这些质量的保证需要相应的体系相互合作、相互监督、相互强化、相互牵制，形成合力。

◇ 可以通过评估每个关键控制点的质量情况和对应体系的运转质量，结合客户管理体系得到的养殖结果，进行综合评估，由此看见设计质量的情况。

◇ 体系运转的质量、原料的质量、生产质量和化验质量，是需要通过质量问题界定工作（QE）来看见其中的质量问题及风险。质量问题界定的前提是要厘清各部门的边界和职责，同时要在理顺做事顺序的基础上，去看见各个体系之间的关联，针对出现的质量问题，抽丝剥茧查找真正的原因。

以上的逻辑是基于这样几个工作准则：

（1）配方运算质量是基于设定的营养标准；

（2）产品营养标准和原料的动态效价评估方程是锁定在配方系统中；

（3）配方运算者无权限修改相关标准及原料效价评估方程；

假如某配方师可以随意改动营养标准或原料的效价评估结果，就根本无法确切知晓当下的养殖质量匹配的营养标准，也谈不上所谓的技术管理，产品的质量则完全依靠个人的素质、修养和能力。

接下来就分享一些作者遇到过的影响设计质量的案例，结合上述内容，和大家一起来看见这些案例背后的质量风险。

◇营养标准中包含有常规指标的标准，但在配方系统内没有设定每个指标允许的安全范围。

◇营养标准中仅包含常规指标和效价指标，没有平衡指标及其限制范围。

◇营养标准中设定的数值是组织技术部或技术服务部人员讨论后达成的共识，并非集团营养师的专业决策。

◇片区营养师或分公司配方技术人员，可以根据自己看到或理解的市场养殖现况，经由自己的判断随意修改集团营养标准。

◇刚刚毕业，实际工作不满一年的硕士研究生已经可以胜任营养师的岗位，主持一个片区的猪料技术线路工作。

◇集团公司下属每个分公司（超过 15 家公司）每次产品配方的变动均需要经过集团技术总监的审批才允许下发生产部门执行。

◇对营养标准中的关键指标进行大幅度修订后，不需要经过动物养殖试验的验证，直接更新到配方系统中开始使用。

◇营养标准的安全范围，系统内只设定最大值或只设定最小值，而不是设定上下限。

✧ 与营养标准配套的饲养方案，在养殖现场可随时调整。比如乳猪的教槽料饲养程序设定是到25d，在发现仔猪体重不达标后，继续使用教槽料一直到体重达到公司设定的标准或者这阶段配给的教槽料耗完才更换下一阶段饲料。

根据上面的分享的案例我们可以看到这样一些存在的质量隐患：

1. 营养设计标准经讨论决定，本质就是没有主责人，一旦市场上出现了质量事故，管理角度无从追责。

2. 营养标准如果可以随意修改，那么营养标准也近乎是透明的，保密性无从谈起。竞争对手如果掌握，可针对我们的产品缺陷进行产品设计和市场宣传，造成的损失无法估算。

3. 营养标准设定、配方运算等工作都是基于自己的理解和认知来完成，设计质量就完全取决于执行人个人的水平。若人的能力与岗位要求不匹配，又缺乏有效的监督和追责机制，问题很容易被掩盖掉，重复发生后也很难界定真正的原因。

4. 营养指标没有在系统内锁定安全范围或者没有上下限，在成本控制的压力下，设计质量风险根本不可控。表面成本的下降有可能是牺牲质量带来的，这有可能给公司带来灾难性的后果。

5. 管理者如关注每个产品每个配方的变动，可能出现的管理结果是配方长期不变或分公司调整后不上报。在市场养殖效果出现偏差时，无法确定是营养标准的问题还是配方运算的问题。配方不变只是原料的名称和配方结构没有改变，而配方提供的营养比例和浓度其实发生了很大变化，相当于产品的营养在变化。

6. 饲料的营养设计要尊重动物的遗传发育规律，结合生长需要进行调整，目的是提供的营养匹配当前阶段的需要。某饲养阶段体重未达标，则要根据真实情况进行对应的调整，继续饲喂上阶段的饲料产品，可能会造成养殖的出栏时间延长和成本增加等质量问题。

7.饲料营养设计中如果缺乏平衡指标，或者平衡指标不全，有可能会造成在配方运算时，营养总量够，但不平衡。这种不平衡易造成动物的免疫应激。因免疫系统并非静态而是动态的，动物在不同应激状态下对营养物质的消化吸收及合成、分解代谢有着不同变化。有些变化导致用于生长蛋白质沉积的部分或全部转成免疫应答，造成动物采食量下降，饲料转化率降低，生长速度和性能降低。又可能会因为应激影响肉的营养组成、理化性状和氧化还原状态，进一步影响到屠宰后肌肉酸化速度和程度，造成蛋白质变性异常，影响肉品质量。

本章小结

1.影响设计质量的第一因素是技术人员的个人质量。

2.设计质量与运算质量是相互影响的。设计质量是关键，其决定运算质量，运算质量反过来也会影响技术人员对设计质量的判断。

3.在技术人员中，营养师不同于配方师，营养师在精不在多，营养师需要具有较强的个人能力。在体系足够完善的情况下，刚毕业的学生可以胜任配方师岗位，但完全没有可能胜任营养师的能力。

4.只有体系形成合力，才能客观真实地评价出营养设计的质量，同时看见存在的质量风险。

第五章　质量管理实践

（运算质量）

从饲料运营管理的角度，在确定了营养标准和饲养方案后，接下来的流程就是营养落地的环节。营养落地包括配方运算、产品生产、产品销售及市场服务等一系列工作，这些都是饲料运营管理涉及的相关工作内容，营养的落地需要整个饲料运营体系作为支撑，具体来说，运营体系的运转质量决定了相关业务工作的质量，其中包括营养落地质量。本章主要阐述与营养运算质量相关的内容。

从第四章营养设计的相关内容了解到了从营养设计到动物试验验证的基本流程。设计营养要经过配方运算转化成生产配方，即饲料生产中每个饲料产品使用的原料名称及各原料对应的添加量的配方单。饲料运算质量验证流程设计的逻辑类似于营养设计质量的验证流程，区别主要在于；第一，验证动物由公司自有换成市场端客户养殖的动物；第二，使用的配方因验证的目的及目标不同而具有一定差别。具体体现在：作为验证试验的配方可以由研发人员或营养师根据试验设定的营养标准来运算。商业化饲料公司一般会设置配方师岗位，其工作内容之一就是设计商业化饲料的生产配方。另外，验证试验的目的在于评估营养设计的数值与饲养目标是否匹配。商业化产品的生产配方设计是在满足客户需求的基础上，找到质量和成本的最佳结合点，即以最低的成本达到营养设计的标准。第三，验证试验中的营养设计工作的设置是根据研发项目需求而定的，并非常规持续性的工作。商业化饲料的生产配方是饲料厂经营环节中的必要工作，具有持续性，设置了固化工作流程并配置专职工作人员。对配方运算质量的保证需要回归到配方运算的过程管理中去，首先需要清晰配方运算需要哪些信息，其次影响这些信息的因素有哪些？通过判断输入的信息的质量来预判配方运算的质量。

我们梳理的配方运算需要输入的信息内容见图 1–2–16。

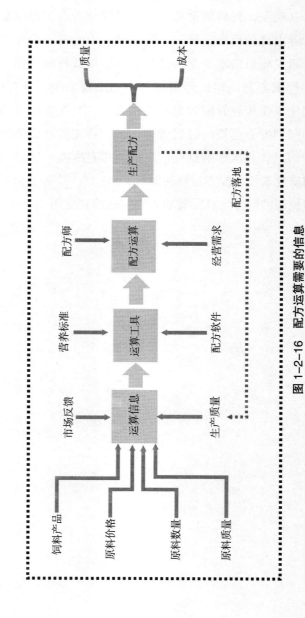

图 1-2-16　配方运算需要的信息

　　这是一个配方运算的简单流程图，为方便理解和对齐定义，接下来我们就图中的内容做一下介绍。

　　◇饲料产品：饲料产品包含两个方面的内容。一个是产品的种类（一个产品代码作为一个种类），一个是每个种类的数量（每个产品代码的数量）。相同的原料在不同的饲料（品种和数量）中产生的价值是不同的，所以在配方运算时考虑的是公司产品的整体情况，而非某一类或某一个产品的情况。配方运算原则上需要的是公司的所有产品的代码及数量，最起码是绝大多数产品的代码和数量。

　　◇原料价格：实际在配方运算过程中，需要原料的 3 种价格，分别是原料的库存价格、原料的市场价格和在途原料的价格（或者合同价）。这 3 种原料价格的具体作用我们会在后面的内容中详细说明。

　　◇原料数量：原料的数量要与原料的价格相对应，库存原料价格对应库存原料数量，在途原料价格对应在途原料数量，市场价格的对应预期可以采购到的原料数量。

　　◇原料质量：库存原料的质量不仅包括原料的感官质量，还应包括原料营养化验数据的质量。化验数据主要包括配套原料营养价值评估需要的原料常规成分的检测数据，如粗水分、粗蛋白质、粗脂肪、粗纤维、粗灰分等项目指标；卫生安全指标如毒素、游离棉酚、糖苷毒素；还有针对某些原料的评估而需要的特殊项目，如尿素酶活性、蛋白溶解度、新鲜度等。在途原料的质量或者价值测算则指市场原料的质量（是基于原料质量监控数据统计分析做出的原料质量的预判结果）。

　　◇市场反馈：是指市场对饲料产品养殖效果的反馈，这是评估饲料产品质量非常重要的信息，配方师需要根据这些信息来初判产品营养供给的质量，结合其他信息后决策是否进行营养策略的调整。

◇生产质量：是指在依照生产配方执行生产的过程质量。配方师在做配方运算和营养调整工作时，需要整体思考，尤其要考虑到生产过程对营养运算的影响，因为这些因素往往与原料本身的特点存在互作，且生产环节内部因素间也存在互作，如颗粒硬度、产品含粉率、饲料熟化度等。

除了必要信息以外，配方师完成配方运算工作，还需要有专业的运算工具，主要指以下两类。

◇专业的配方运算软件：配方运算是一类非常复杂的运算过程，需要在营养、成本、安全等多个约束条件下，上百种不同类型的营养素以及与这些营养素来源的饲料原料的使用限制条件叠加影响下求平衡解。配方运算的逻辑绝不是简单的原料比例调整和原料取代，更不是直接的营养素加减，是使用线性规划等数学方法以各相关因素为变量，以满足动物营养需求为约束条件，以成本最小化为目标函数的复杂运算，最终得到满足目标营养需求且成本最小的饲料配比方案。因此，性能和质量良好的饲料配方软件应具备如下功能。①支持多种算法，如线性规划、目标规划、模糊线性规划等。②原料选择与限制功能，即允许用户自由选择饲料原料种类，并可根据实际情况对原料使用量进行限制，可设置最大量、最小量、极大值、极小值等。③数据管理功能，包括原料管理，配方管理，数据备份、恢复、下载等。④可加载原料动态数据库，具有多端口或承载功能。⑤配方评估功能，即对已经设计好的配方进行评估的功能，包括但不限于营养成分分析、成本分析、饲养效果预测等。⑥系统稳定性和安全性。软件应具备良好的稳定性，可以在长时间运行过程中保持正常工作。并且具备严格的数据安全保护措施，防止数据泄露、篡改、丢失等情况发生。⑦兼容性与扩展性，可以与常用操作系统和数据库管理系统进行兼容。还应具有操作易用性，包括运算界面简洁清晰、易于操作、数据输入与输出简单便捷等。

作为配方运算工作的重要工具，配方软件的质量直接影响到营养运算质量。另一个工具是营养标准，这也是营养设计质量的核心。在配方运算过程中，营养标准应是一个具有安全性的营养限制标准范围，配方师是在这个安全范围内追求营养与成本的平衡。我们把营养标准定义为配方运算的另外一个工具，重要依据在于，它是配方运算不可或缺的因素之一，并且作为一个饲料企业的技术核心，对于产品力提升来说具有重要的战略意义。营养标准有效的前提是必须锁死在配方系统中并进行严格保密。

完成信息收集和工具准备后，接下来就进入配方运算的正式阶段。这个阶段有两个非常重要且又往往易被忽略的因素需要被考虑，一个是配方师的专业水平和个人经验，另一个是外部干扰因素（外部泛指配方管理流程以外）。

◇配方师的专业水平和个人经验：专业水平和个人经验属于人的能力范畴，在饲料配方运算工作中都起着重要作用。专业水平指理论知识掌握程度、数据分析能力、创新能力以及技术工具（包括但不限于配方软件、原料检测设备等）运用等方面，个人经验偏向实践积累的对不同动物品种、养殖环境和生产目标的配方调整经验以及生产问题解决能力。在实际工作中，我们往往需要面对的是复杂问题而非单一问题，所以对配方师能力的衡量，这两方面缺一不可。这两方面能力相辅相成，且互相促进提升，配方师在养殖现场经验叠加及对养殖成绩数据的分析判断能力会在面对养殖中多因素叠加情况产生问题的时候，准确区分出现象或结果，把握工作方向。

◇外部干扰因素：在配方运算工作流程中，一般不会设置非专业岗位的审核节点，但在实际工作中，其他部门，如销售或经营者从市场或经营的角度出发可能会对配方运算工作提出指导意见。这时作为工作主责人的配方师就需要从工作流程、配方运算质量等维度进行信息甄别和判断。

配方运算工作的下一个环节是生产环节，配方师有时会收到来自生产环节中质量问题的反馈，尤其是营养类问题，配方师在做配方运算时会直接参考反馈信息而不加以验证和判断，这个决定会直接影响配方运算质量，这就是生产过程中的质量缺陷让配方运算来买单的情况。反过来如果生产质量到位，配方运算环节可以把这部分额外的成本空间释放出来，转变成公司的利润空间，上述情况都是生产质量对营养运算质量的影响。

那么我们如何看见配方运算的质量呢？主要是包含以下两个维度。首先是生产配方中提供的营养质量，其次是配方成本，也就是提供所需营养需要的成本，配方运算的本质就是在质量和成本之间找平衡点，满足营养需求的基础上去降低成本。因此，配方的质量和成本就是我们评估配方运算质量的两个重要方面。看见配方运算的质量需要通过这两个维度去看见。接下来我们梳理一下影响配方运算质量和成本的因素（图1-2-17）。

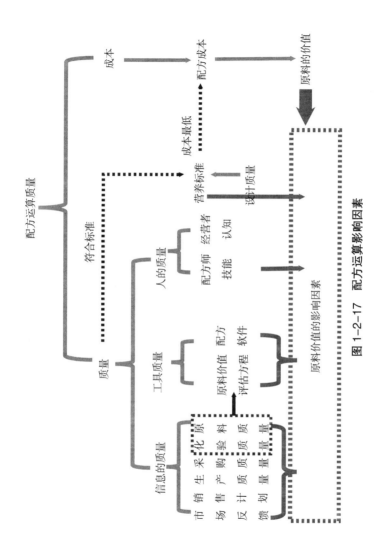

图 1-2-17 配方运算影响因素

影响质量和成本的因素以及各因素间的关联总结如图 1-2-17。这里所指"最低"不是字面意义上的配方成本的最小值，而是根据公司的产品结构和原料情况，保证所有产品的综合成本最优的情况，并不是单指某个产品的配方成本。为了大家对齐，对图中的内容的理解，接下来我们就图中内容要表达的意思进行阐述。

配方运算质量的影响因素（信息质量）

3 个方面的质量会对配方运算质量产生影响，分别是：信息的质量、工具的质量和人的质量。信息的质量包含的内容较多，主要如下。

（1）营养标准的质量。从图 1-2-17 中我们可以看出配方运算的标准是营养标准，也就是配方运算提供的产品配方的营养必须符合营养标准的要求。因此，营养标准的质量直接决定了配方运算的质量。第一个信息的质量就是营养标准的质量，即产品的定位质量。

（2）原料的质量信息。这里所指原料的质量信息并非单指已经入厂的原料的质量，或是指原料的库存质量和使用质量信息，而是指入厂原料的质量信息（已经有明确的质量结果和检测数据），以及在途或者市场询价报价的供应商的原料的质量信息（需要根据以往的历史数据去预判的质量信息）。

（3）化验质量信息。包含两类。第一类是入厂原料的检测数据的质量信息，在途原料和预进货供应商的原料的预判检测数据的准确性。第二类是提供的原料化验信息的完整度。究竟是根据 QC 报表需要的所有相关检测信息，还是仅有粗水分、粗蛋白质等部分指标的检测结果。

（4）生产的质量信息。这里是指产品生产过程中的关键点质量指标的波动信息，以及根据产品整个生产过程的质量情况综合评价的质量结果信息，尤其是影响到营养消化吸收和配方成本的质量信息。这些信息一般是由质量管理部门通过质量监控看到的质量结果，这些质量结果信息需要及时地反馈给配方师并提醒配方师在配方运算过程中要注意对营养利用有影响的部分。

（5）采购质量信息。这里主要是指采购部对原料市场价格的预判信息和采购入厂的原料的质量及价格信息。前文已经说明，配方的运算需要 3 套原料价格表，即库存原料价格、在途原料价格和市场原料价格。不同来源的原料价格在配方运算中使用目的不同，但共同点是原料价格在原料的价值评估中占有非常大的权重，因此原料的价格把握是采购质量评估的重要维度。采购质量的第二个维度是采购节奏，这需要根据公司库存能力，原料行情的波动控制进货节奏，加快原料周转降低库存成本。

（6）销售计划质量信息。销售计划是公司运营计划管理的基础，没有销售计划，管理内部的运营成本和质量要想保持持续的低成本竞争，基本是很难做到的。

（7）市场反馈质量信息：这里指的是公司销售人员或者技术服务人员反馈的产品养殖效果信息。信息的质量就是市场上的真实情况与反馈信息之间的差异，差异越小质量越高。由于每个人的理解水平、能力以及利益出发点等因素的差异，不同的人往往得出不同的结论，这些结论的质量，需要通过管理来避免和提升。同一个地区拜访多个客户，同一客户不同的拜访者，重点核心客户的多次拜访是提高反馈信息质量比较有效的方法。

上述是对信息质量影响因素的说明，接下来我们看一下运算工具对运算质量的影响。

影响配方运算质量的影响因素（工具质量）

配方软件。在这里我们把原料价值评估方程也作为配方运算的工作来定义；配方软件的计算逻辑非常复杂，所以不同的配方软件质量差异很大。工欲善其事，必先利其器，一个高质量的配方软件的价值还是值得考虑的。

原料价值评估方程。这是我们做原料价值测算的公式，是通过原料的常规的检测项目计算出原料可以提供的各种营养素，如能量、氨基酸、可消化氨基酸、可消化磷、可消化钙等。每种原料可提供的营养素是评估原料价值的核心要素之一。

影响配方运算质量的影响因素（人的质量）

● 人的质量的影响，一个是配方师的专业能力和经验，这一般通过专业的学习和锻炼习得，随着工作时间的延长，一般情况下会得到逐步的提升。

● 经营者对配方运算的影响与经营者对饲料的理解和个人的见识相关，同时也与公司或者集团的管理密切相关，职能线管理的独立性也决定了经营者是否有这样的权限和资格。

所有影响因素对配方运算质量的影响，最终体现到配方质量和成本这两个维度上。

上面我们主要阐述了质量维度的影响因素，下面就成本的影响因素阐述一下笔者的理解。配方运算决定的是配方成本，从整个饲料的成本组成来看，销售费用、管理费用、财务费用、制造费用等费用加到一起共计 10% 左右，因此配方成本是饲料成本的主要构成部分。对配方成本影响最大的是营养标准的设定质量，这直接决定了配方的基础价位，配方运算是在营养标准设定的框架内通过计算原料的不同种类的组合，通过最大程度提高利用率来降低成本。原料的选择、原料的组合、新原料的开发等工作其实都是原料价值采购的一部分。总结一下就是公司或者集团采购的原料价值和营养标准决定了产品的配方成本。营养标准的重要性和价值在前文已经反复提及，接下来我们主要就原料价值对配方成本的影响做一些说明，从图 1-2-17 中我们可以看出影响原料价值采购的几个主要的因素。

◇ 营养标准的质量，包括原料使用的品种、数量、比例等，它决定了营养的设计值和原料的使用，因此它会直接影响到产品的配方结构，进而影响到产品的配方成本。

◇ 原料营养效价评估方程，它是原料提供的营养价值的估测方程。方程的开发过程是把原料的质量、各类检测结果与效价指标建立回归方程的过程，因此方程建立的质量直接受建模原料质量和检测数据质量的影响。

◇ 信息质量中提到的相关维度的质量，如销售计划、原料质量、化验质量、生产质量、采购质量。在原料的价值判断中这些都是必需且重要的信息，因此信息中提到的相关业务的质量会影响到配方师对原料价值的判断，最终影响到原料价值采购的质量。

由此我们看到，原料的价值采购需要多个部门的协同完成，在协同完成过程中需要厘清各部门的边界和职责，理顺相关业务的顺序和清晰每个环节的相互关系。在此基础上为了共同的原料价值目标组成的系统集就是价值采购体系，而这个体系的运转需要整个公司运营体系的支撑。因此一个公司或者集团的价值采购体系的质量决定了饲料产品的质量和成本，从一定程度上也直接决定了集团的维持长期稳定经营的能力。既然提到了运营管理体系，在这里我们简单地把个人对饲料运营体系（图 1-2-18）的理解给大家做一个分享。

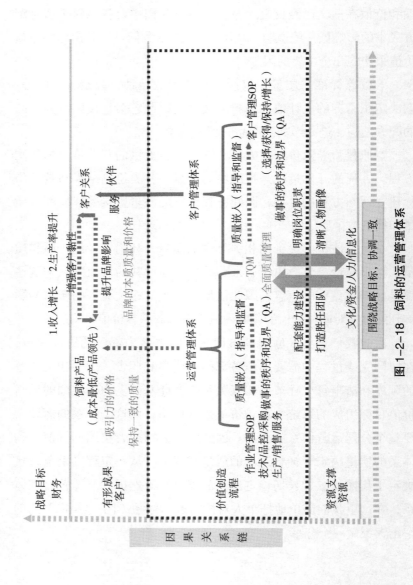

图 1-2-18 饲料的运营管理体系

图 1-2-18 是基于如何实现的公司战略财务目标，从管事理人的管理理念入手梳理的简化的战略地图。管事是要围绕实现公司的战略目标，来看运营管理体系在整个地图中的位置和价值。要管理做事的边界和秩序，其中做事的边界是要厘清各部门的工作边界和职责，做事的秩序是要理顺做事的顺序。

理人是指管理人工作的内容和职责，不是监控人做事的动作和方法。根据岗位职责清晰人物画像，匹配合适的人，同时根据人的实际能力判断出是否匹配当下的岗位，针对性地进行培训、教辅或者进行调岗。这是管事理人的核心，其意义在于规避人性的弱点，发挥人的长处，扬长避短在事的维度上形成合力，而非追求人与人之间的相同和认可。这是体系建设的过程，也是体系的价值和魅力所在。

基于管事理人的逻辑，从图 1-2-18 中会发现其中的人力、财务、信息化建设等部门的定位是战略的资源服务部门，公司的运营相关部门定位就成为公司的价值创造部门，如技术部门、生产部门、研发部门、采购部门、质量管理部门、销售部门、市场服务部门等。这些价值部门为了共同的产品目标为市场提供质量领先、有吸引力价格的饲料产品，而形成的相互合作、相互监督、互相促进、相互牵制的网络系统就构成了饲料的运营管理体系。运营管理体系主要包括两个方面。一方面是各部门的作业管理流程，另一方面是质量管理体系，质量管理体系需要把质量的维度嵌入相关的业务流程中，成为这个运营体系的各个部门之间衔接的网络主线。

基于上述对运营管理体系的理解，我们现在就以配方管理体系为例，来梳理一下配方管理体系的作业管理流程以及质量管理体系在作业管理流程中如何嵌入质量维度（图 1-2-19），最终实现配方管理体系的目标的。

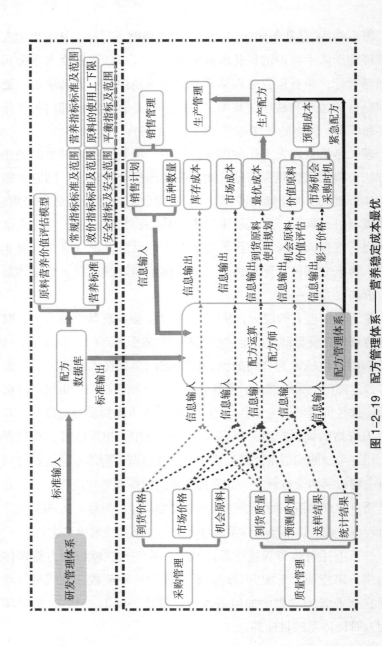

图 1-2-19　配方管理体系——营养稳定成本最优

首先我们对齐配方管理体系的目标就是要实现体系的工作职责，即保持营养稳定和成本最优。

饲料的营养来源于原料，而饲料用的原料很少有标准化的工业产品，部分原料甚至是有生命的，如玉米、小麦等原料。生命本身就是一个复杂的系统，所以饲料用原料的质量是不停波动的，这个变化是常态，甚至同样名称的原料质量差异可能天壤之别（除了名称相同，组分差异巨大）。配方管理体系的第一职责就是要把原料的波动变成营养的稳定，同时还要保持成本最优，这就是要时刻保持经营单元的总配方成本最优，经营单元可以是一个公司、一个片区或一个集团。

基于配方管理体系的目标，如果要完成自己的目标，就要有支撑其业务的作业管理流程，同时作业管理流程的运转质量还需要质量管理体系监督到位。作业管理流程包括相关体系需要提供的服务，相关体系提供服务需要遵守的规则和秩序以及部门内部如何完成工作的作业流程。我们先来看一下需要相关体系提供的服务内容。

采购管理体系：

◇原料的到货价格。

◇原料的在途价格。

◇原料的预测价格。

◇新原料的相关信息（价格、样品、工艺、质量指标、供货量等）。

质量管理体系：

◇入厂的原料质量。

◇在途原料的预测质量。

◇供应商的质量预测结果。

◇新原料的质量结果（化验结果、质量风险）。

销售管理体系：

◇销售计划（产品的品种、数量）。

生产管理体系：

◇库存原料的数量。

研发管理体系：

◇营养标准及饲养方案。

◇原料价值评估方程。

财务管理体系：

◇原料的库存价格。

以上是相关体系支撑部门提供的服务内容，要想实现配方管理体系的工作目标，配方管理部门内部也需要有对应的作业管理流程。接下来我们看一下配方管理部门内部的作业的标准管理流程。

1. 每个部门提供服务都需要准备的时间，体系建设的首要条件是约定输出工作的周期，即计划管理，是1周、2周还是1个月。同时明确各体系输出工作内容的具体时间，比如我们约定配方调整以周为单位，所有配方管理体系需要的信息在周五下班前发给配方师，配方师在下周五下班前回复优化后的生产配方。也许根据当下公司的情况，会觉得这样是做不到的。那么这个时候，我们就需要思考并做出选择：是认为这样的规定是合理的，向这个方向努力想办法做到；还是感觉这样的规定不合理，维持现况。这直接决定了工作的方向和方法，以及最终的工作质量。

2. 技术研发体系需要提供的营养标准和原料价值评估方程，锁死在配方系统中，根据产品市场反馈及时优化更新。

3. 销售计划在周五下班前发给采购、质量管理、生产，这除了各相关部门根据销售计划安排规划下周的工作以外，相关业务单元还需要根据销售计划给出配方运算本单元需要提供的信息。

4. 生产管理体系需要周五下班前给出原料的库存数量，发给质量管理部门和采购部门。

5. 采购管理体系需要周五下班前给出下周原料的在途数量价格及供应商信息；以及下周预测的原料的行情，给质量管理部，财务部；其中在途量信息需要发给生产部。

6. 财务管理体系需要周五下班前向质量管理部提供原料的库存价格。

7. 质量管理部根据收到的信息，整理出 QC 报表，周五下班前报技术部，报表中的内容如下。

原料的库存价格——信息来自财务部门

原料的在途价格——信息来自采购部门

原料的行情预测——信息来自采购部门

原料的库存数量——信息来自生产部门

原料的在途数量——信息来自采购部门

原料的库存质量——信息来自质量管理部门

在途原料的质量——信息来自质量管理部门

产品的销售计划——信息来自销售部门

添加剂库存情况——信息来自生产部门

配方师收到质量管理部门的 QC 报表后，首先进行数据的审核，发现异常，需要与各基地质量管理部经理沟通，确认数据无误后进行配方运算，一个配方师一般会负责 5～7 家饲料工厂。配方优化后于下周五下班前将新的生产配方发给各基地。具体发给哪个部门，不同的公司有不同的安排。从质量的角度，笔者建议发给质量管理部，因为质量管理的质量监控工作内有一项工作就是 DQC（设计质量的监控），需要质量管理部与上批配方进行对比。确认配方中原料的变化是否带来感官明显的变化。同时根据公司现场生产条件的限制，如配料仓少，某些添加量少的原料是否可以取消等情况与配方师进行再次确认和沟通。

8. 配方管理体系输出的工作

优化后的生产配方——信息接收质量管理部；

优化后的生产配方——信息传递者质量管理部——信息接收者生产部。

以上就是配方管理的日常工作之一。配方优化，根据原料质量的波动进行配方的调整，保证在营养稳定的基础上来保持成本最低。饲料配方成本取决于原料的价值。所以配方管理体系的另一项重要的工作，是在原料价值采购中的工作。

1. 价值原料发现：原料的行情不仅包含当下使用的原料的行情，更重要的是以前用过由于价格等原因暂时没有使用的原料，每周也要关注其行情的变化，这个信息来自采购部。每周的原料行情都是波动的，配方师在做原料价值测算时，有可能当下没有使用的原料就会有价值，这种情况下可以通知采购在下周采购，这样就可能比其他公司提前使用，为下周的配方成本调整找到下降空间。

2. 原料采购信息：根据所有的信息，配方师需要进行原料的价值测算，给出下周需要采购补货的原料的品种和数量。到货后的原料就是入厂原料，本周到厂的原料下周通过配方的优化实现原料价值的兑现，每次配方的优化结果一定是总成本下降。

3. 新原料使用：采购部在市场上发现新的原料，把相关信息和样品送到质量管理部进行质量检测，检测结束后，把信息报给配方师进行价值测算。根据其供应量看用到哪个产品产生的价值最大。降低特定产品的配方成本。

4. 影子价格测算：如果某种原料的行情波动剧烈，配方师会根据行情测算可以取代的原料的影子价格，数据提供给采购部门，协助采购部门根据原料的行情情况抓住替代原料的采购机会，通过替代原料来降低配方成本。

原料的价值预测基于行情、质量及销售的预测工作，只要是预测就会存在偏差，甚至出现错误的决策，这时配方管理体系从原料价值采购的价值兑现维度需要承担如下的工作。

1. 采错原料处理：已经签订合同的原料，市场原料的价格下降，需要配方师重新进行价值评估，决定原料入厂使用还是直接卖掉，损失最小，为经营决策提供依据和意见。

2. 扩大原料使用价值：已经入厂或者签订合同在途的原料的价格明显低于市场价格，配方师要重新进行配方优化，延迟原料的使用时间，产生更大的利润空间。

3. 保住利润：原料供应不足，配方师重新优化配方，保证原料在关键的饲料品种中使用，保持总成本最低，利润最大化。

4. 减少损失：如果在生产配料仓不足的情况下，通过配方运算，排序原料的价值，保证产品的总成本最低。对于需要强制消耗的原料，通过配方运算，用到特定的品种中，以减少损失，保证总的成本最低。

通过上述工作内容，我们不难发现配方师每日的工作重点就是围绕配方成本进行配方运算（图1-2-20）。这也验证了在设计质量部分提出的营养师和配方师之间的区别。总而言之，我们不能简单地从生产配方的制作者的角度去看待运算质量的价值。配方师不仅是生产配方质量的责任人，更重要的是，他们在原料价值采购的重要环节中也发挥着关键作用，原料价值采购系统的质量直接决定了生产的配方成本。

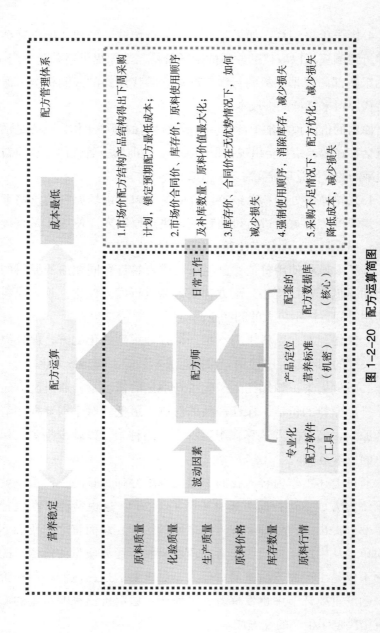

图 1-2-20 配方运算简图

本章小结

1. 配方运算的目标在保持营养稳定的基础上保持配方总成本最优。

2. 影响配方成本的首要因素是原料的价值，决定原料价值的是原料价值采购体系的质量。

3. 配方师与营养师的工作定位和职责完全不同，不能混淆和等同。营养师的定位是设计质量，配方师的定位是运算质量。

4. 原料的价值采购需要整个运营体系的支撑，不是一个或者两个部门可以完成的任务。

5. 从管事理人的管理理念出发，质量管理体系是实现整个公司战略的重要的价值创造环节。

第六章　质量管理实践

（生产质量）

　　提起生产质量，不由得想起"质量是生产出来的"这句话，这句话在质量管理工作培训中经常会被提及。在梳理本章内容过程中突然发现了这句话可能存在的问题，就是关于生产的定义是什么。

　　以饲料为例，饲料是经过配方设计、产品生产和产品销售等多个环节才能到达客户手中，如果"质量是生产出来的"这句话中的"生产"是仅指生产部门，那么这种表达就不太恰当了，因为质量不仅涉及生产质量，还应包括设计质量、使用质量等，甚至设计质量占有的权重更大。如果我们把"生产"理解成每种质量的产生过程，那么就与质量管理工作提倡的"只有好的过程管理，才会有好的质量结果"相吻合。因此，笔者认为这句话中的生产指的应该是过程，而非仅指生产部门。

　　对定义的清晰源自对产品质量维度的准确切分，如果我们把"质量是生产出来的"这句话中的生产理解成生产部门，那么大概率就会默认质量就是生产部门的责任。实际上，设计质量是不可能让生产部门生产出来的，所以生产部门主责生产质量，这样切分较为客观且准确。即使如此，生产质量也不是生产一个部门的事情。生产质量是生产管理体系管理质量的结果外显，它不仅受生产管理因素的影响，还与质量管理和销售管理的质量密切相关。那么影响生产质量的因素都有哪些？这些因素间的都存在什么关系呢？来看一下这张生产质量影响因素简图（图1-2-21）。

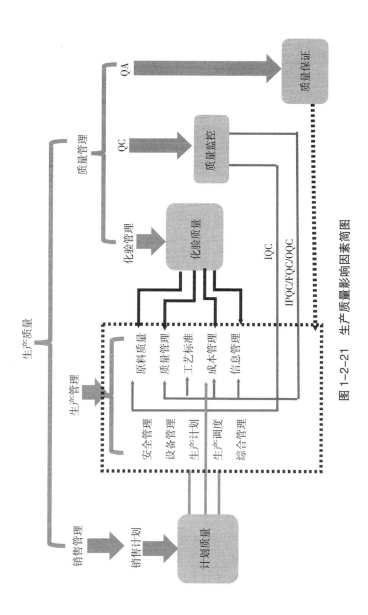

图 1-2-21 生产质量影响因素简图

生产质量落地需要整个生产管理体系的支撑。生产管理体系主要包含以下主要内容：生产计划、生产调度、工艺标准、原料质量、质量管理、设备管理、成本管理、安全管理、信息管理以及综合管理。这些就是我们日常所说的生产管理十大维度。

从图1-2-21中可以清晰地看到，销售管理提供的销售计划准确性对于生产计划质量影响的程度。生产计划和生产调度的安排都是以销售计划为基础的，如果销售计划质量不高，甚至没有销售计划，不仅会影响到产品的供货质量，还会对生产成本造成直接影响。销售计划是公司内部运营规划的起始端，要想提升生产质量，首先要关注产品销售计划的质量。

质量管理体系是另一个对生产质量影响较大的体系。在这里我们把每个公司的化验部门归属到质量管理部门，这个设计也符合当下大部分公司组织架构的现况。从图1-2-21中可以看到，检验质量对生产管理中的原料质量、生产质量管理、成本管理和信息管理都会产生并造成直接影响。质量管理部门对生产部门不能简单地用监督者和被监督者来定位，因为检验作为质量管理工具所提供的数据很大程度上要用于生产质量管理。因此，给每个饲料厂配置基本的化验能力并保证化验数据的准确性就显得尤为重要且必要。

质量管理（QC和QA）参与产品生产的整个过程，好的过程管理才有好的质量结果。质量监控要有效，首先需要会用数据说话，通过监控数据分析洞见质量风险；通过质量保证，来解决和预防质量监控工作中发现的质量问题和质量隐患。这就是在质量定义章节中阐述的数字化质量管理体系的概念。质量管理体系的数字化水平直接影响生产质量的管理水平，这也体现出质量管理体系在质量的维度上贯穿整个经营的管理定位。

生产质量的定义是生产的过程符合相应的规范。而规范的落地则需要上述生产管理十个维度工作的落地。当下，在饲料生产管理工作中，一提到生产质量，大家往往会聚焦于饲料产品的质量，如颗粒的含粉率、粉碎的细度、混合均匀度、生产成本、损耗、效率等。这些都是生产管理系统中的一部分工作内容，并非管理的全部。

接下来的部分就以某知名国际饲料集团生产管理要达到的职能线规范要求工作内容（176 项）为基础，从生产管理的十大维度出发，进行分类和统计展示。

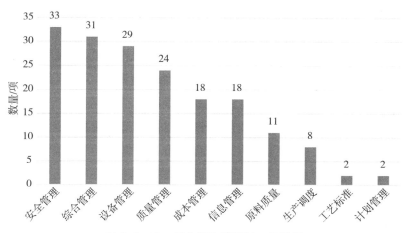

图 1-2-22　每个维度的落地工作数量

图 1-2-22 直观展示出需要生产管理做的事情是非常多的。图 1-2-22 是以一个示范厂为例进行的统计，加起来有 170 多项。对于这么大量且繁杂的工作，如何保证做到位呢？采用二八原则对上述的内容进一步地分析，得到下面这张统计图（图 1-2-23）。

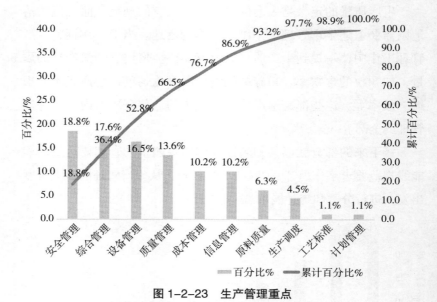

图 1-2-23　生产管理重点

由图 1-2-23 可知如下信息。

❖ 安全无小事，生产管理的第一项重点是安全管理，包括人的安全和设备安全等，所以生产管理第一要考虑的就是保证安全需要做哪些工作，这些工作落地的标准是什么？标准设定是否合理？清晰上述内容是完成生产安全管理工作的第一步，又因安全管理重点在于预防，就要求日常把需要做的工作做到位，才能做到防患于未然，有效预防安全事故的发生。

❖ 质量管理的工作量排在成本管理之前，在保证质量的基础上再谈成本，如果忽略了质量甚至通过牺牲质量而降低的成本，其实就是透支质量。质量的透支最终会对企业造成致命的伤害。先保证质量再谈成本的策略，是某集团在质量稳定方面保持全球第一的重要原因之一。

❖ 成本管理与信息管理在工作比例上基本是一样的，这也是笔者一直坚持的观点，只有生产线路建立起线路独立的工作数据流，才能实现真正的成本控制。财务数据流是为财务分析服务，如果以财务数据分析结果作为生产管理的标准，则无法准确发现影响生产成本的真正问题，因此也很难做到真正有效的生产成本控制。

◇ 生产调度工作占比较少，这个结果似乎与当下一些饲料企业的工作现况差异较大。很多公司的生产部门每日不停地在紧急调动资源、安排卸货、更换配方、原料断货沟通、市场紧急发货等。预则立，不预则废，生产调度能够做到游刃有余一定是源于拥有优秀的计划管理。

生产计划管理的初始是销售计划，生产调度游刃有余是依托销售计划的质量。因为质量本身不闭环的属性，如果没有销售计划或者销售计划准确性很差，质量就会溜到生产管理环节，造成的生产、品管、技术等相关部门每日"救火"的困扰。体系的力量和价值又一次被看见。

生产管理的重点是前四项，即安全管理、综合管理、设备管理和质量管理，这四项共占比 66.5%，接近七成。做事情一定要抓重点，持续地抓重点，就抓住了最高效率的关键。如果完成上述工作后，精力和资源足够，余下的 20% 依然能继续再分，找到更微妙的重点，依次效率不断提升，这也是很多优秀饲料公司效率仍不断提升的原因。这种找到事物核心杠杆点的思维非常适用于生产管理这类细节繁杂的工作，但需要大量的观察和思考，然后不断抵抗诱惑，坚定持续专注。

上述内容是从体系的角度去看生产质量，分析了生产管理需落地的具体工作，并在重要性维度上对不同工作做了清晰排序，也简单阐述了相关业务体系对生产质量的影响。这包括销售计划对生产调度的影响、质量管理体系对生产质量的影响等。

质量监控和质量保证是两类相辅相成的工作，在工作内容上是这样区分的：通过质量监控发现质量问题，通过质量保证优化流程，保证质量问题得以解决，同时预防质量问题的再次发生。两者在关系维度上排序可以这样来看，首先要保证质量监控的质量。接下来就生产过程的质量监控（IPQC/FQC/OQC）具体的工作内容、方法做一个分享与交流。

借用看见体系质量的方法，笔者罗列出了经历过的饲料集团在质量监控（IPQC/FQC/OQC）方面的日常主要工作内容以及关注的重点。以此作为参照，我们来对比和分析在生产质量监控的过程中，有哪些工作以及是否存在不同的部分。

1. 原料库存管理

◇原料的最长库存时间规定；执行情况。

◇原料库的分区垛位标识检查；是否执行。

◇原料的出入库日盘点；数据真实性和准确性。

◇筒仓管理相关规定执行情况，记录包括测温、通风、清理、熏蒸等数据的真实性。

◇入筒仓原料的质量标准；是否执行。

◇重点原料的管理记录（测温、通风等）；数据真实性。

◇油罐的管理记录（储存条件、盘点、清理、加热保温等）真实性。

◇小料库存管理（专区上锁、垛位卡信息更新、库存时间等）执行情况。

◇原料质量的定时抽查（水分、感官指标等）真实性及数据准确性。

2. 原料投料

◇原料使用顺序表执行情况。

✧垛位卡信息更新信息的真实性和准确性。

✧原料投料记录（是否有效）。

✧袋装原料投料后，残留抽查数据真实性和准确性。

3. 原料粉碎

✧粉碎前后重点原料是否取样（谷物原粮、豆粕）。

✧原料粉碎粒度检查记录真实性和准确性。

✧原料粉碎的粒度标准执行情况。

✧原料粉碎记录（生产）质量信息是否完整，数据是否真实。

4. 原料配料

✧原料的每次称量的误差要求是否执行。

✧原料每次称量的质量标准执行情况。

✧配料仓的盘点记录数据是否真实准确。

✧每班配料的质量报告（配料总量、配料准确性分析等）结论是否符合质量现况。

5. 小料配料

出入库：

✧小料实现专区上锁管理，是否执行。

✧小料出入库双人签字制度，是否执行。

✧垛位标识清晰，执行是否到位。

✧垛位卡信息及时更新；信息真实性和准确性。

✧库存质量检查（重点原料）执行情况检查。

小料配料：

✧小料每次的称量记录（原始记录）；数据真实性和准确性。

✧小料每次称量误差的质量标准；执行情况。

✧每种小料每日使用的误差质量标准；执行情况。

✧小料零头存放专区；是否执行。

✧零头垛位标识清晰；是否执行。

✧小料零头的日盘点记录表；数据真实性和准确性。

✧整包小料的重量抽查记录表；数据真实性和准确性。

小料投料：

小料投料单/复核单数据有效；数据真实性和准确性。

小料混合：

✧小料混合机混合均匀度检测取样位置；是否执行。

✧小料混合时间是否自动控制；是否执行。

✧小料投料位置是否合理；是否执行。

小料打包：

✧小料包装是否有标签；执行情况。

✧小料打包记录（包重、包数、料尾及清扫料数量及存放位置等），数据真实性和准确性。

✧小料投入产出质量标准；执行情况。

✧小料配料每日投产产出记录表；数据真实性和准确性。

6. 油脂添加

✧车间配置日用罐；是否执行。

✧日用罐的日盘点记录；数据真实性和准确性。

✧日用罐的管理制度（加热、清理等）；执行情况。

✧液体秤的每次称量记录；数据真实性和准确性。

✧液体秤的每次称量误差合格率；数据真实性和准确性。

✧液体秤每次称量的变异标准；是否执行。

✧液体秤的称量检查制度（每日还是每周）；执行情况。

✧油脂的日用量误差标准；数据真实性和准确性。

✧油脂日用量的误差合格率；数据真实性和准确性。

✧混合机的清理制度（液体喷头）；执行情况。

✧ 油脂喷涂均匀性检查；执行情况。

✧ 储存罐的管理制度（盘点周期）；执行情况。

7. 饲料混合

✧ 混合机的清理制度；执行情况。

✧ 混合均匀度的检测；数据真实性和准确性。

✧ 混合机的批次混合量检查；数据真实性和准确性。

8. 饲料制粒

✧ 饲料制粒数据记录表（生产）；数据真实性和准确性。

✧ 制粒的工艺参数标准；执行情况。

✧ 饲料颗粒的质量标准；执行情况。

✧ 生产现场的检测设备配置；执行情况。

✧ 生产检测数据的准确性检查；数据真实性和准确性。

9. 饲料冷却

✧ 饲料产品冷却质量标准（温差、均匀性）；数据真实性和准确性。

✧ 饲料冷却记录表；数据真实性和准确性。

✧ 饲料冷却工艺参数标准；执行情况。

✧ 冷却器布料均匀性检查；数据真实性和准确性。

✧ 料位器位置及冷却风机频率抽查；执行情况。

10. 饲料打包

✧ 打包重量误差标准；数据真实性和准确性。

✧ 打包记录表（标签、袋重、温差等）；数据真实性和准确性。

✧ 打包重量误差合格率；数据真实性和准确性。

11. 饲料入库

✧ 成品库垛位标识清晰是否执行。

✧ 入库管理流程（入库信息、入库流程）执行情况。

◇产品的码垛管理制度（垛位卡信息更新）数据真实性和准确性。

12. 饲料出库

◇发货流程（发货单信息、提货流程）执行情况。

◇产品的日盘点制度执行情况。

◇每日的破损包记录数据真实性和准确性。

13. 不合格品处理

◇不合格品的处理制度（定义、类别、处理方案）执行情况。

◇不合格品的专区划分是否执行。

◇不合格品每日的处理记录数据真实性和准确性。

上述是质量监控的日常重点工作，试想这么多的工作内容一定对应较大的工作量，若饲料厂的现场品控只有1～2名，那么如何完成呢？

首先明确一点，上述工作内容并不是要每日重复地做一遍。其次，这些工作都对应了各自目标，根据目标的质量现况可以调整工作内容的顺序和频率。既然质量管理部门的定位是质量监控，上述工作的总目标必然是监控生产的质量。现在，我们从工作方法维度对这些内容进行分类，会发现它总体上可以分为3个主要类别：一是直接判断是否执行的内容，二是看执行情况的内容，三是需要通过数据分析来判断生产质量管理需要采集的数据质量。接着，我们根据这样的分类标准，对上述内容进行统计，结果如下。

◇是否执行内容：用眼睛可以现场判定的内容13项，占比17%。

◇执行情况内容：现场需要通过查看生产相关记录，判断的内容23项，占比29%；其中有10项需要通过数据来判断执行情况。

◇ 数据质量：生产质量相关数据的真实性和准确性；42 项占比 54%；如果加上执行情况中需要数据判断的 10 项；那么数据质量的项目总数就是 52 项，占比 67%。

分析结果清晰显示，生产过程质量监控工作的重点是在数据的质量上。数据是经由采集得来的而非依靠观察。因此，除了要求现场品控人员每日现场巡查外（巡查占比 37%），还需要重点培养他们通过采集数据和数据分析看见质量结果以及通过质量结果看见质量隐患的能力。通过固化的工作流程可以很好地规范品控工作行为，行为会影响意识产生，员工建立了用数据分析看见问题的习惯后，专业判断能力随之产生并向上成长。

从体系的角度来看，生产管理体系越完善，质量管理需要监控点的频率就会越低。必须注意，这里的描述是关键点的频率低，而不是关注质量关键点减少。反之亦然，如果生产管理体系不完善，那么需要质量监控做的工作就会越多。因此，在生产管理还未做到位的情况下，贸然取消生产过程的质量监控工作，是不合适的，存在的质量隐患是很大的。

接下来我们从工作量的角度来分析上述工作内容，如何解决现场品控人员少而工作量大，但要实现生产过程质量监控到位这一矛盾。此时，工作方式就显得尤为重要。不同的工作方式会导致工作效率和结果质量产生差异，基于工作方式维度，我们把上述的内容分为 4 类。

第一类：现场巡查

通过现场巡查可以看到的质量结果均是显性且有限的，如垛位是否划分，有无垛位卡标识，相关信息是否及时更新，原料垛码堆放得是否符合规范等。

第二类：抽查记录，验证结果

这类工作涉及与质量相关的生产管理制度，如筒仓的测温是否有测温记录，油嘴高压喷头是否清理，有无油罐的周期盘点数据等。

第三类：建立质量标准，现场记录验证

质量管理体系是在质量的维度监控和指导组织的管理体系。因此，在生产质量的许多环节，质量管理部门需要提供对应的质量标准，如原料粉碎粒度的标准，小料投入产出的标准，大料配料称量的误差标准，调制过程的工艺参数标准等。这些标准的执行情况，可以查看生产现场的相关记录，通过记录数据的整理分析来验证质量标准的落地情况。

第四类：建立质量数据流，发现异常，现场验证

质量管理工作的核心是建立质量监控数据流。对于生产质量监控工作而言，其核心在于建立生产过程的每个质量关键点的监控数据，并通过数据分析设定质量安全波动范围。每日关注数据统计结果，判断波动是否在安全范围内，以此来预判质量风险。在安全范围内的项目可以暂时忽略，而超出范围的项目则需要思考可能的原因，并前往现场或沟通确认真实原因（表 1-2-1、图 1-2-24）。

表 1-2-1　质量监控工作统计

质量监控工作（IPQC）	内容数量 / 项	内容占比 /%（取整数）
现场巡查	20	26
抽查记录，验证结果	9	12
建立质量标准，现场记录验证	6	8
建立质量数据，发现异常，现场验证	43	55
工作总数	78	100

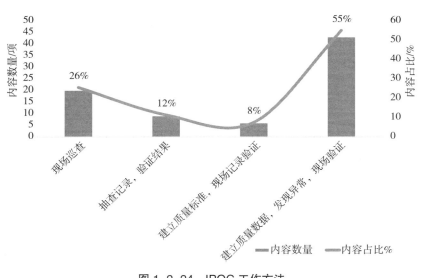

图 1-2-24　IPQC 工作方法

从上面的统计结果我们是否可以得出以下的结论。

◇ 只依靠品控人员每日的巡查工作去看到生产过程全面的质量结果是很难的，因为巡查仅可以看到一部分显性的质量结果。

◇ 生产部门是生产质量实际落地的承担者，质量管理部门承担的是质量监控的职责：发现质量问题，预见质量隐患；同时与生产及时沟通交流，给出建设性的解决方案。

◇ 生产质量的质量标准是需要质量管理部门参与制定和修改的，质量监控人员需要定期通过生产信息管理中的记录去验证标准的执行情况。

◇ 质量监控人员有一半以上的工作是建立质量监控的数据流，通过监控数据的统计结果去分析和预见质量变化。避免生产质量问题的发生是生产现场质量管理人员的最大价值。

生产过程质量监控的核心是通过建立质量监控数据，通过数据去看见、监督和预见质量。接下来，我们来看建立了生产过程的监控数据流以后是如何发现质量隐患的，以生产过程中的几个关键环节举例。

1. 粉碎环节

在饲料生产中，每种产品都会制定粉碎筛网的标准，其背后包含有一个潜藏的逻辑，即认为只要生产按照标准执行，就可以通过工艺标准来保证粉碎的质量。事实果然如此吗？我们一起来看下这个统计图（图1-2-25）。此图是在某一集团统一的工艺标准下，肉大鸡配合饲料的粒度统计。

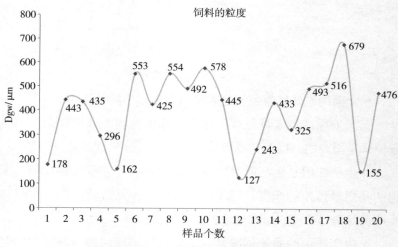

图 1-2-25　肉大鸡饲料产品的粒度统计

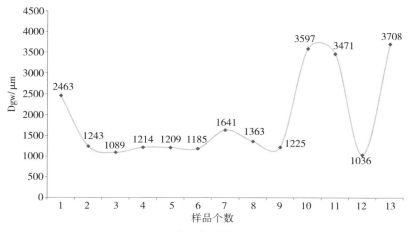

图 1-2-26　产蛋高峰期蛋鸡粉料粒度

从上面粒度检测的分布图中，我们可以看到数据结果和预期完全不同，对造成这种差异情况进行原因梳理，总结出如下几个方面。

◇不同公司的粉碎机品牌、型号不同，粉碎的效果会有差异。

◇同品牌、同型号的粉碎机因除尘效果或补风量的不同，粉碎效果也会不同。

◇同样孔径的筛网，因锤片的磨损程度不同或筛网与锤片的间隙不同，粉碎效果也不同。

◇同品牌、同型号、同样筛网的粉碎机，粉碎同种原料，但因原料质量的差异，粉碎效果也不同。

◇原料的粉碎粒度会影响饲料的调制质量，在一定范围内原料粉碎得越细对颗粒质量的提升是有正向作用的。为了保证颗粒质量的效果，更换筛网把原料粉碎变细，这种人为修改工艺标准的情况如果不能及时被发现，那么产品的粒度必然会出现剧烈的变化。

✧由于蛋鸡饲料粒度对养殖结果的影响，因此从客户到市场销售，从技术服务到配方师等，都会关注产品粒度标准以及产品呈现的状态。如果没有数据的支撑，就可能出现凭感官或个人感觉判断的情况，或出现以市场销售人员的判断为标准的情况。图1-2-26的结果就呈现出这种情况，产品的粒度很粗，从视觉感官上满足了对产品的期待，但是忽略了产品粒度的均匀性。根据质量不闭环的特点，当一个公司内部普遍认为这样操作合理时，质量问题往往会转移到下一个环节——养殖端。以上两个统计图（图1-2-25、图1-2-26）对养殖造成的质量隐患如下。

（1）同样的饲料配方设计，在同一片区不同公司的蛋鸡饲料产品，表现出来的养殖成绩，如料蛋比、蛋破损率、均匀度等指标是不一样的，甚至差异较大。

（2）粉碎过细，如产品的粒度（重量几何平均粒径）不到200μm的产品，出现过料和鸡腺胃炎的质量风险会大幅增加。

对于产蛋高峰期的蛋鸡饲料产品而言（图1-2-26），粒度（重量几何平均粒径）如果达到3 000μm多，通常从感官来判断玉米会很粗，其余的原料相比较细，粒度的均匀性偏差较大。由于蛋鸡采食习性，采食这种饲料时会造成摄取营养不均衡，短时期内不会从生长或生产指标上有变化，但如持续较长时间，对蛋鸡自身生长、遗传潜力的发挥、蛋的质量和蛋鸡养殖经济效益方面都会产生影响，存在质量隐患。

2. 制粒环节

制粒是将粉状配合饲料或单一原料（如米糠）经挤压作用而成型为粒状饲料的过程。经过调质后的粉料具有一定温度、湿度，粉粒间松散，空隙大，淀粉部分糊化具有一定的黏结力，蛋白质部分变性和糖分受热而具有可塑性。在外界压力的作用下，粉粒体相互靠近，重新排列，连接力增加，最后被压制成具有一定强度和密度的颗粒。

生产中对制粒环节的管理主要目的有以下几个方面。

✧提高原料的熟化度，提高适口性和消化率。

✧消灭有害菌，减少对动物健康的影响。

✧通过增加原料黏合作用，增加产品密度便于运输。

✧提高环模的使用寿命，降低制粒成本。

✧改善颗粒的水分。

为实现这些目标对应制定了相关工艺标准，在走访不同的饲料工厂时发现，很多公司工艺标准的内容多是工艺参数，而质量标准项目却很少。比如减压后蒸汽压力是多少（有的公司给出的是一个明确且确定的值）。蒸汽压力因为需要根据配方结构、环境条件、混合样品的水分等条件进行动态调整，所以不可能是一个一成不变的确定值。又比如制粒工艺的质量标准中只规定了调制温度的最低值，这很容易引导对调制质量的判断标准只有调制温度。品控人员或生产管理者会出现这样的情况：现场巡查仅去看一下仪表的显示温度，如果发现温度达标，就判断调制过程没有问题。实际情况如何呢？

✧调制后物料的实际检测到的温度，远远低于仪表显示温度，差异甚至在10℃以上。

✧产品打包时再次经过分级筛，虽然减少了产品打包时的含粉率，但是到养殖客户那里发现饲料含粉率又超标。

✧环模的使用寿命一般低于优秀的饲料企业，同样厂家的环模，有的公司可以生产5 000t，有的公司在3 000t就报废。

✧同优秀企业对标制粒成本发现，公司同样粒径的颗粒料平均的吨电耗能耗比对方要高出不少，差异有时会接近10%。

✧ 饲料制粒后微生物抽查，发现不同颗粒细菌总数差异非常大，甚至是数量级的差异，就会发现有些产品经过制粒后并没有达到预期的灭菌效果。

✧ 制粒过程的投入产出核算，发现损耗一般会增加 0.5% ~ 1.0%。

这是在日常质量管理工作中我们会经常看到的质量结果，那么造成这些结果的原因是什么呢？

首先，我们需要理解的是，饲料调制的本质不是温度而是水循环（调质是对饲料进行水热处理），是通过增加饱和蒸汽穿透物料表面，到达物料的内部释放热量的同时由饱和蒸汽变成水。释放的热量提升了物料的温度，气变水增加了物料的水分。蒸汽释放热量后不一定变成水，这就是我们提高物料温度，但是提高不了物料水分的逻辑所在。因此，调制的质量首先要看增加的水分（不是人为加入的游离水），而不是温度。因为水分的增加必然带来物料温度的提升，反之未必。只有在水分和温度的共同作用下，淀粉糊化，物料熟化和对有害菌的杀灭才能有效。同时因为水分在物料内部会软化原料，通过环模时阻力减小，又不会打滑，提升了物料的出模速度，同时延长了环模的使用寿命。物料熟化后相互黏结，颗粒又不容易破碎，提升颗粒的质量。

基于这样的逻辑，在建立制粒过程质量监控数据报表时，一定需要增加关注 4 个关键点的水分，即饲料的混合水分、调制后样品水分、热颗粒水分及冷却后颗粒水分。再加上现场检测的温度和记录的相关的工艺参数，我们看见的质量就会不同。下图（图 1–2–27）是某公司一年调制质量跟踪数据的分析，可供参考。

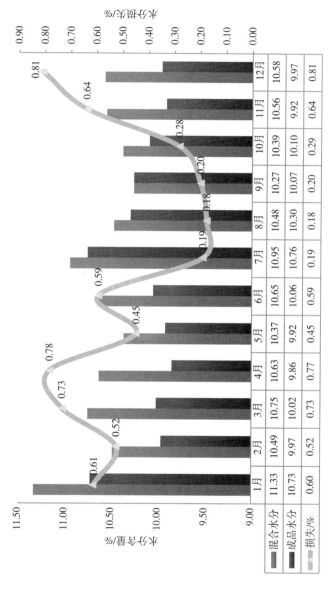

图 1-2-27 调制水分损耗图

	1月	2月	3月	4月	5月	6月	7月	8月	9月	10月	11月	12月
混合水分	11.33	10.49	10.75	10.63	10.37	10.65	10.95	10.48	10.27	10.39	10.56	10.58
成品水分	10.73	9.97	10.02	9.86	9.92	10.06	10.76	10.30	10.07	10.10	9.92	9.97
损失/%	0.60	0.52	0.73	0.77	0.45	0.59	0.19	0.18	0.20	0.29	0.64	0.81

从图 1-2-27 中可以看见的质量如下。

◇ 制粒效率低于制粒机标准产能，电耗能耗会比较大，根据多年的经验和数据统计一般在差异在 10% 左右。

◇ 制粒过程增加额外损耗，从图 1-2-27 中我们可以看到最高达到 0.8%。

◇ 颗粒质量的 PDI（粉化率）指标不会太高，按照经验来评估应该不会高于 96%，这样从公司运输到客户那里预计会增加不低于 4% 的含粉。

◇ 同样环模的使用寿命比正常的范围要低，比优秀的企业一般差异最高会在 1 000t 以上。

◇ 在养殖端，我们的养殖效果（比如料肉比）与同样定位的竞争对手的产品有偏高的风险。

◇ 因为饲料的熟化度不够会增加产品在养殖现场出现过料的风险。

3. 小料配料环节

小料配料是饲料生产过程中非常重要的一个环节。参与这个环节配比的原料均为添加量少，但对饲料质量的影响又非常大的原料，如维生素、微量元素、氨基酸等。因此，很多公司对小料配料的质量非常重视，除了在配料设备的硬件上进行投资外，还设有专门的现场质量巡查人员，希望通过强化监督来保证小料配料的质量。小料配料的全流程包括小料领料、称量、投料、混合、打包、转运、投料（大料车间），这么多的环节是由多名工人在不同的时间和不同的地点完成的，如果安排一个人来通过现场监督的方式去完成期望的质量监控工作，难度是巨大的。可以想象一下，如果通过现场检查来督促小料配料工提升工作的质量，现场会不会出现如下场景。

◇ 当质量管理人员在称量现场时，称量的结果非常准确，甚至秤的显示值和预设的饲料配方要求（配方设计值）完全一致。

◇ 当质量管理人员在打包现场时，可以看到每包称量的重量和标准重量也基本完全一样。

◇ 当质量管理人员在投料现场时，工人投料结束后把包装都要抖一抖，尽量让包装中的残留为零。

◇ 当质量管理人员在投料现场时，可以看到投料工严格执行标准操作，比如投料结束后马上开始计时，看着时间，到时候后立刻停止，保证按照要求达到混合时间。

◇ 当质量管理人员在现场时，投料工人在投料前会进行重量复核，投料结束后立刻对投料口进行清理。

◇ 在巡查生产相关的记录时发现，工人也都在填写相关内容等。

这是质量管理人员巡查现场时可以看到的质量结果，未巡查时的现场情况会完全一样吗？另外，看到的记录都有内容，在现场监督时数据肯定是真实的，巡查人员离开后的数据是否也是真实的呢？工人按照要求都填写了相关的内容和数据，填写的数据和内容是否达到质量监控的目的和要求呢？数据要想产生更大的价值，首先需要厘清不同数据背后的关联，然后建立管理模型，根据模型得出的结果看见质量的结果和质量隐患，否则数据只是一串数字，很难发挥其该有的价值。通过对小料配料整个过程的质量监控数据的分析，我们会看见质量的内容如下：

◇ 定时导出小料的称量记录数据，用来分析每次称量的误差。同时可以通过数据看见每个班次不同的小料配料工人称量误差控制在合格范围内的比例，简称为配料误差合格率。

◇ 有了小料的零头盘点记录，就可以随时抽查零头的重量与报表中数据的真实性和准确性，通过抽查的数据，我们可以评估出零头称量的工作质量。

◇ 有了称量的原始记录，可以针对每种原料的每天使用量和配料的理论用量来对比评估每种原料的每日使用误差是否超标，发现其中的质量隐患。

◇ 有了投料记录和打包记录，可以跟踪小料配料的投入产出，发现其中的质量隐患。

◇ 小料出入库数据、称量数据、零头盘点数据、打包数据、不合格品的数量，整套数据链打通后，就可以轻松地发现每日小料的配料质量，及时发现质量隐患，也不必时刻都在现场监督。

在不同的工作方式下，看见的质量完全不同。生产岗位有本岗位自己的管理数据流和质量管理部门的质量监控数据流，这是保证看见质量和管理生产质量的关键。

本章小结

1. 生产管理包括生产计划、生产调度、工艺标准、原料质量、质量管理、设备管理、成本管理、安全管理、信息管理、综合管理。

2. 生产部门对生产质量负责，质量管理部门就过程的监控质量负责。

3. 生产质量需要生产管理体系、销售管理体系、采购管理系统以及质量管理体系等多个体系共同协同完成和保障。

4. 生产质量需要生产部门建立自己的管理数据流。

5. 生产过程监控需要质量管理部门建立质量监控数据，通过数据看见生产过程中的质量结果和存在的质量隐患。

第七章　质量管理实践

（使用质量）

前几章对饲料产品的营养设计和营养运算分别进行了阐述，它们的核心分别是如何看见营养的质量和营养运算的质量。对质量的判断标准是产品最终养殖结果是否满足了市场需求。但影响养殖结果的因素不仅包含养殖管理及饲料产品质量，饲料产品是否按照饲养方案来使用，也会对最终的养殖结果产生影响。饲养方案的执行质量、产品的库存质量以及养殖过程中的养殖数据的质量都会对饲料使用质量的判断产生直接影响。饲料使用质量第一个要关注的是饲养方案的落地质量，首先来回顾一下饲养方案，主要内容如下。

◇动物饲养阶段的划分。

◇每日的饲喂频次。

◇每日的饲喂的重量。

◇每个饲喂阶段需要饲喂的重量。

◇整个养殖过程需要饲喂的总重量。

◇饲喂的料型（颗粒料、粉料、粉加粒、湿拌料、液体饲料等）。

饲养方案是与营养标准匹配的，但是饲养方案和营养标准的设计者不一定是同一个主体。饲料行业发展的趋势越来越趋向专业化，分工更细，饲料公司（厂）有成为养殖公司（场）的加工厂的趋势。当下行业内饲养方案和营养标准的设计者的情况主要

153

有以下几种。

1. 饲养方案和营养标准是同一个主体

饲料公司（厂）的技术人员（营养师）根据市场需求，设计整套方案包括营养标准和配套的饲养方案，即营养标准和饲养方案的设计者是同一个人。这是目前外销饲料市场的主流模式。根据技术人员（营养师）的设计方案，公司相关部门配套设计产品使用说明书，协助产品推广和销售。

2. 养殖公司和饲料公司共同协商决定饲养方案，饲料公司根据确定的饲养方案配套设计营养标准

一些养殖公司（场）或养殖合作社在养殖管理方面积累了丰富的经验，并且在养殖环节中有完善的过程管理和量化指标。这类公司会与上游饲料供应商共同协商决定饲养方案，并要求饲料公司根据制定的饲养方案进行配套营养设计，约定好养殖管理过程的量化指标，对过程养殖效果实施动态质量监控。通过比较不同公司的饲料产品售价和养殖成绩，进行综合判定来指导饲料供应商的选择。

3. 饲养方案和营养标准的设计者都是养殖公司，饲料公司仅是饲料的加工者

很多规模化的养殖公司（场）配置有专业的技术团队，团队成员不限于养殖技术，还包括营养师。养殖公司（场）自己完成营养标准和饲养方案设计的工作，将饲料配方和饲料原料质量标准提供给饲料公司（厂），要求按照配方并遵照相关标准生产饲料。在这种情形下，饲料公司（厂）仅作为一个饲料产品的加工者，收取加工费，仅对成品饲料的生产质量负责，不需要对养殖成绩负责。在这种模式下，双方结算的成本包括饲料配方成本和生产加工费用。因此，饲料公司（厂）的盈利空间与公司对原料行情的预判能力、生产质量管理水平以及综合成本控制能力密切相关。在通常情况下，双方会约定用饲料原料当前的市场价格进行配方成本计算。

养殖公司（厂）会选择成本有优势的饲料公司（厂）加工，同时往往不会只选择一家饲料公司（厂）。这种模式对于饲料公司（厂）来说，带来的收益主要是销量的增加和边际成本的下降，但因业务的主动权都在养殖场方，饲料公司（厂）有被随时替换的可能。

4. 饲养方案和营养标准的设计者都是饲料公司（厂），养殖场约定养殖效果（饲料代工模式）

在这种模式下，饲养方案和营养标准的设计者都是饲料公司（厂），养殖场的合作模式还是饲料代工。但与加工者的定位不同，前者约定的是饲料不同阶段的价格和最终的养殖成绩，后者约定的是进一步的指标，如造肉饲料成本。这种约定类型是对饲料公司（厂）整体运营质量的考验，以造肉饲料成本为例：造肉饲料成本等于饲料转化效率（FCR）乘以饲料的单价；饲料厂获利是从饲料转化率和饲料单价两个角度入手，如高转换效率或低的饲料单价。从前面阐述的内容我们已经知道饲料的转化率首先是受饲料公司技术研发管理体系质量的影响，因为饲料设计质量是关键。饲料的单价低，就需要饲料成本保持竞争力，否则就有可能面临落个赔钱赚吆喝的局面。这其中，饲料原料价值采购系统的质量是关键，而原料的价值采购的质量是由饲料的运营体系的质量决定的。

无论哪种方式，终端的效果评价才是判断饲料产品质量的核心，俗话说"打铁还需自身硬"，饲料公司通过加强运营体系质量，形成合力，以体系的力量来应对市场的变化方是万能之策。

上述主要阐述了饲养方案的内容和饲养方案当下行业的设计者的不同类型。那么一个标准的饲养方案是如何呈现的？现在我们以多年前某集团的猪料的饲养方案给大家做个模板分享（因遗传育种、营养技术的发展，部分数据可能已不符合现况，图1-2-28）。

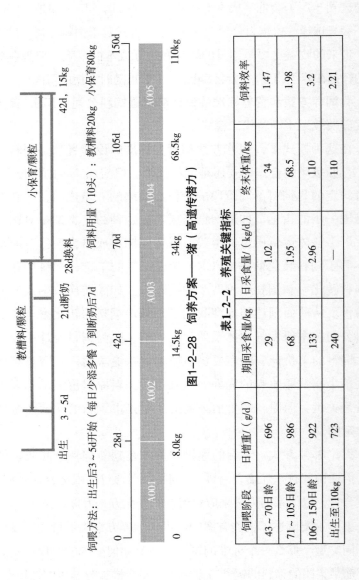

图1-2-28 饲养方案——猪（高遗传潜力）

表1-2-2 养殖关键指标

饲喂阶段	日增重/（g/d）	期间采食量/kg	日采食量/（kg/d）	终末体重/kg	饲料效率
43～70日龄	696	29	1.02	34	1.47
71～105日龄	986	68	1.95	68.5	1.98
106～150日龄	922	133	2.96	110	3.2
出生至110kg	723	240	—	110	2.21

阶段划分

从图 1-2-28 中我们可以看出，这个饲养方案主要是划分了 5 个阶段；0 ～ 28 日龄；29 ～ 42 日龄；43 ～ 70 日龄；71 ～ 105 日龄；106 ～ 150 日龄。

饲料频次：

出生后 3 ～ 5d 开始到断奶后 7d（28 日龄），每天少量多次，其余自由采食。

饲料量（阶段）

0 ～ 28 日龄：教槽料 20kg（10 头量）

29 ～ 42 日龄：小保育 80kg（10 头量）

43 ～ 70 日龄：乳猪料 29kg

71 ～ 105 日龄：中猪料 68kg

106 ～ 150 日龄：大猪料 133kg

饲喂量（日采食）

0 ～ 28 日龄：教槽料 83g/d

29 ～ 42 日龄：小保育 533g/d

43 ～ 70 日龄：乳猪料 1.02kg/d

71 ～ 105 日龄：中猪料 1.95kg/d

106 ～ 150 日龄：大猪料 2.96kg/d

饲喂量（全程）

出生至 110kg：240kg

饲养方案中具体内容本质是对真实和有效性有较高要求。不同于饲料产品使用说明书的广告属性，饲养方案是公司内部工作沟通交流的技术信息的载体，而饲料产品使用说明书是公司与客户沟通信息的载体，通常是根据设计指标结合公司产品在市场上的综合表现，给出的一套具有宣传和销售推广作用的文件。

　　对使用质量判断的重要指标之一是动物关键日龄的关键指标，需要来自养殖现场的养殖数据，也因此养殖数据的质量是影响使用质量判断的重要因素。养殖数据一般由公司销售或市场服务部门专门跟踪。具体做法是根据产品设计要求，跟踪养殖期关键日龄的关键指标是否达到公司饲料产品说明上承诺的标准。出现未达标情况时，应第一时间将信息和数据反馈给公司，由公司技术部门进行信息和数据分析后，启动问题界定工作，界定造成问题的真正原因。在排除养殖管理和疾病等因素后，如果锁定是饲料营养的问题，就需要启动营养纠偏的工作。

　　要界定问题，首先需要清晰地识别出影响养殖效果的因素，然后通过这些因素之间的因果关系，查找到根本原因。我们用图展示一下影响养殖效果的主要因素，见图1-2-29。

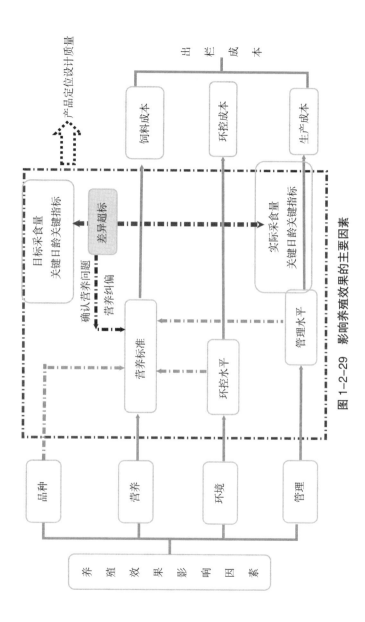

图 1-2-29 影响养殖效果的主要因素

饲料产品（以肉禽动物为例）的养殖成绩最终会表现在出栏成本上，包括有饲料成本、环控成本和生产成本，均受四大因素（品种、营养、环境和管理）的影响。图 1-2-29 中可以直观看出，这些因素都影响到营养标准的设计，进而影响饲料成本。而营养标准设计的质量合格的关键是动物需求和这些因素之间相匹配，主要是通过养殖数据中的采食量，关键日龄的关键质量目标值与养殖的实际呈现的结果之间比对来判断。因此，这些数据的真实性和准确性的重要性不言而喻，会直接影响到营养师对营养标准质量的判定结论。

如何才能提升养殖数据的质量呢？行业经过了几十年的高水平发展，大家对生物防控及管理水平都有了更多的感受和更高的认知，信息技术的发展也提高了养殖过程数据的采集的便利性。这对于饲料行业来说是有利的一面。因为通过养殖数据的分析可以验证产品营养标准的设计质量，为营养标准的纠偏和精准提供了数据的支持。好的养殖管理有利于动物的健康，必然会带来对饲料效果的有利影响。

在日常的工作中，无论是销售人员还是技术服务人员，都不可能天天待在客户的养殖场，即使身处养殖场，也不可能只凭人的眼睛看到全部的质量风险。因此，要想看见饲料使用的质量，还是要回到数据的维度，从饲养方案中关键日龄、关键日龄的关键指标、采食量与目标的差异来看见质量，看见使用过程中的质量风险后，接下来就是问题界定和营养纠偏等工作。接下来我们就以看见猪的出栏时间延迟的质量问题，来简单阐述一下营养纠偏的工作，具体流程（图 1-2-30）如下。

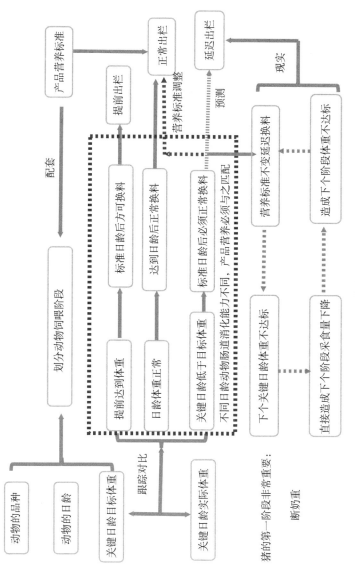

图1-2-30 营养纠偏工作流程

　　我们根据养殖场已有的养殖数据，通过对比饲养方案设定的关键日龄及关键日龄的目标体重与实际的养殖结果，去看见的质量结果属于以下 3 种情况。

　　1. 实际的关键日龄的关键体重超过同一关键日龄的目标体重。

　　2. 实际的关键日龄的关键体重达到同一关键日龄的目标体重。

　　3. 实际的关键日龄的关键体重低于同一关键日龄的目标体重。

　　对于第二种实际的关键日龄的关键体重达到目标的情况，按照正常的饲养方案，出栏的时间和体重基本会符合我们的预期。但是对于第一种实际的关键日龄的关键体重超过目标体重的情况，如果后期的饲养方案执行不同就会出现不同的结果了。

　　◇ 如果固化每个阶段的饲料的饲喂量是固定的，那么养殖场提前换下个阶段的饲料。这样造成饲料的营养与动物当下日龄的需要之间的差异，人为压制了猪的生长速度，延迟了本来可以提前出栏的时间。

　　◇ 正常日龄后换下个阶段料，这样前阶段的饲料就会增加饲喂量，但是这符合猪的生长规律和自己的特点，猪的生长速度会持续增长，最终会提前出栏，提前出栏的养殖成本一定是有竞争力的。

　　对于第三种情况实际的关键日龄的关键体重没有达到目标的情况是我们需要关注的。我们需要进行质量问题的界定，查找造成这个问题的真正的原因。关键日龄的关键体重不达标首先我们梳理一下造成的可能原因。

　　1. 养殖管理环节的问题。比如现场的通风问题、保温或者未及时补料等，这些需要通过养殖现场的现况和数据进行排查，同时可以与同一养殖场不同的圈舍的养殖成绩进行对比，对比的结果可能会对我们看见问题有所帮助。

2.动物疾病问题。传染病或其他重大疾病是很容易被发现的。在日常养殖过程中，营养代谢病或其他慢性疾病具有潜伏期，表征不明显或叠加很多其他状况。另外，动物发病后需要恢复期，不仅会影响到本阶段的生长，也会对后期乃至全程的生长成绩造成影响。这部分需要具有临床经验的兽医或者其他专业人员作出判断。

3.动物的健康状况造成的，有时养殖动物并未表现出任何疾病状态，但却处于临床亚健康状态，这可以结合动物的一些临床行为和生理指标进行判断。现代集约化养殖从某种角度已经改变了动物的自然生长状态，如果再叠加高密度，很难保证动物的健康。饲料提供的营养不足或不平衡会加重上述情况，并且往往呈现出整体性健康度低，在界定问题时不能忽略了饲料质量对动物健康的影响。

4.出栏时间延迟是结果，而不是原因。对于猪来说，从出生到出栏是一个完整的生长周期，所以要从整体来看，不能单独看育肥阶段。猪初生重、断奶重、断奶应激天数等指标反映的猪生长实际情况对于猪的后期生产成绩影响巨大，所以问题界定需要关注育肥期以前的养殖指标。

5.饲养方案的调整原则也会影响到猪最终出栏时间。如不管关键日龄的关键体重是否达到目标体重；固化每个阶段必须吃完设计好重量的饲料后，才能换下一个阶段料的做法；或者发现某个关键日龄的体重不达标后，营养标准不变通过延迟换料，直到体重达标。这样的做法都导致下一个关键日龄的关键体重不达标，如此循环造成出栏时间必然延迟。

我们假设问题界定的结果是造成猪延迟出栏的主要原因是饲料，那么我们还需要进一步界定饲料的问题，需要从饲料的产品质量、生产质量、原料质量、配方运算质量进行排查。排查的方法和工具就是我们前面所提到的数字化的质量管理体系，通过质量监控的每个关键点的质量波动范围是否在安全范围内，通过看到的质量结果去看见对养殖可能造成的质量隐患。在排除这些因素后，我们需要回到设计质量的维度，对营养标准和饲养方案进行评估，如果发现是设计质量的问题，需要进行营养的纠偏，即营养标准的修改。营养标准的修改流程在设计质量里面也提到过，一定要严格按照流程执行，否则最后无法进行追溯。

本章小结

1. 饲养方案的设计质量决定了饲料使用质量的评估内容。

2. 养殖数据的质量决定了对饲料使用质量的判断。

3. 饲料营养的纠偏需要先经过质量问题的界定，首先需要排除动物疾病原因和养殖管理因素。

4. 饲料质量问题的界定需要回到饲料的整个过程，从原料质量、生产质量、运算质量，到最后的设计质量，一般会根据质量监控的数据采取排除法。因此，数字化质量管理的水平也决定了我们界定问题的质量，如果没有数据的支持，最后问题界定的结论又回到人的主观判断上。

5. 市场在不停地变化，加强公司自身的系统能力建设，保持质量稳定和低成本优势是应对市场变化的关键。

第三部分　原则与方法

第一章　看见质量的原则

从定义"看见"质量到讲述质量管理实践的核心，目的是想与大家一起从整体的角度看到饲料质量结果的全貌，内容既不是严谨的治学理论，也不是工作方针，而是笔者基于在质量管理和体系建设方面 25 年的工作经验和心得的整理。内容承载了个人的责任和选择，并提供了实用的框架和工具，可以帮助处于不同起点的读者在职业生涯中让个人工作变得更有效率，能够取得预期结果。本章主要是对如何看见质量的一些原则和方法的总结，如果前两部分是技能的汇总，那么这一部分更多体现在驾驭自我意识的能力上，也能意识到自己已经意识到的事物，而不是将自己的经历简单叠加，是对以往经历以及它们之间的相互关系进行深入反思，并基于这些意识做出的选择。

如何看见质量在第二部分内容中做了详细阐述。现在以"选择"视角来做一个总结和回顾，通过选择使对应的理论更有意义。

原料质量

✧ 阐述了通过原料的质量标准、原料采购合同的签订以及原料供应商管理看见原料的预期质量。原料的预期质量管理是原料质量管理的开始，预期质量的管理直接影响到原料入厂质量管理的难度和原料价值采购实现的质量。

◇原料质量监控需要看到原料质量的整体性，包括原料的感官质量、安全质量和营养质量。原料的质量需要综合评估，其中安全质量应放在第一位。

◇原料质量对于设计质量、运算质量、生产质量，尤其原料价值评估具有非常大的影响。原料入厂接受相关业务流程的设计逻辑决定了质量风险可以被看见的程度和风险预防的结果。逻辑不同，业务流程设计不同，通过具体案例展示了对应流程的缺陷及带来的质量隐患。

◇原料的质量监控需要相关业务体系的部门共同参与协同完成，而非依靠单个部门。

◇原料的质量监控需要对应的质量监控数据流，这是业务管理数据流，并不是指原料的检测结果。通过业务数据流从多维度评估原料的质量。

化验质量

◇关注的是化验室的整体管理质量，包括但不限于个人能力、实验室硬件资源、体系认证等。

◇可以通过定期的 PT 和 RT 化验室测试活动量化评估化验室的精准度。

◇化验数据质量对于原料质量、生产质量、设计质量、运算质量和原料价值评估准确性的影响。

◇从样品准备到预测数据准确性评估，系统客观地看见近红外的预测质量。

◇用案例说明每个检测项目影响因素的权重，通过看到每个影响因素的权重，预见当下的操作对于检测数据质量的影响。

生产质量

◇从生产管理的十大维度来看见和评估生产管理的质量风险。

◇ 根据生产管理十大维度的内容的权重进行工作排序，安全管理是生产管理的第一要务。

◇ 要想看见饲料产品当下或者未来存在的质量风险，需要建立生产过程的质量监控数据，通过数据分析看到当下的质量结果和洞见未来存在的质量隐患。

◇ 看见了生产质量对于设计质量和运算质量以及原料库存质量和原料使用质量的影响。

◇ 看见了相关质量采购质量、销售质量、化验质量和原料质量、配方运算质量对于生产质量的影响。

◇ 看见了生产线路自有的管理数据流对于生产管理质量的意义和价值。

设计质量

◇ 营养的设计质量需要从整体性来看，包含从市场调研到动物试验的验证。

◇ 看见了人的质量对设计质量决定性的影响。

◇ 要看见设计质量存在的隐患需要体系的力量，通过整个运营体系的有效运转，才能清晰明确地看见设计质量的风险。

◇ 看见了化验质量、原料质量、生产质量、养殖质量、运算质量对设计质量的影响。

◇ 看见了设计质量对配方运算质量及动物养殖效果的决定性作用和价值。

运算质量

◇ 运算质量需要整个运营体系的支撑，换句话说，运算质量由整个系统的运转质量决定。

◇ 清晰明确了质量管理体系在整个运营体系中的定位，即质量管理体系的质量直接影响整个运营体系的运转质量。

◇看见体系合力的形成需要相关业务体系基于事的维度形成共识，不同业务部门通过流程互相合作、监督、强化和牵制共同完成目标。

◇标准作业管理流程的质量和质量管理体系数字化的质量是运营体系形成合力的关键。

◇不可能依靠基层员工主导完成体系的建设规划设计工作，这如同公司的战略规划需要公司高层管理者的思考和决策一样。因为规划需要清晰整个业务落地的路径，厘清业务各环节间的因果关系链条，让所有员工的日常工作与整个体系的规划目标相匹配（落地体系建设的本质）。规划者需要了解从公司战略规划到基层落地的相关信息，同时需要有相应的专业技能、管理能力和系统思考的能力。这个工作对于规划者的综合要求是很高的，因此让基层员工来做规划设计的工作是不合理的。

使用质量

◇使用质量需要从养殖数据、环控管理和疾病管理等多方面来整体性判断。

◇表面上使用质量判断的是饲料产品的质量，但实际是运营管理体系运转质量，因为产品质量是运营管理体系运转质量的外显。

◇在使用质量出现偏差（关键日龄的关键指标不达标）时，需要启动质量问题界定程序，质量问题的界定需要从饲料到养殖整个过程，全面系统地进行排查，找到根本原因。

◇饲料质量问题的界定工作需要回归到饲料的全生产过程，从定位到产品产出，界定每个体系输出的质量。而对于每个体系输出质量的判断则需要每个质量关键点的质量监控的数据。没有数据的支撑，只能依靠人的主观判断，人的主观判断受个人的能力、经验、认知、利益等等因素的影响，最终的结论可能与真正的原因相差甚远。

通过对前面的内容的总结和回归，如果想要看到全面的质量结果，并且看见当下以及未来的质量风险，总结了以下几个原则或工作方法供大家参考，总结如下。

1. 质量整体性

● 从饲料的运算质量和使用质量可以清晰地看到饲料产品的质量最终是在养殖端体现出来，产品呈现出的效果是相关体系合作的结果。因此要想看见质量就不能把质量进行人为割裂，而应强调整体的概念，例如不能把化验质量看作仅影响化验数据的及时性和准确性，与其他质量无关。正确的方法是需要看见化验质量对生产管理、质量监控、配方设计等业务环节的影响及影响权重。

● 质量整体性包含两方面的内容。一是要把饲料放到整个产业链去看它的质量，要看到饲料对养殖的影响、养殖对食品的影响、饲料对食品的影响。这是看到饲料整体的质量风险。二是回归到饲料本身，把饲料的设计质量、运算质量、生产质量和使用质量看作一个整体，去看到每类质量对于其他质量造成的影响。

2. 描述质量要量化

● 人们常采用描述性语言来做日常的质量工作沟通，如质量挺好的，产品质量没有问题。这类语言描述的是人的感觉，来自个人的判断，可能是基于经验，也可能基于专业，但这样的描述方式很难让描述者和倾听者共识结论，因为倾听者无法从描述中去"看见质量"。质量判断的感觉是因人而异，比如有人将未发生动物大面积死亡或未被国家权力机关判定产品不合格就定义为质量没有问题。又比如有人认为没有产生客户抱怨就是产品质量没有问题或者产生客户抱怨就一定是产品质量有问题。

● 质量判断不能以质量问题发生为判断依据。如果大家认可质量管理的定位是预见质量风险，那么在日常的工作中我们就需要尝试用数据来量化客观描述看见的质量。数据量化的语言，可以在公司形成统一的质量语言。

● 统一的质量语言有助于各部门对同一质量结果的描述有相同的定义和理解，不同岗位的人会因为信息源不同而出现不同的定义和理解。在出现质量问题并需要进行原因分析时，往往会呈现出这样一种情况，参与人均基于各自理解进行讨论或争论，而最终的结论大概率是大家共识结果而并不能保证是造成质量问题的根本原因。重复性质量问题的发生就是这样出现的，因为质量隐患依然存在，重复发生是必然的，只是发生的时间不确定。

3. 重新定位预见质量的价值

● 质量管理工作的价值不是体现在解决质量问题上，而是根据当下看到的质量结果，去洞见未来的质量风险，通过不断地完善相关的流程来避免同类质量事故的重复发生。在预见到质量风险后，提前沟通相关的部门和经营者，并且想办法尽自己的努力推进预防方案的落地执行，预防质量问题的发生才是我们看见质量的目标和意义。从某种角度来看，其实在真正出现重大质量事故时，最终解决是依靠公司资源和经营者的决策而非质量管理者。日常工作中由质量管理部解决的质量问题通常指的是解决环节中需要质量管理部门承担的工作。

4. 系统性看质量

● 质量管理体系是贯穿整个饲料运营工作的唯一管理体系，系统性地看见质量包含两个层面的含义，一是看见这个系统的质量，二是要预见每个子体系质量对整个系统的风险。而公司质量管理体系的质量决定了公司看见质量问题的系统性能力。

● 看见体系的质量，首先需要有整体的概念，即看见组成这个体系的所有子体系、每个子体系的质量、子体系间的关联关系，并清晰每个子体系质量对整个体系的运转质量的影响程度和权重。

● 需要通过量化的管理去看见体系运转质量，基于闭环管理数据建立的管理模型，才有可能发现每个关键业务环节存在的质量问题，进而可能预见业务环节中存在的质量问题对整个系统潜在的质量风险。只有系统性地看见质量结果，才能看见系统真正的质量风险。只有通过质量体系建设在质量维度上形成共识，避免合成谬误，形成合力，才能实现质量管理的终极目标。

● 合成谬误是一种错误的推理方式，它指的是对局部或个体而言是正确的事情，被错误地认为对整体或系统也必然是正确的。这是一个重要的概念，潜藏在一定合理性下但会对体系质量产生重大影响。每个业务单元基于自身的利益出发的做法都是合情合理的，但极易忽略了第三方的利益和风险，即符合了部门的利益，但忽略了公司的整体性利益；或者符合了公司利益，却忽略了集团的利益，这与平时大家反对的本位主义本质相同。体系建设是要从全局出发，系统规划，考虑到所有相关者的利益，才有可能形成共识，推动体系建设的落地。

5. 质量需要亲自体验

● 质量本质上是一种主观感受与客观属性的结合。单纯从产品介绍或他人评价中，很难全面准确地把握质量的真实水平。质量管理体系的落地，相关者一定要躬身入局，亲自做事，单纯地通过参加培训或者交流，期望达到体系建设的目的是很难的。事非经过不知难，只有亲身经历过才会体验感受其中的难点和做事的意义，建立在模仿别人的动作基础上的工作，最终输出的质量结果大概率也是形似而非神似，甚至和本质相差甚远。

● 体验有很多种方式，比如与优秀的企业学习就是一种很好的方法，但首先需要弄清楚对方这些做法背后的逻辑，尤其要注意的是优秀企业的做法往往是基于其企业本身的经营理念、业务逻辑、资源构成下的经营管理模式，而不是一种通用模式。在学习之初就需要清晰自己企业经营的逻辑理念可能与对方存在较大的差异。一个注重速度和利润的公司去学习一个追求长期稳定经营的企业做法，最终只会是东施效颦，反而失去了自己企业的优势。

6. 赋予质量不同权重

● 质量标准是无上限的，是一种永不停的完善和提升的过程，这是由质量的时间性和相对性决定的，所以质量管理者永远在追求质量提升的路上。因此，不可能把每个质量关键点都在一定时间范围内做到完美。这时就需要首先关注影响当下质量结果中权重占比大的质量影响因素，即要赋予质量不同权重。

● 往往权重最大的因素是隐性的，不容易被所有人都看见。大家都关注的质量问题点不排除是权重较大的质量因素，但这需要进行专业的判断和确认，而非根据公司的关注度来决定权重。

7. 质量按风险排序

● 在解决质量问题时，需要根据质量的风险大小进行排序，对于风险大的事情，无论其难度大小，都需要排在首位去解决。

质量管理不同于营养学，它是不符合木桶原理的。也就是说，并不是要努力去提升质量因素中那个最短的短板，而是要遵循风险原则，即需要马上跟踪和解决对于质量有致命影响的且当下低于质量最低要求的项目。因此，解决质量问题的排序除了依据质量因素的权重外，还同时考虑到轻重缓急。

本章小结

1. 对质量实践中看到的饲料质量进行了总结，包含饲料的设计质量、运算质量、生产质量和使用质量。

2. 要想看见质量的隐患须遵守以下原则。

■ 质量整体性

■ 描述质量要量化

■ 看见质量的标准是预见质量风险

■ 系统性看质量

■ 质量需要亲自体验

■ 赋予质量不同权重

■ 质量按风险排序

第二章　看见质量的方法

上一章介绍了原则，接下来进一步分享如何在工作中遵循这些原则。上面讲的看见质量中包含两个方面的质量，一是产品的质量，二是体系的质量，在实际工作中既要看到产品的质量，同时又要看见体系的质量，两者是密不可分的。那么，这两者之间究竟存在怎样的关系呢？接下来的内容就这两种质量之间的关系做一个系统性梳理（图1-3-1）。

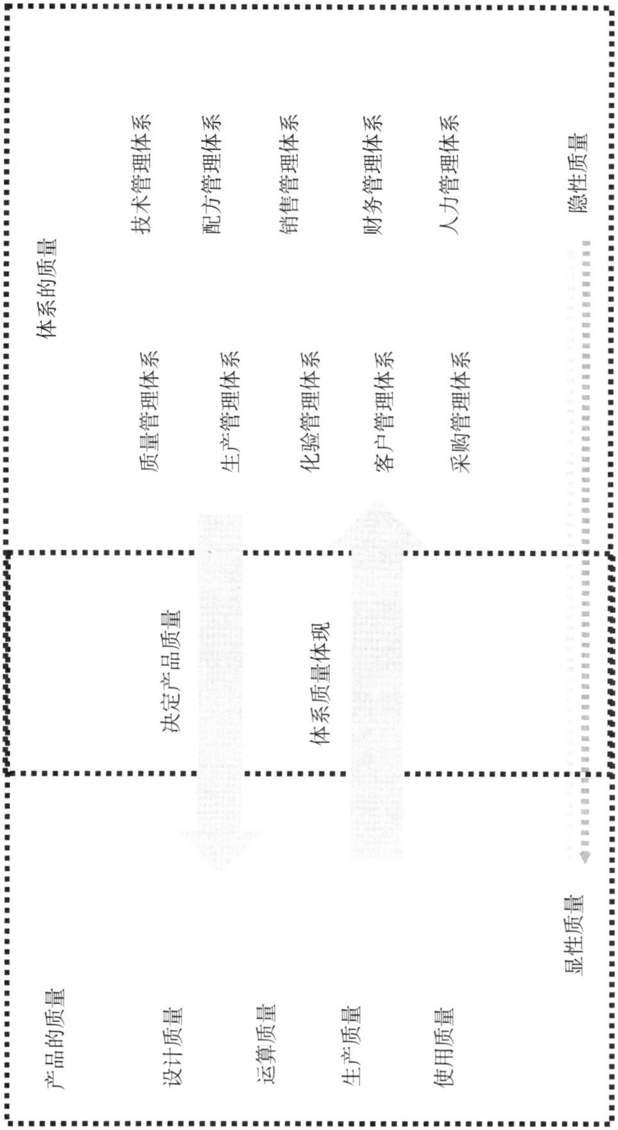

产品的质量

设计质量

运算质量

生产质量

使用质量

显性质量

决定产品质量

体系质量体现

体系的质量

技术管理体系

配方管理体系

销售管理体系

财务管理体系

人力管理体系

质量管理体系

生产管理体系

化验管理体系

客户管理体系

采购管理体系

隐性质量

图 1-3-1　产品质量与体系质量关系

图 1-3-1 呈现了产品与体系两者之间的关系，展开说明。

✧ 产品的质量是产品的设计质量、运算质量、生产质量和使用质量叠加的综合结果，每类质量后面都对应了一个主责的体系，比如设计质量对应的是技术管理体系，运算质量对应的是配方管理体系。每个体系输出的质量就对应了每个体系主责的质量。而体系的主责者就需要对负责的体系所输出的质量负责。因此，产品和体系就形成这样一个紧密的循环关系，即体系的质量决定了产品的质量，产品的质量也是体系运转质量的结果。

✧ 产品质量是显性的，但体系的质量却是隐性的，是需要通过逻辑分析才能洞见的。冰山一角的照片就是描述这一特点，大家所能看到的质量结果和隐性的质量风险比起来，看到的仅仅是冰山一角。所以若想有效提升产品的质量，就需要从体系质量入手，因为后者是前者的保障。

从产品和体系两个方面入手去看见质量的整体，包括产品的整个生产过程，以及从原料入厂到产品使用的全过程。这些过程的质量需要借助采集的质量监控的数据，具体方法如下。

一、原料的质量

1. 看见原料预期质量

原料质量标准、原料品控标准和原料扣款标准中规定的内容；原料采购合同中的原料质量标准；原料供应商的名单质量等。

2. 原料质量判断

✧ 入厂原料的质量结果

根据入厂原料的质量统计，通过检测项目的数量、取样的频率、取样的方法以及原料的检测项目之间的相关性，来判断原料取样的代表性和检测数据的准确性。

　　◇入厂原料的库存原料的质量结果

　　库存原料的抽查质量结果与原料的入厂质量对比，判断原料取样的代表性和真实性。

　　◇配料仓原料的质量结果

　　通过对配料仓中原料的定时取样检查，判断生产过程中是否出现混仓混料的质量风险，以及通过配料仓原料的检测结果与入厂原料、库存原料的质量进行对比，来判断原料从入厂到使用过程中存在的质量风险和隐患。

　　◇毒素样品制备方法及检测数据分析

　　原料中毒素的含量特点与其他营养素最大的不同在于毒素的分布是极其不均匀的，偶然性很高。其70%检测结果误差来自样品的质量。因此，对原料毒素质量的判断，首先需要回归到毒素的检测过程，包含毒素样品的取样方法、毒素的样品的制备、样品的检测频率以及毒素检测数据的解读和统计。

　　◇近红外（NIRS）样品制备及预测结果判断标准

　　在通过近红外分析数据进行原料质量判断时，可以通过原料的制备标准、化验员如何判断数据的准确性以及决定样品需要进行手工验证的判断标准来看见预测结果的质量。

二、产品质量

1. 产品质量的判断

　　◇这里的产品的质量是指入库后的饲料成品的质量。不同的公司对于入库饲料产品的质量有不同的标准，所以需要首先对齐产品质量合格的判断标准，是国家标准、企业标准，还是质量内部控制标准？这三类标准决定了产品质量判定结果的意义，是为了满足国家标准，抑或服务经营所用。简单来说，国家标准和企业标准 100% 合格的产品，在内控标准下，合格率可能仅为 20%。通常质量的内控指标要严于国家标准和企业标准。这是因为质量的内控指标要为经营服务，要考虑到产品最终在市场的终端表现和成本，所以产品质量判断的第一步是对齐判断标准。

✧ 样品的获得方法决定了其代表性，具体来说，样品是根据每班生产的产品随机抽查，还是每天抽查一种饲料产品，又或者每天生产的产品都需要取样？其次有没有相应固化的取样流程及对应制度？上述围绕样品的工作均会影响到样品的质量，进而影响样品检测结果。

✧ 样品的检测分析方法是检验数据的准确度和可信度的重要决定因素。如果采用手工化验，就需要清晰手工检验化验偏差；如果采用近红外模型预测，则需要关注其模型的准确率和预测偏差。质量结果的判断需要考虑不同检测方法的误差标准，这是作为数据质量判断的依据。

✧ 判断质量的项目数量决定了是否能看见产品质量的全面性。是仅有粗水分、粗灰分指标，还是有所有常规项目指标，还是常规加生产过程的质量监控结果（配料误差合格率、颗粒的粉化率、含粉率、油脂添加误差等）。因为参与质量判断的项目和项目数量的不同，我们看见的产品质量结果覆盖的范围不同，得出的结论必然是不同的，所以在日常工作中要根据需求设定合理的质量监控项目以及对应的项目数量。

2. 生产配方的核对

质量管理部接收到生产配方后，第一步工作就是生产配方的核对，即质量监控 DQC 的工作。

✧ 首先需要与同产品上次的配方进行核对，去确认配方结构变动点，如有没有原料种类的调整、用量比例的调整、配方目标设计值是否有调整等。这部分工作虽然是配方师的日常工作职责，但是从质量管理的角度来说，也属于质量监控工作的一部分。

◇第二步是根据新的配方结构预判产品的感官，主要是颜色会不会出现大的波动，如果有感官变异的风险，需要及时与配方师沟通调整。

◇根据新的生产配方并结合当下生产质量管理的现况，预判颗粒质量的情况，发现质量风险后需要与生产沟通确认后，再根据需要与配方师沟通调整配方。

3. 生产过程的质量判断

◇原料的粉碎质量。原料粉碎质量需要跟踪饲料日常生产过程中生产部门自己快速检测结果与质量管理部的每日的粒度检测结果，具体做法是通过两者的数据统计和对比，来评估产品生产过程中的粉碎质量情况。

◇原料的称量质量。原料的称量质量需要对配料系统中采集的数据进行分析，看每种原料每次称量的误差范围是否在质量标准的要求范围内，并根据整体的原料称量误差的合格率，去评估产品配料的质量情况。这里要重点强调的是，生产中采集到的数据并不一定是完全准确的，所以要基于部门的月底联合盘点的数据对生产数据采集的质量进行旁证。

◇产品的混合质量。产品的混合均匀度包含三类，分别有不同的定义：混合机的混合均匀度、下落的混合均匀度和筛分的混合均匀度。因为不同的混合均匀度取样的位置不同，检测出来数据统计的结论差异也非常大。因此，在进行样品混合质量判断时，首先需要明确取样的位置，通过取样的位置来对应混合均匀度的标准。混合机的混合均匀度是用来评估混合机的混合均匀性的，当下的设备制造水平，这个数值一般都比较低，检测数值一般在

2%～3%。下落的混合均匀度是日常生产中用来判断混合质量的常用的标准类型，它不仅包含了混合机的混合质量，还包含了产品在提升过程中产生的均匀性的变异，所以这个均匀度的标准一般较低，一般认为≤7%就可以。筛分的混合均匀度是指经过制粒筛分以后均匀性的变异，我们一般通过跟踪打包后产品质量的变异就可以看见其质量风险。

✧ 产品的调制质量。产品的调制质量决定了产品的颗粒质量，对产品颗粒质量的评价除了颗粒的硬度、粉率等指标外，重点需要通过调制的过程综合判断调制的质量。常常单看硬度指标时，颗粒质量是合格的，但是这有可能是生产环节采取一些非常规的手段做到的结果，比如额外添加颗粒黏合剂，又比如通过加大环模压缩比等方式。这类操作仅考虑了颗粒硬度质量的要求，却完全忽略了饲料制粒的意义及目的，违背了产品设计的初衷，从质量管理的角度来评判是存在质量问题，而不是合格。

✧ 小料配料质量。笔者多年跟踪过很多饲料公司的小料配料质量，目前来看整体质量风险是很大的，主要表现在对小料质量管理的工作思路方面，目前主要采用的工作思路有两类，第一类是通过对人的监督，第二类是设备的自动化提升。关于小料的质量风险，我们在生产质量中有过详细的阐述，要想全面地看见其中的风险，需要回归到小料配料过程中的重要质量监控数据来评估。

● 小料每次称量的误差大小及每个班次误差合格率。

● 每种小料的日用量的误差大小及日用量误差合格率。

● 每种产品的小料生产的投入产出率及合格率。

● 小料混合均匀度的监控方法、频率及结论。

● 小料的出入库记录与小料日盘点记录的差异。

✧ 油脂添加质量

目前，饲料生产中油脂的添加主要有两种添加方式，一种是混合机内添加，一种是喷涂到颗粒饲料的外表面。根据多年跟踪质量的结果来看，采用混合机内添加的质量风险比饲料的外喷涂要小很多。首先来看一下混合机内添加模式需要关注的质量过程关键点。

● 液体称量的变异系数。

● 液体秤的称量误差大小及合格率。

● 油脂日用量的误差大小及合格率。

● 油脂储存罐月盘点数据及使用量的差异。

● 油脂添加的均匀性巡查。

● 产品粗脂肪含量的波动范围及合格率。

油脂外喷涂的质量受设备的计量原理、工艺条件、设备情况等外界条件的影响，这些因素叠加造成油脂添加的误差较大。跟踪数据显示，如果误差能控制在10%左右，就是相对较好的结果，因此不能对外喷涂油脂添加的质量要求太高。除了上面提到的硬件的影响外，还与饲料颗粒的质量、油脂的质量、油脂类型、油脂的加热温度以及对添加设备参数的每日校正等关系也非常大。基于外喷涂油脂对于饲料产品质量的影响，我们需要关注过程中的这些质量。

● 饲料的调制质量，主要是通过调制过程中的水循环去判断饲料调制的真正质量。

● 饲料容重的检测数据。

● 外喷涂系统参数调整的方法，频率及依据。

● 油脂日用量的误差及合格率。

● 油脂储存罐月盘点数据及使用量的差异。

● 产品粗脂肪含量与配方设计值的差异。

以上是从产品的维度看到质量结果的一些工作方法，从前面提到的产品质量和体系质量的辩证关系，我们知道影响产品质量结果的核心是背后相关体系的质量。体系的本质就是流程和制度，流程是体系的灵魂，体系的设计准则就决定了流程的设计。因此，体系的质量的判断首先要调研公司当下相关流程的具体情况，提炼归纳出当下体系设计的准则，与基于饲料的业务逻辑需要的设计准则做对比，就大概会判断出当下体系实际的运转质量，接下来我们以几个体系的案例就上面的方法给大家做一个说明。

我们先看一下表 1-3-1 销售管理体系和采购管理体系的调研情况，以及从调研的情况我们可以看见的质量结果。

表 1-3-1　销售管理体系和采购管理体系

序号	隶属体系	业务流程	调研情况	流程设计准则	参照准则
001	销售管理体系	产品的销量预测	1. 销售人员每天上报，当天下午安排晚上及第二天的生产计划 2. 销售人员发到沟通群，销售内勤统计，直接告诉生产厂长 3. 每个月底预测下个月销量	满足销售要求	销售周计划运营计划管理基础
002	采购管理体系	原料价格预测	1. 每天根据市场价格报价 2. 有 10 日测算的规定，但是基本没有执行 3. 原料现进现用，目前没有安全库存管理	随行就市	原料价值采购

销售管理体系

我们主要是调研了销售管理体系中关于产品销量预测的管理流程，即产品的销售计划管理。销售计划是公司内部运营计划的开始和基础，其重要性和意义不言而喻。但从上述调研的情况来看，销售提前一天报计划并在第二天拉货，这是基于公司内部的原料充足、生产设备全部正常工作以及库存充盈可以完成生产任务这一理想情况下的安排。在实际的生产中，出现偶然因素是永远也不可能避免的，所以最终我们看见的质量结果也许是这样的情形：销售经常催货、生产断货、原料紧急调拨或销售员为了保证自己的饲料供应报了超额计划、产品生产多了占用库房等。这些都是销售管理计划的质量带来的质量结果。销售计划管理流程的设计准则是需要制定销售周计划，是以周为计划周期，为公司内容的相关部门提供工作安排的依据和空间，从而提升整个运营体系的计划管理的质量。

采购管理体系

我们这里对采购管理体系的调研重点关注的是原料价格预测的管理流程，从调研情况来看这个公司的原料采购就是随行就市，虽然有 10 日测算的规定，但是因为没有体系的支撑，最终的制度规定也无法落地，只能是停留在纸面上。通过对原料价格的测算工作就可以看出，整个流程的设计者对体系的理解程度，即未能理解这个管理流程设计的目的和意义，流程设计似乎仅仅为了完成采购的询价和供货的基本工作。至于采购环节与其他业务环节的关联以及造成的困扰都未在考虑范围内。具体表现在原料的价格都是根据市场在报价，未对未来行情进行预测。原料基本是现进现用。从财务的角度来看，提升原料的周转率的价值很大，但是从整体的角度系统来看，其配方成本都是基于当下的原料行情，配方成本就没有优势可言。最终导致的质量结果大概率是配方成本居高不下，产品利润空间很小，合成谬误在这里又出现了。

假设实际生产中就是这样流程设计，那么采购部门的第一工作要务就是首先保证原料供应不断货。按照我们前面阐述的要想实现原料的价值采购基本是不可能的。由于违背了价值采购的基本原理（原料的价值对配方成本有决定性的影响，价格又是原料的价值判断的重要因素之一），最终可以预判的质量结果是大家都盯着购买回来的原料价格以及如何使用这些原料，希望在当下的原料行情下买到价格最低的原料，这个价格的差异最多也就是基于量或者付款的周期等条件上的一些优惠，与为实现原料价值采购的原料行情预测管理流程设计准则相差甚远。

我们再看一下表 1-3-2 配方管理体系和研发管理体系的调研情况，从调研的情况我们可以看见如下的质量结果。

表 1-3-2　配方管理体系和技术研发体系

序号	隶属体系	业务流程	调研情况	流程设计准则	参照准则
003	配方管理体系	配方管理	1. 原料断货 2. 价格波动 3. 含量 5% 以上蛋白原料粗蛋白质差异 2% 以上 4. 市场产品出现异常 5. 品管判断要求调整配方 6. 品管部根据配方和不同的价格核算配方成本 7. 规定是 10d 配方更新 1 次，实际期间变动频率很高	依靠配方解决问题被动调整	产品营养稳定配方主动优化
004	研发管理体系	产品定位管理流程	1. 各公司营养师根据自己的能力和市场需求，修改营养标准 2. 改变后更多的是不同公司营养师互相交流，共同决策；无相关审核批准流程 3. 营养标准在系统中没有上下限设定，建议范围非常大；粗蛋白质、钙、有效磷、能量都是一个范围，而氨基酸是固定值	个人能力集体决策	责任明确到人产品定位的精准和安全

配方管理体系

对配方管理体系的调研重点关注了配方管理的流程，即关注配方的运算流程。从调研的情况可以看出，配方运算的目的就是应对出现的质量问题，如原料断货、配方成本高、市场客户抱怨处理等。部门间的工作职责和边界不清晰，配方调整的原因是质量管理部门的要求（这个真的让人很难理解）。这也验证了我们前面提到的体系建设的前提是厘清部门边界，如果边界不清、职责不明，做事的顺序必然是混乱的。

面对这样的问题首先需要梳理流程设计的准则，调整体系建设的方向。比如上述的情况我们需要把配方管理流程设计的准则调整为运算质量所要达到的目标营养的稳定和成本最低上来，基于这样的业务目标，设计的准则应该是配方主动调整。如果业务流程不变，只想通过制度来改变结果是不可能的。

研发管理体系

研发管理体系调研关注的是产品的定位管理流程，即设计质量的内容。调研的情况是分公司的每个配方师都有权限修改营养标准，营养标准中标准数值允许波动的范围很大。基于这样的情况，我们可以推测到营养标准的标准值设定的合理性，也可以初步判断营养标准实际的参考价值不大。因为营养标准的设计是依靠个人能力和集体决策，很难谈上实现技术管理的职能。这样的产品定位与市场需求是否匹配根本就是依靠个人的能力和运气。我们可以看见的质量结果是产品的营养无论从设计还是运算都是在大范围内变动，保持产品质量稳定的第一关营养设计质量的稳定都很难保证。关于设计质量的重要性在前面已经反复提及，所以产品定位的管理流程的设计准则应是保证设计营养的准确且责任明确。

表 1-3-3 主要关注的是质量管理体系中的原料质量的原料入厂流程和生产过程中的质量监控流程，从调研的情况我们可以看见的质量结果如下。

表 1-3-3　质量管理体系

序号	隶属体系	业务流程	调研情况	流程设计准则	参照准则
005	质量管理体系	原料入厂流程	1.1 次取样和 2 次取样检验项目相同 2. 根据供应商情况取样员判断是否需要 2 次取样 3. 不合格原料在公司群内通知 4. 司机去找库管安排卸货的垛位直接卸货 5. 原料入厂后品管随时巡查看到了 2 次取样 6. 散装原料基本不取样	随时沟通	控制进货原料质量 减少供应商作弊空间 提高卸货效率
006	质量管理体系	生产过程质量监控	1. 车间巡查 2. 系统要求上传现场照片 3. 根据上级要求进行数据结论的上传 4. 必须检验合格后入库；（检验水分、蛋白质、灰分、脂肪）；判断标准是企业标准；判断误差各公司可以自己修改 5. 不合格料公司群内沟通决定	满足相应要求	回归过程管理 数据化质量监控

原料入厂流程

从调研的情况我们可以看到，原料到厂是没有计划管理的痕迹的，可以随时到厂。这与没有销售计划管理有一定的关系。到货信息都是通过发群通知相关部门，取样的决策是取样员，垛位安排是货车司机，这样的原料入厂流程仔细研究一下，感觉固化的东西非常少，这样的流程造成的质量隐患我们在原料质量中都有详细说明。这与我们理解的设计准则控制进货原料质量、减少供应商作弊空间、提高卸货效率似乎是完全相反的，通过这些信息我们也可以预见到最终的质量结果。

生产过程质量监控流程

这部分我们关注的是整个生产过程的质量监控流程。从调研的情况来看，整个生产过程的质量监控基本都是在做监督的动作，没有通过建立质量监控的数据来进行量化管理，所以工作都是在完成相关的要求，同时产品的质量判断还停留在符合企业标准的基础上，还没有回归到质量服务经营的维度。这样的流程设计我们看见的质量结果是只看到表面的质量，无法根据质量的权重和排序来确定质量工作的顺序。最终重要的、紧急的质量问题往往是看不见的。改变这样的体系需要打破重塑，回归到过程管理和数字化质量监控的准则上来。

表1-3-4调研情况主要关注了质量管理体系的化验室管理体系和生产管理体系，从调研的情况我们可以看见的质量结果如下。

表 1-3-4　质量管理体系和生产管理体系

序号	隶属体系	业务流程	调研情况	流程设计准则	参照准则
007	质量管理体系	化验室管理体系	1.NIR 扫描结果为主，样品无统一的制备标准 2.NIR 模型预测的准确性判断标准，验证方法不明确且无固定验证频率 3. 数据上报由化验员完成，无审核流程 4. 化验员能力的评估在中心化验室 5. 每个化验结果无规定最高代表产量，随便确定	完成基本化验	数据准确提供有效数据
008	生产管理体系	成本管理	1. 无生产自己成本核算数据 2. 生产主要工段的没有单独的电表 3. 成本的数据采用财务核算数据 4. 原料库存数据采用理论计算值 5. 无每月的停产盘点制度	财务核算成本	生产自己数据流实现真正成本控制

化验管理体系

化验管理体系重难点关注了化验数据准确性的质量，从上面调研的情况可以看出，工作的目的是完成每日的化验任务，很难看出如何管理具体工作的质量。错误的数据远比没有数据更可怕，这个调研情况可以预见到的质量结果是相关的部门每日都收到了化验数据，但是因为化验数据的质量无人关注，管理者在这些数据上进行分析讨论并决策，用这些数据来进行营养的设计和原料的价值评估，潜在的质量风险巨大。在化验质量章节中着重强调了化验数据准确性对于整个运营体系质量和成本的影响，调研工作中遇见的管理体系与我们质量管理秉持的初衷相距甚远，甚至准则目标几乎完全不同，由此造成的质量隐患和风险是无法估量的。

生产管理体系

生产管理体系中主要是关注了生产管理十大维度中的成本管理。从调研的情况来看，生产成本的管理是以财务结果为准的，这样的成本核算结果与产品结构密切相关。比如同样的工厂同样的产量这个月生产的粉料多，电耗、能耗一定比生产配合料的月份低很多。如果忽略了这些因素，只是依靠财务数据来进行管理，最终很难发现其中的造成成本浪费的根本原因。更严重的是，如果集团以此为标准来管理不同的公司，同时还进行对标和奖罚，最终的质量结果大概率是数据造假，进而真正的问题被掩盖。从表面来看，生产成本在降低，实际情况可能完全相反。生产投入产出的核算也是同样的道理，这也很好地解释了如果工厂停产盘点有可能发现亏库严重的现象。生产要想实现自己的成本管理，生产管理体系就要回归到建立自己的管理数据，看见真正原因并积极寻找解决方案，实现真正的生产成本管理。

饲料的整个运营体系涉及的流程非常多，每个流程都需要回归到系统的角度，整体来看它的质量。上述我们只是挑选了几个流程给大家展示相同名字的流程不同的设计准则，同时当下的设计准则我们可以看见的质量风险。

第三章　小　结

在看见质量的第三部分，对看见质量需要遵循的原则以及方法进行了重点阐述，观点和方法大多来自笔者的从业经历。在日常工作中，我目睹过很多的事情因为结果未被真正看见而造成决策的偏差。

看见质量是我们做质量管理工作的第一步，只有整体地系统看见了质量问题和质量风险，才有下一步思考如何去解决。这个道理用在生活中也是一样的，如果看不到风险，那么必然认为当下的行为就是合理的。

通过上面的内容，我们理解到了产品质量和体系质量的关系，体系质量的隐患才是隐藏在冰山下的我们希望看见的质量部分。如何看见冰山下的质量体系的风险，是需要与我们见过的"好"体系对标，找出差异，针对差异深度思考，找到体系设计的根逻辑。这就是我们前面提到的体系建设的前提是要见过且全面理解见过的好体系的原因。什么是好的体系呢？当下在中国的饲料行业中，大家普遍认为正大集团的体系建设是比较成熟和完善的，很多企业也都在参考和学习它的一些做法。单单从外表看到的，似乎他们做的事情也没有什么特殊的，似乎我们也都做，甚至在某些方面我们做得还更好，为什么最终的产品质量还是有比较大的差距呢（比如产品稳定性的市场口碑）？我觉得这就是体系的本质，体系追求的是每个系统的质量，而不是单点的质量，因为产品的质量稳定需要的是系统的力量。

体系的本质就是流程和制度，其中流程是灵魂，制度强调的是人的行为，制度是保证流程中某个环节得以执行。因此，所以一个好的体系的质量其实就是它的流程设计的质量，制度根据不同公司的文化和特点可能差异很大，但是流程的设计逻辑应该是一致的，因为一个好的流程是基于清晰的业务逻辑上建立起来的。对于饲料来说，无论市场如何变化，饲料的业务逻辑是相同的。那么什么是业务逻辑呢？笔者理解业务逻辑就是一个实体单元向另外一个实体单元提供服务，应该遵守的规则和秩序，它主要描述的是业务流程中各个环节的相互关系及运行顺序。根据上述的定义，我们来梳理一下业务逻辑的核心点。

✧ 每个业务单元向其他业务单元输出的服务是什么？这就是体系建设要厘清部门边界和职责，职责明确才能清晰每个业务单元提供的服务内容。比如经营者要求质量管理部或者财务部门每天去关注原料的库存，这就是业务逻辑的模糊造成的部门的定位问题。

✧ 每个业务单元应该遵守的规则和秩序是什么？规则和秩序就是要理清事的边界和顺序。比如我们上面提到的原料的到货计划管理，都是临时组建一个群，信息发群内即可，其中的采购、品管、生产、门卫应该遵守的信息传递的规则和顺序不清晰，完全依靠个人的自律和责任心，最终的结果就是反复沟通，工作效率降低。

✧ 业务流程中各个环节的相关关系及运行顺序是什么？比如原料入厂流程一个好的体系，必须清晰每个环节输出的信息是什么且信息应该给谁，同时出现异常情况有非常清晰的处理路径，不是所谓的谁是第一个接到信息的人，就应该跟踪到底的做事逻辑。

从上面的信息中，我们看到在同一个公司内部，不同的业务单元向其他业务输出的服务因完成事情的目标不同而会有所差异。由于输出服务的内容不同，各部门遵守的规则和秩序就会发生变化，业务中的各个环节的关系也就会随之变化。这就是体系建设需要进行整体规划，系统思考后才开始行动的逻辑。假设采用线性思维，走一步算一步地推进体系的建设，可以预见的是，开始可能会感觉很容易，但越走越难，最后不得不放弃，并回归行动开始时的原点重新思考。因此，整体系统的规划是体系建设成败的关键，而整体系统的规划是要基于饲料正确的业务逻辑基础上。对于饲料正确的业务逻辑，我个人理解为应该是企业长期经验积累、体系完善的结果。这也说明了好的体系都是经过了几十年甚至上百年的沉淀过程。接下来，我个人对于好体系的理解外显的结果做个简单总结。

✧部门的边界和职责相对是比较清晰的，每个部门每天都有相对明确和固化的工作内容。

✧每个部门清晰需要相关部门提供的信息和服务的内容，同时也清晰自己应该给相关的部门提供的服务内容。

✧不同部门的沟通会议一般都有明确的主题，主要是针对当下的问题解决方案的沟通和交流，最终形成部门各自的下一步工作具体内容目标。

✧不同部门的工作都有相关部门的监督，部门之间的沟通有明确的沟通渠道，且沟通的信息分级明确。

✧专业的判断决策在对应的职能下，但是决策者需要对最终的结果负责。比如饲料营养标准是否合理的判断是技术的管理者，不是公司的经营者，但是决策者跟踪最终的决策结果。

◇质量管理的定位清晰，预防质量问题发生是目标，如果出现重大质量事故，主要失责部门会被问责。

◇追求长期的、稳定的经营结果，管理的目标是协调各部门形成合力，看到所有部门的价值，不单以单个人或者部门的业绩论英雄。

饲料的管理体系就是要构建一个有生命力的系统。这样一个庞大的体系中涉及的业务环节非常琐碎，要想彻底地理解，只有亲身去体验。事非经过不知难，这就是我们经常提到的经历且全面理解见过的好体系的原因。人生是一个不断面对问题并解决问题的过程，体系建设也是这样的，问题可以开启智慧、激发勇气，为解决问题而努力，思想和心灵会不断成长，心智也会不断成熟。接下来就以笔者个人经历为主线与大家分享一下对饲料运营体系理解的过程，以体验开启思考。

1. 感受化验价值和岗位职责清晰

本人 1999 年本科毕业后就进入国际饲料巨头正大集团工作，即使第一份工作是分公司化验员，但因为公司是集团的独资公司，其管理完全按照泰国总部标准规范的管理模式执行，那时对管理和体系根本没有概念，但却亲身体验了先进管理带来的结果。

我记得当时的质量管理部门的管理人员都是泰国人，新员工入厂参加的第一个培训内容就是质量管理部的原料取样、生产监控和化验操作工作。培训采用的是跟着每个岗位的老师学这种方式，而理论方面学习都是自己按照公司的文件自学。在学习期间，我就发现每个老师的性格、能力、对于流程（当时理解就是工作的顺序）的理解差异很大，但是就具体岗位的工作来说，每个人都很清晰自己的工作内容和工作职责，都知道自己需要为内部其他部门提供的信息内容，并且也会准时把需要主动提供汇报的信息发给相关的部门。这点当时给我留下了非常深刻的印象，现在来看，这就是质量管理部门内部的流程和制度，即质量管理部的作业管理程序。这种标准化的管理影响到了自己以后整个职业生涯，真的感谢在工作之初就有这样的经历。

实习结束后根据每个人的基本特点进行对应的工作安排，我被安排到了化验岗位。在此后的 3 年，我一直在这个岗位上工作。在化验工作中，我看到了集团对于基础化验的重视程度，首先给一个分公司配置的常规项目的检测设备全部是进口的（这里有一个背景，20 世纪 90 年代国产设备中除了烘箱等外，凯氏定氮仪都还在使用原始的玻璃设备，准确度和自动化程度与进口设备存在差距。同时进口设备需要美元支付，价格很高，这里只是想通过对这些细节的描述来表达公司对化验工作的重视程度）。八大常规项目是每个公司的必检项目，另外还包括了尿素酶、蛋白溶解度、糖苷毒素、游离棉酚、氟、新鲜度等项目，这些检测项目在当下，也是有很多公司未完善。公司对于基础化验的重视是我的第二个感受。

第三个感受是关于化验数据的重要性以及需要通过化验数据去追溯原因的系统思维。化验数据结果出现异议以后，判断的标准是内部追溯操作的过程，查找原因，检测数据确认无误后开始与原料取样沟通，会追溯原料取样的整个过程，同时库存原料也会重新取样进行验证。生产会沟通产品控员，追溯整个生产过程，查找原因，且质量管理部门内部的沟通的路径和信息非常清晰明确。

2. 感受到管理与技能的区别

在化验室做化验的这几年中，自己慢慢把每个化验的项目的检测原理、操作的关键步骤等都做了梳理和总结，自己对检测数据的准确性有了判断的标准和依据。在泰国集团组织的国内多次的 PT 测试中，个人负责的项目检测结果的准确性也得到了验证和认可。2000 年集团决定购买近红外光谱仪，根据当时公司工作调整，我被安排负责这个项目。当时无论是仪器公司的模型，还是集团提供的基础模型，对于当时的中国区样品预测的准确性和误差都没有达到集团当时质量标准要求的，在这样的背景下集团决定中国区模型由中国自己开发。在模型开发的前期，中国区得到泰国总部的大力支持，从仪器到位到模型开发成功投入使用历时 6 年的时间。其间因为需要尽量多的公司提供样品和检测数据，还需要从化验室管理的角度去沟通和帮助其他公司保证化验室提供的化验数据的准确性，并且需要所有公司的化验室化验误差控制在一个合理的范围内。需要与国内所有分公司密切联系和沟通，现在回想起来，虽然模型开发是成功的，但是对于当时的沟通方法还是感觉很幼稚和惭愧，在此与当时的老同事们道个歉同时也感谢你们当年的包容和支持。这段时间让自己慢慢感受到了管理与专业技能是不同的，看见了自己真正的管理水平，也是从那时候自己开始学习和模仿别人的管理方法。在仪器安装期间去过集团不同片区的饲料厂（当时中国分为 4 个区），发现质量管理的流程设计从根本上说是一致的，只是制度和一些工作内容及频率上有些差异。这个发现让我知道原来流程是可以统一的。

现在还有人认为，近红外模型在集团内不同的饲料公司无法统一。他们的依据是，不同公司的化验数据误差不同，样品不同，且流程不同。这些差异被归因于环境不同、市场不同，从而导致流程设计不同。不同人对问题的理解不同，只有经历并体验过的才会被人定义为客观事实。

3. 打通部门壁垒，熟悉了不同部门间的流程

在近红外模型开发初期，由于模型的覆盖面很低，样品收集

过程上经常出现样品异常报警的情况。在样品报警时，需要查找原因，判断是模型覆盖面的问题还是样品异常问题。因此，我需要与原料取样员经常一起探讨取样过程中的差异；与生产品控员讨论整个生产过程可能造成的原因；与采购部请教原料的生产工艺，判断是否因为工艺变化引起的异常；与公司和集团不同公司的前辈请教可能存在的质量隐患。在具体的工作过程中，我慢慢发现，看见的结果往往背后有着其他我们看不见的原因。通过不断解决问题，我慢慢积累经验，锻炼了自己通过当下的结果去看见背后原因的经验和能力。

2004 年伊始，部分模型达到集团应用标准，集团也开始陆续购买仪器，模型开发工作也逐渐告一段落，具体的样品收集模型验证更新的工作也都由团队其他成员去完成，我正式转向管理工作，即对集团 30 多台近红外仪器的管理工作。如何完成集团模型的统一，同时要保证预测的误差和准确性成为工作的重点。伴随着近红外的检测数据逐渐代替手工的常规化验作为质量的判断标准，其间因为对化验数据的质疑，需要与不同部门进行沟通，发现针对同一个事情，不同部门给出的解释和判断结果完全不同。每个部门的观点都看似合理，但是事情的结果却不是大家期望和共识的。当时，基于自己的能力，还是无法理解其中的原因。这些问题在我接下来的工作经历中初步找到了答案。

大概在 2005 年前后，集团中国北区成立生产和品管质量联合稽核小组，生产线路和品管线路各安排一人组成，对当时北区的所有饲料厂每年进行 1 次质量的稽核。我有幸成为品管线路的代表。在与生产职能线专家一起工作、交流学习的 4 年多时间中，我从一个对生产管理的小白，逐渐成长为一个不能说精通生产，但能够深刻理解生产过程中每个质量关键点的人。这得益于当时生产职能线的老总给予的指导和教辅。对此，我一直深表感谢。

从生产的标准管理流程和质量管理部的标准管理流程，看到了集团的管理是如何实现互相监督、相互合作的。有了初步的不同部门之间流程设计的概念，熟悉了这两个部门以及涉及的相关部门的具体工作流程，这为以后的自己的工作和体系思考提供了非常大的价值。同时因为质量稽核工作需要与职能线的最高领导汇报，所以需要的不是看到问题的罗列，是要把看到的问题进行归类，同时归类后要根据看到的质量结果预见可能出现的质量风险，同时与各公司沟通给出改善的具体方案。4年多的稽核工作40多家工厂的每年1次的稽核频率，基本对于饲料厂可能出现的质量问题和背后的真正原因有了自己的判断标准和方法。同时，定期的职能线内部及不同职能线之间的沟通会，也为自己从不同的角度看问题提供了丰富的体验和经验，这为自己以后质量问题的界定打下坚实的基础。

4. 两大集团的差异，引起深度思考

质量稽核是我在正大集团的最后一段工作经历，由于个人原因，我离开了正大集团，也离开了饲料行业。在2013年，一个偶然的机会让我重新回到了饲料行业，负责新希望六和海外事业部的质量管理工作。我发现，集团海外公司所在的国家中，很多都同时存在正大集团的公司。通过了解发现，很多业务流程设计逻辑基本与国内是一致的。但是为什么当下国内集团不同公司的同一业务的流程设计却存在较大差异？新希望六和和正大集团都是世界级的农牧企业，造成这种差异的原因是什么？两个集团业务设计的逻辑各是什么？根本区别在哪里？前面我们也提到过质量管理体系是可以贯穿整个经营的，带着这样的疑惑，通过不停地对比两个集团的不同流程设计逻辑，结合最终体系呈现的结果，

不断地思考通过对比两个逻辑各自的优势和短板，慢慢清晰了整个饲料的业务逻辑，也彻底厘清了不同部门工作的边界和职责。

在负责海外事业部质量管理这几年时间里，感谢集团给了我很多的培训机会，对于管理思考的维度和深度有了很大的提升。同时也感谢海外当时的领导给予质量管理部门充分做事的空间，把个人对质量和体系建设的理解，通过具体的工作规划、体系设计、落地推进、纠偏得以实施。最终还是把质量管理的一些价值慢慢体现出来。数字化的品控体系就是在海外工作期间质量管理的工作目标，虽然这只是质量管理体系中质量监控中的工作，但是通过数据量化来看见质量风险的工作方法得到海外各级领导和同事们的认可，这对于个人的价值也是非常大的，让我确定了质量管理体系建设的价值和意义，同时也验证了自己的规划落地方案的可行性。因为集团经营战略的调整和海外组织架构的变动，大概在 2016 年本人调回到股份公司负责饲料质量审计的工作。接下来两年多的时间里，在不同片区公司的质量审计工作中，看到和验证了体系的价值。解决当下饲料经营面临的问题，自己坚持的体系建设的逻辑和方法是解决饲料质量真正有效的方案。基于自己这样的目标和职业规划，决定离开集团自己创业。

5. 创业从经营的角度思考了体系的价值

成立了自己的公司后，我开始主要是为饲料企业提供技术服务，包括配方技术和质量管理体系，通过帮助企业降低成本来获取相应的收益。在接下来的 5 年工作经历中，根据不同集团的需求，提供不同的服务。有的提供质量管理的培训，有的是体系建设的教辅，有的是预混料合作，有的是质量事故问题的界定等。在与不同集团的决策者、经营者、职能线的管理者以及落地的员工的沟通交流过程中，发现了一个共性的现象，即对于饲料质量很多的判断都是隔离来看，大部分情况下没有整体系统地看到当下的质量结果和未来的质量风险。

质量与成本是密切相关的，提质降本是企业经营长期努力的目标。但是如果看不到质量管理的价值，就可能导致质量管理得不到应有的地位和资源，在公司减员增效的背景下，被裁员的可能往往就有质量管理部门，人员配置严重不足，一个公司只有1～2名质量管理人员，质量管理工作基本无法推行，质量管理的价值就更无法体现，质量管理进入一个恶性的循环，尽管质量管理人员减少了，但质量风险不会因此消失，由此可能导致质量事故频发，潜在浪费的成本居高不下。笔者在创业的5年中继续不断完善对饲料业务的理解；同时也验证和明确了饲料正确的业务逻辑；且明确了在这个逻辑下整体运营体系的流程设计准则，以及每个管理体系对应的具体的业务环节的关系和顺序。饲料行业当下困境的破局需要的是体系的力量，体系建设的重点是质量管理体系的建设。

6. 质量管理体系建设面临的困境

质量管理工作为什么出现当下的困境，从个人的经历和个人的理解笔者认为有以下几个方面的原因。

◇ 国内饲料行业的发展从外资进入中国垄断饲料营养技术开始的，开始时各大企业都是摸着石头过河，前期都是谁抓住了市场的先机，谁就可以快速占领市场，这个阶段主要是规模发展的阶段。这个阶段影响企业发展的关键是配方技术的突破，因此这个阶段的技术在企业中的地位是非常重要的。质量管理工作主要是检测和原料质量的把控。

◇ 随着各个饲料企业技术水平的差异越来越小，养殖效果的指标越来越量化，这时对于产品的价格和质量的需求就表现出来。

在这样的背景下，不同的饲料企业就选择了不同的战略，有的选择了价格战略，有的选择了产品的性价比，有的企业坚持走质量路线。由于市场对产品质量要求的提升，倒逼饲料企业不断提升产品的质量，这时质量管理的工作内容也在不断增加，相应的价值也会被看见，比如质量管理开始深入生产过程和原料供应商管理等环节。

◇ 麻烦的是，质量管理部门的价值尚未形成像生产部门那样的共识评价指标，比如生产效率、吨电耗、吨能耗等。质量管理本身的价值很多时候是需要通过其他部门的质量提升来体现，或者需要质量管理者本身用量化的数据来展示自己工作的价值。如果没有这些价值的展现，质量管理要想得到经营者的认可是比较困难的事情。因为大家无法通过自己的感知，体验到质量管理的价值。

◇ 在这样的背景下，对质量管理者的要求确实非常高。作为质量职能线的领导者，需要有体系设计和规划的能力，且需要通过质量数据与经营者沟通自己预见的质量风险，建立起质量管理者自己的专业威信。在面对市场压力、面对产品质量和成本的压力，很多经营者因为看不到而忽略其中的质量风险。一旦发生质量事故，质量管理者提前有没有做到提醒等职责，管理者更会感觉质量管理的价值不大，在这种情况下质量管理者面临的困境就可想而知。

◇ 虽然质量管理者会经常提及质量管理的第一责任人是公司的经营者，这从责任的划分的角度来看确实如此，因为流程的修改权、资源的分配权力都在经营者手中。但是，作为质量管理者，我们是否展示出自己的价值，让经营者看到当下的质量结果和看见未来的质量风险，笔者觉得这是质量管理者应该去思考的问题。

7. 质量困境的原因

通过对当前困境的思考，笔者发现其实大部分经营者在看到质量结果和质量风险时，都会给予质量管理相应的支持。经营者需要质量管理的职能线来提供专业判断，这就是质量管理者的顾问身份，需要把自己看到的质量结果和质量风险与管理者沟通。为何有时质量管理者未做到呢？基于个人创业咨询工作的经历，我感受到大部分质量结果是大家没有看到，或者看到后只是停留在看到的质量结果的解决上，没有去看见质量结果背后的质量隐患。这也是本书第一部分起名为"看见质量"的原因，希望通过分享自己多年对体系的理解和质量管理的经验，帮助各位看到更多的质量结果，看见质量结果背后的质量隐患。通过看见质量，提升质量，展现出质量管理者的价值，获取质量管理者应该拥有的专业地位。

本章小结

1. 看见质量需要遵循 7 个原则。

2. 产品质量是体系质量的显现，体系质量决定了产品质量。

3. 看见质量要从产品和体系两个方面来看；看见产品质量需要回归整个过程，需要真实准确的质量监控数据；看见体系质量需要清晰每个流程基于正确的业务逻辑的设计准则。

4. 理解一个好的体系，首先需要亲身经历，同时要不断站到高位思考，梳理出每个流程设计的根本逻辑。

质量问题界定

第一部分　质量问题界定

第一章　背　景

在本书的《与饲料质量对话·看见质量》第一部中，就如何通过看到饲料质量结果去看见结果背后真正原因的目的和意义做了详细的阐述。为什么还要把质量问题界定作为一个单独的部分拿出来阐述呢？起因是笔者在做运营管理咨询的工作经历中，多次被问及下面这样类似的问题。

◇ 在面对质量问题时，大家都在努力地想办法解决，为什么最终的结果和原本预期的结果不一致，没有符合预期的原因是什么？

◇ 在解决质量问题的过程中，质量管理者发现在与经营者对话以期寻求资源或工作支持时，沟通难度非常大。经常会感到被拒绝，自我的解释是经营者不理解质量管理工作。为什么经营者和质量管理负责人会就同一个工作所需资源的标准差异如此大？如何与经营者达成共识，以得到支持呢？

◇ 在质量问题解决的过程中，经常会出现安排给质量管理者的某些任务，明显超出了质量管理部门的部门定位和岗位职责范围，为什么会有这样的情况重复出现？

◇ 公司的人均表达了对质量管理重要性的认同，但是每个人评价质量管理的价值的标准和内容各不相同。如何共识和统一质量管理在经营过程中的价值，同时如果质量管理者要让所有参与者都切实感受到质量管理的价值，那么应该具备什么样的能力，工作应该从哪里入手？

当出现这些问题时，我一般会先思考，对方和我个人获得信息的来源是否一样？如果在信息来源不平等（我知道但别人不知道，或者别人知道我不知道）的情况下，争论对错是无意义的。在工作场域中，信息来源和工作岗位有很大关系，同时还存在有认知能力不同带来的对信息加工能力的差异，有对不同概念定义不同的区别，也有观察角度的差异（是停留在感官层面，还是进入思维层面去观察，前者是对实体的观察，后者是对虚拟信息的观察，也称为洞察）。

上面阐述的情形各异，但根本问题其实是同一个，即处于各位置（岗位）的人获得的与质量有关的信息内容是不同的。那么有没有一种工作可以实现质量信息的同步同频甚至同意义呢？答案是有的，这就是质量问题的界定工作，这个工作的出发点不是以岗位而是以质量问题这件事。工作是编织以质量问题为中心的信息网络，在这个信息网络中，不同岗位的人可以从本岗位需求出发，从网络中获取与自身工作相关的质量信息。如何编织以质量问题为中心的信息网络就是本书第二部的核心内容，首先带大家一起看一下当下行业对于界定质量问题面临的部分困境。

1. 结果还是问题定义不清晰

因果关系是理解世界和分析事件的重要框架。根据不同的出发点，我们可以从多个角度来看待因果关系。"此时的因是未来的果，现在的果是彼时的因"这句话表达了因果关系的辩证性，强调了时间维度上的因果联系，反映了时间的连续性和因果法则的复杂性，也是人们最熟悉的看因果关系的视角。如果从系统论的视角出发，因果关系则被视为系统内部各要素之间的相互作用，因与果的关系可能是完全相反的，因为系统的整体行为可能无法通过单一因素来解释，而是需要考虑各因素之间的网络关系。比如大家经常提及的饲料配方成本高，从经营利润空间来讲它就是因，但是从质量管理的角度来看它只是一个质量结果。因此，我们把已呈现的质量现象定义为质量结果而非质量问题。面对结果常有两种截然不同的处理方式，一种是接受，一种是去改变。改变不仅需要灵活性，关键是制订新的行动计划，寻找改进的方法和途径，努力去改变现状。而制订行动计划的前提是要有明确的目标。问题、目标、结果是事物发展的"一体三面"，三者相互贯通、相互承接、相辅相成，问题是出发点，目标是根本点，结果是落脚点。如果要想改变当下的结果，就需要找出造成结果的根本原因，这也是质量问题界定工作的含义。在日常的质量主题工作会议中，讨论质量问题是重要环节之一，为什么这里又提出了界定质量问题的概念呢？为了便于理解，我们就以工作中常见的质量问题为例来详细说明。

◆产品质量合格率低（内控标准）。

◆颗粒质量不过关，含粉率超标。

◆饲料配方成本高。

◆市场反馈产品质量不稳定。

◆生产效率低，电耗能耗高。

上面举例的质量话题内容，是定义为质量结果，还是定义为质量问题呢？从问题的定义（结果与目标之间的差异）角度出发，先看看这些质量话题中体现的目标是什么？现况是什么？梳理到这里大家应该清晰，上面举例的质量话题都是质量结果而非质量问题。如果要想改变结果就需要通过目标与现实情况的对比发现其中的差距，这个差距就是要找真正的问题，看到问题是解决问题的出发点。只有找到造成问题的真正原因并加以解决，才能改变现况，即改变现在看到的质量结果。

给这些情况赋予质量结果或质量问题的定义，决定了问题解决的方向以及方法，前者就从看见质量的结果的改变为出发点，不需要思考背后的原因，也就找不到根本问题所在。最终看到的是质量结果还是维持现状，没有改变。以单纯改变结果为出发点的解决思路和方法可能会出现以下情况。

✧产品质量合格率低（内控标准）：研究产品内控标准合格率的计算方法，从中找出能够提升统计结果的解决方案。

● 减少样品的化验频率，减少不合格批次的数量。

● 增加每个样品化验结果代表的产品数量，降低化验频率。

● 样品发现不合格后，多次重复化验，挑选化验数据合格的批次上报和统计等。

这样最终的统计结果大概率会改变，甚至向大家期望的好的统计结果方向发展，单看数据统计结果的确改变了，定义的质量问题似乎解决了。但是市场反馈或者客户的抱怨投诉似乎在证明质量问题并没有得到彻底解决。

假设经营决策者忽略了第一步确定定义或者默认质量管理负责人已做过确认，大概率会认同上述解决方案，可能相应会制定对应的管理制度和规则来杜绝上面的操作，以保证采集数据的质量。对数据统计后发现结果又回到了最初的情形，如果被监督方仍维持原来的问题解决思维，接下来会重新找管理的漏洞，并想办法达到要求；而监督方针对出现的漏洞，制定了更严格的管理措施，最终的结果是监督方和被监督方完全沉浸在这种对抗与应付的循环中，真正的质量问题就被忽略并隐藏起来，质量问题存在并持续重复发生。

❖颗粒质量不过关，含粉率超标。

生产部门如果忽略了第一步问题还是结果的定义，把这个定义为问题，解决这个问题的最简单的方法类似上面产品内控质量合格率低的方案。采用直接研究颗粒质量的检测方法及质量标准，最快解决方案就是挑选符合质量标准的数据。如果在现实工作中是通过测饲料的硬度来评估颗粒质量，那么可从检测方法中找答案（颗粒的硬度检测与检测者挑选的样品的质量密切相关，比如挑选的颗粒的长度、颗粒有无裂纹、检测颗粒的数量、检测数据的挑选等。同一批颗粒样品硬度的检测数据就存在较大的波动范围，同一批饲料样品同一检测人员检测 20 个饲料颗粒，硬度值可以从 30N 到 80N），最终结果违背改善产品颗粒质量的初衷，数据质量的第一要素永远是人为因素。

绝大部分公司会尽力想办法去解决质量问题，但如果是以质量问题为出发点，采取的第一步是往更深一步去分析造成问题的影响因素，并进行因素排序，然后发现除了配方结构外的第二因素是环模压缩比。生产就采取了第二种办法增大环模长径比（曾见过肉鸡料用 1∶21 压缩比的环模），通过高压缩比来增加颗粒的硬度，在检测数据上呈现出的结果硬度的确提高，但是到客户那里依然会出现饲料含粉率超标的现象，发现定义的质量问题有了改善但未能彻底得到解决。

如此生产部还会继续尝试很多方法，如增加调制器层数、加保质器等，但是这些解决方案的出发点还是以质量问题为出发点，如果发现这些解决方案都没有彻底改变看见的结果后，就会默认接受这个结果是合理的，可能会找生产配方与以前的差异作为造成结果的原因，如本次配方中添加的麦麸的重量比上次配方多，原来用的是小麦现在换成玉米。更甚者曾经有这样的结论，某个饲料产品只能用某个供应商的原料，如果不用这个供应商的原料，饲料的颗粒质量马上就降低。姑且不论这样的方案能不能解决定义的问题，这里是不是有点类似生产的问题需要技术去解决的逻辑？回到质量不闭环的特性上来看，最终为了满足生产的需要，可能会造成配方成本的增加，经营者追责起来大概率会出现技术推责到生产原因，生产归因于配方调整，最终的结果极有可能是颗粒质量不好的现象继续出现，慢慢地大家就会共识和接受了这个结果和现象。

◇ 配方成本高。提起配方成本，大家首先会想到配方师，甚至会直接问责配方师。配方师自身如果看不到造成配方成本高的真正原因，以配方成本高这个问题为出发点，可能会通过自己的努力去降低配方成本，如在一个产品配方中使用单价低但某项指标高的原料，或人为降低单价高的原料，最终在配方中会大量出现 1% 添加量的原料，同时原料品种增加，这种现象背后是完全忽略了生产的成本和效率。另一种方法是在修改营养标准时精确到小数点后多位（如保留 3 位），从数字上看起来是更精准了，可也只是数字精准而已。如果仍然达不到要求，极有可能开始考虑使用高风险的原料，通过人为不停踩质量的红线，透支质量来降低配方成本。已经这样努力了，最终发现配方成本对比后还存在差距；接下来就会看外部原因，如采购部采购的原料价格高、生产质量的缺陷等，类似的争辩场景和结果我想大家或多或少都有体验，这里就不再赘述，核心是忽略了第一步工作：厘清配方成本高到底是质量问题还是质量结果。

◇ 市场反馈产品质量不稳定。如果经营者把这个反馈作为一个问题来看，解决的方案也必然从问题出发。解决这个问题的方案可能就很多，不同的饲料集团差异还很大。

● 要求公司技术部门维持配方不变。

● 要求采购部门采购的原料质量要稳定。

● 要求重点原料的供应商保持不变。

● 要求生产部门维持生产工艺参数不变。

大家是否从这些描述中发现一个共性的逻辑点：努力保持影响质量波动的因素不变。展开来讲，思考逻辑的基于不稳定是由变化引起的，因此问题解决的思路是让变化保持稳定。这样的逻辑感觉有些奇怪，因为变化是常态，很难被完全控制。但基于上述逻辑，当市场反馈产品质量不稳定时，大概率会出现这样的场景：技术部门坚称产品的配方没有改变，生产部门坚称已自查并无问题，质量管理部强调产品出厂检验均符合质量标准。一个有趣的问题出现了，难道市场反馈的情况不是客观事实吗？

当下饲料行业面临的共性困惑是产品质量不稳定，这已几乎成为共识。产品质量的稳定本质上需要整个运营体系的支撑，是整个公司运营体系运转质量呈现出的结果，并不是哪一个部门可以独立解决的问题。从上面描述的场景可以看出，每个部门都从自己的工作职责和利益出发去思考，均是有理有据且符合规定的。但公司经营希望的是找出造成问题的真正原因，不断提升公司的经营管理水平，而不是证明对错。在信息来源不同的情况下，证明对错的做法是无意义的，立足于本部门去思考是典型的合成谬误，即分开来看大家都没有错，却忽略了公司的利益。最后产品的质量在客户那里得到最终验证。体系建设的价值和意义就是如何在公司内部形成合力，减少内耗和沟通成本，避免合成谬误。

◇生产效率低，电耗高能耗高。如果生产部门将此现象定义为问题，那么大概率生产首先采取的措施是看统计方法。由于生产效率和能耗的结果会随着生产的品种和数量的变化而出现很大的波动，如果最终采取用平均值的统计结果作为判定标准，那么造成质量结果的真正的原因很可能被掩盖起来，更无法改变结果。为了找到根本原因，需要回到建立自身管理数据流，实现量化管理的逻辑上，这在本书第一部分"生产质量的管理实践"中已有详细说明。

上述推演了把列举的质量话题定义为质量问题后可能出现的情况。换一个角度，如果将上述内容定义为质量结果，那么解决思路会有什么不同呢？

定义为质量结果后首先需要明确每个话题质量的目标是什么？这时候就需要回归到质量量化的维度，即利用数据来量化去看到目标与结果之间的差异。因此，质量问题界定的第一步是实现质量结果的量化，这就是实现质量监控数据流重要性的原因。通过量化的质量目标与质量结果就很容易发现两者的差距，而这个差距才是真正意义上的质量问题。要想解决质量问题，就需要找到造成问题的根本原因，查找原因的思维和行动会与上面直接定义为问题后的处理方法截然不同。查找原因思维逻辑的前提是已经接受了当下的结果，想办法改变当下的质量结果。接受结果是客观地认识到事情的现状，不再过度否认或抗拒，不再采用结果覆盖结果的方式，而是采取更积极有效的行动，不断缩小目标与结果之间的差距。只有这样，问题才会被逐步解决，质量结果才会出现明确的改善或改变。把看到的结果当做问题来解决的思维往往改变的只是代表结果的数字，而非真正的问题。当所有人默认某个现象是合理的时候，就会形成群体性共同认知，而真正的问题就彻底被掩盖起来，从而失去解决的机会。这些问题的累积最终演变成经营困局。

2. 质量界定主体责任不明确

解决问题的第一步是需要把问题和结果区分清楚。那么，区分问题和结果的责任主体应该是谁呢？笔者认为，这应该是质量管理部门的职责，具体指质量管理部门在质量问题界定中的规划、设计和组织相关部门共同讨论的职责定位。当下并非所有公司的质量管理部都设定质量工程师这样的专业岗位。在日常工作中，这项工作的发起者常常是公司的经营管理者，发起的原因往往是市场出现客诉或者发现已经看见其中的质量风险。由于这项工作并未被作为常规工作，所以采取的工作方法常是把相关部门召集起来开会讨论，最终由会议讨论决策制订行动方案，行动方案的负责人具有随机性，如会议临时安排。在公司尚未形成固化的流程和制度时，很多质量管理者会对质量界定的责任是质量管理部的定位产生疑问，为什么有这样的定位？我们先来回顾一下质量管理的职责。

QC 质量监控。从原料入厂到产品出厂的过程质量的监控。

QA 质量保证。主要职责是把质量维度嵌入相关业务的标准作业程序中，通过体系的完善保证当下的质量，预防质量事故的再次发生。其中体系建设包括 QSC、SQE、QE。

● QSC 质量体系建设。根据 QC 发现的质量结果和看见的质量隐患，通过查漏补缺，完善整个质量管理的相关流程和制度。

● SQE 供应商工程。设计评估方案时，需要不同的部门共同参与，通过不同的维度和视角对供应商进行动态且整体的质量考评，筛选优秀的供应商。有的集团的供应商管理的组织者是采购部门，有的是质量管理部门，这是公司的不同决策，供应商管理的质量主要是看管理流程和考核方案设计的内容和准则是否能够达到最初的设计目标。

● QE 质量工程。主要职责就是定义质量问题，同时组织相应的业务部门对问题进行分析，找到根本原因并给出建设性的解决方案。这也是本书第二部想要呈现的核心内容：质量问题的界定。

从上述内容中很清晰地看到质量问题的界定应该由质量管理部门主责。当下现况为什么会出现这么大的偏差？大概率质量管理部门的定位出现了偏差，而偏差则造成了基本的权利和资源没有与其应承担的责任相匹配；另一方面，也存在经营管理者授予质量管理者这样的权力时，后者不具备完成任务的专业能力。

3. 质量管理面临的困境

（1）没有看见质量的全面性

质量的全面性是指全面的整体质量情况。如看到了饲料产品的检验结果，而未同时看见化验数据的质量对其他相关业务质量的影响；如看到了产品营养指标的结果，但忽略了产品生产过程的质量情况；如看到了产品的质量，但忽视了产品背后支撑的体系的质量等。这些都是仅看到点而未看到质量全面性的情况，本书第一部"与饲料质量对话·看见质量"中第一次提到造成未看到饲料质量全面性的重要原因之一是数字化的质量管理体系的信息流没有完全打通，以至于质量监控和质量管理的管理模型没有建立完全，无法通过数据看见更多、更深的质量结果。

（2）业务逻辑的理解偏差

在与不同饲料集团咨询管理工作交流中，笔者最深的感受是业务部门的职责不明确、存在模糊、边界不清晰的情况。这是由于不同公司对饲料业务逻辑理解的差异带来的结果。业务逻辑是每个业务单元向相关业务单元提供服务时应遵守的规则和秩序。业务流程的设计是设计者基于自身对业务逻辑的理解程度，因此对业务逻辑理解的程度也就决定了业务流程的设计质量。饲料的相关业务流程需要基于这个饲料业务逻辑的基础上做整体的规划设计，这种能力从根本上来说就是基于个人的能力，包括有对体系的理解、工作体验、个人心智模式、系统的思维、规划设计能力、沟通能力等。现实中如果流程设计是根据经营管理者的决策、相关部门的理解或大家的共识，那么与基于真正饲料业务逻辑设计的流程还是存在很大的区别。

（3）专业人员的能力匹配度不够

质量保证是质量管理中的一项重要工作，而质量要保证唯一的出路是体系建设。体系的规划设计工作者需要具有系统的思考能力且见过并全面理解好体系的业务逻辑。在基础能力和信息的基础上结合公司当下的体系现况灵活运用，进行整体的规划设计。这是一种较高的要求，根据本书第一部分中提到的"质量管理者的画像"，有需求的人可以对比一下当下的质量管理者与岗位的能力画像差异，人员能力维度也是造成当下行业困境的原因之一。

体系的落地需要有配套的团队，即说团队质量是与体系配套的，以成事为目标设计的体系，配套的团队人的能力和水平就会往配套成事的方向发展。如果是一个基于权力或管控逻辑建立的系统，那么团队要生存或者发展的方向就是另外的方向了。体系改变的职责不应该落在基层员工的身上，体系的规划设计应是从上而下的，需要配套公司战略决策，不能寄期望于某个部门或者某个超强个人来彻底改变。要想从根本上改变质量，应该是管理者从整个系统上去改变，而非去改变员工的个体行为。

（4）经营者没有看到质量管理的真正价值

虽然很多企业经营者都在表示要重视质量，但由于对质量维度切分得不够准确和细致（比如重视哪个质量？是指产品的质量还是体系的质量，是产品的生产质量还是设计质量）。又因饲料行业的质量管理价值未形成共识的清晰的衡量指标，导致管理者很难看清质量管理的重要性和真正价值。在这样的现况下，质量管理的价值往往是依靠管理者个人的判断。梳理原因可能有以下3个主要的方面。

● 整个公司或者集团体系设计中质量管理的定位出现了偏差，没有明确清晰的工作职责和匹配相应的岗位权利。

● 管理者自身对质量管理的理解不够透彻，个人的体验和见识也会对质量管理价值的发挥产生了一定的限制。

● 质量管理者自身的专业能力和管理能力与真正需要的质量管理岗位没有完全匹配，也没有让管理者充分看见质量管理的价值。

如果公司整个体系规划合理，那么质量管理就会在整个系统中有非常明确清晰的位置，相关业务环节的信息或者需要质量管理做判断的业务流程就会自动转到质量管理部门，同时关联业务部门信息的需求也会传递给过来。管理者就会很清晰地看到质量管理工作的内容和职责，并根据工作完成的需求给予匹配的资源。但是如果没有这样相对完善的体系，对质量管理的支持力度就需要依靠决策者的个人的见识和理解，以及自己掌握的质量信息源，基于上述条件带来的个人理解给予相应的职权。在没有相对完善的体系且决策者对质量管理的理解不到位的情况下，就需要质量管理者自身的能力去表达和争取，这并不是体系建设的初衷，质量管理的价值是需要通过最终战略目标的实现体现出来。如果这些条件都未能具备，让质量管理的价值表现出来的难度太大，在这样的困境下质量管理工作最终得不到重视的现况也就可以理解了。

　　饲料产品的每类质量都是不同体系相互影响的结果，每类质量都受到多个因素的影响，而非单一因素。面对如此复杂的情况，如果想要解决和预防质量的发生该怎么办呢？

　　本书第二部"与饲料质量对话·质量问题界定"的主要目标就是回答上述问题。我们要想解决质量问题，首先要通过看见的质量结果看见背后的根本原因，确认根本原因后，思考影响这个原因的所有影响因素，并根据影响因素的权重排序，根据排序的因素设计系统解决方案和落地计划，在方案的落地过程中跟踪纠偏，直到目标达成。

第二章　质量问题界定者

第一章对质量问题界定的主体是质量管理部，界定问题需要的是质量工程 QE 已经做了详细阐述。那么什么是质量工程 QE，它的定位和职责到底是什么？本章就围绕这个主题展开。图 2-1-1 是质量管理部的工作属性简图。从图 2-1-1 中可以看出，质量管理工作主要分为三大块，分别是质量监控、化验室管理和质量保证。其中 QE 属于质量保证部分的工作，接下来我们主要对 QE 的工作内容做具体的说明。

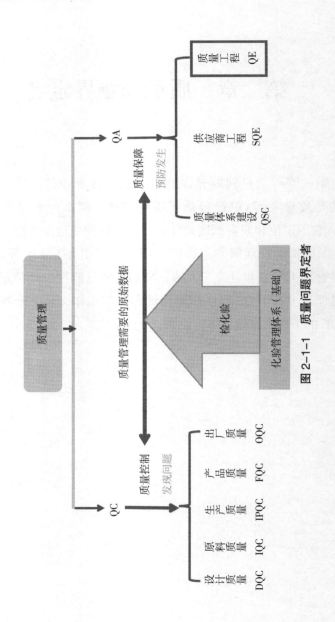

图 2-1-1　质量问题界定者

如果从工作岗位的角度来定义 QE，那么它就是质量工程师，即英文 Quality Engineer 的缩写。但如果从其在质量管理体系中具体承担的工作来看，QE 是一个如何界定质量问题的工作，因此从质量管理体系的角度我们也可以认为 QE 是英文 Quality Engineering 的缩写。质量工程师是质量工程相关工作的承担者，为了方便后续对整个质量问题界定工作的阐述，笔者在此先按照质量工程的定义来阐述。

质量工程是在发生产品质量问题或客户抱怨，通过日常的工作沟通和交流已经无法确认造成问题的真正原因时，启动召开的专门的质量沟通工作（如 QE 会议），对造成质量问题进行真正原因的界定工作。参加 QE 会议的部门涉及产品的研发到最后市场反馈所涉及的全部相关组织。举办会议的目的包括但不限于找到造成问题的根本原因，更重要的是从质量管理体系角度出发，评估体系中存在的漏洞，进行体系的完善和纠偏工作。对质量管理工作在整个质量问题的界定中具体的工作职责做个回顾。

1. 全程参与产品从样品到量产过程的质量控制活动。

2. 寻求通过测试、控制及改进流程，提升产品质量。

3. 制定各种与质量管理相关的检验标准与文件。

4. 负责解决产品生产中出现的质量问题及质量改善。

5. 产品质量跟进，处理客户投诉并提供解决方案。

6. 指导供应商质量改善，分析和改进不良产品。

可以从上述工作内容中发现质量工程涉及整个质量管理体系的梳理和审计，不仅需要验证和评估产品从研发到客户使用整个过程质量监控是否有效，还要看见整个过程的质量管理关键环节是否存在漏洞和隐患。因为只有明确当下已采用的质量监控的手段和方法是否有效，质量保证体系的运转质量是否达到了产品质量保证的目的，体系设计的准则是否合理，各部门之间的做事顺序是否合理，职责、边界是否清晰，才能在发生质量问题时，迅速地找到对应的主责部门，根据其输出服务的内容界定其与当下质量结果的关系。

质量工程师基于对质量管理体系中的质量保证体系、质量监控体系、供应商工程的逻辑和具体的业务非常的精通，能够根据当下的质量结果迅速对可能造成的原因切分，找出造成质量结果不同原因之间的关联关系，通过预判、验证、推演确定最终的影响因素，同时针对质量问题界定的结果给出可行的系统的解决方案。这些就是质量工程师需要具备的业务能力，如果饲料企业没有设置这样的专门岗位，那么由公司质量最高的管理者来担当此岗位是较为合适。质量管理工作是反人性的，这也是为什么简单的质量动作也很难落地的根本原因。因此，想要胜任质量工程师岗位，除了具有业务能力外，还需要有成熟的心智和一些独特的解决问题的能力和方法。一个合格的质量工程师首先是一个优秀的质量管理者，所以在此我们把一个优秀质量管理者需要具备的特质再做个回顾。

1. 以数据和事实说话

质量工程师在陈述或剖析质量问题时，一定要基于事实情况，并用具体的数据来展示其中的风险，尽量避免使用个人观点表达或主观评价语言来阐述观点。

2. 二八原则，共同解决的方向

面对质量问题时，一定是采用合作、共同解决问题的原则。绝不能持有推责和指责的态度把问题归因于某个部门。同时要根据当下造成质量问题的原因进行提前分析和总结。本着二八原则筛选需要解决的核心根本问题，以数据和事实来阐述自己的分析路径和结论。

3. 建设性的可行性方案

结合自己的分析结果和公司当下的现况，给出建设性的可行性方案，方案要符合 SMAT 原则，即清晰明确每个具体的业务负责部门、负责内容、当下的现况（数据指标）以及后期改善后的目标。切忌使用脱离公司现况的，放之四海皆无错的含糊方案来推进公司的质量建设。这样的方案会因为各部门的职责不明，改善的内容不清，最后只能维持质量现况或者以不了了之的结局收尾。

4. 严重的问题坚守原则

质量管理者需要有自己的做事原则和专业判断，尤其在面对重大质量风险时，必须坚守自己的原则和底线。坚守原则并非一定能如愿改变质量的结果，因为最终的决策权是经营者。但是当真正的质量风险显现出来时，质量管理者个人的专业威望以及相关业务部门对质量管理者的信任会提高，笔者觉得这是一种价值选择。

5. 棘手的问题勇于承担

因为质量管理反人性这一特征，所以在推进质量工作推进的过程中，一定会遭遇棘手的问题。作为质量管理者，在自己的职责和边界内要勇于承担。需要提醒的一点是，承担的问题首先是在自己部门的边界内，不能在自己边界内的事情还未解决前，就去承担其他部门应该承担的职责。例如，如果生产的颗粒质量不过关，质量管理者更多地承担协助生产部门查找分析原因的任务，提供化验数据，而不是亲自去制订设备改造的方案。

6. 建立个人品牌和威望

一个优秀的质量管理者具备 3 个身份。第一个身份是部下的教练，针对部下完成其工作所需的技能要手把手地教辅，类似驾校教练的角色定位。第二个身份是老师，在与不同部门就某事进行合作时，要在质量的维度上作为老师给他们进行相关培训，阐明需要他们一起合作完成的工作内容和内容设置背后的逻辑，让参与者理解他们的工作质量对于事情整体性的重要性和价值。最后一个身份是顾问，具体来讲是经营者的顾问，在经营者做很多决策前，从质量风险、可执行性等方面给予经营者建设性的参考建议。逐步建立起自己实事求是、客观、公正做事的形象，获得大家的信任和尊重。

简言之，一位优秀的质量管理者需要具有强烈的责任感，具有深度挖掘问题、分析问题和提出改进问题的解决方案的能力。一个合格的 QE（质量工程师）前提是一个优秀的质量管理者。

第三章　界定的原则

质量工程师工作主要内容是质量问题的界定，这需要从产品质量、体系质量和人的质量 3 个维度展开，这在平时的工作中简称为质量问题界定的 3P 原则，即质量问题界定的 3 个方面。

第一个 P 是 Product，指的是产品质量。

第二个 P 是 Process，指的是业务进程，即体系质量。

第三个 P 是 People，指的是人，也就是与体系配套的人的质量。

将这三方面间关系用图来总结如下（图 2-1-2）。

对图 2-1-2 中的内容做说明。

✧产品的质量是通过质量数据分析看到当下产品的质量结果，质量数据包括但不限于当下产品的数据，也包括以往产品的数据、质量管理部的质量监控数据、生产相关管理数据甚至财务数据等。

✧根据数据分析看到的质量结果结合每个质量关键点设定的质量的标准及其允许的波动范围进行质量判断。安全范围内波动的因素可以认为是合格的，超出质量标准允许波动范围的，无论是高出范围还是低于范围都应该判定为质量不合格，都需要把这个质量关键点列出来。

✧存在质量隐患的关键点列出来后有两个主要的作用。一个是作为质量管理日常工作的需要，需要通过这些关键点的改善和预防来体现质量管理的价值；另一个作用是界定质量问题需要的，需要通过看见的这些质量隐患与发现的质量结果之间的关系，找出造成当下质量结果的根本原因，为质量问题的解决提供方向。

　　◇产品质量是体系质量的外显，体系质量是产品质量的支撑。因此，需要通过看到的质量结果去看见相关业务体系存在的质量隐患，主要是流程设计是否合理，其中哪些体系低于最低的质量水平、没有达到最低的质量要求。比如我们前边内容提到的设计质量方面中的营养标准的修改流程，如果连一个公司的配方师都有权限根据自己的专业判断去修改，那么这样的流程就低于最低的质量要求。

　　◇体系质量的核心是流程设计的准则是否符合饲料的业务逻辑，这个设计标准需要通过当下的流程去提炼和洞见。因此，需要与体系中业务单元进行沟通、交流，逐步清晰当下的流程设计背后的逻辑，经过推演和洞见对产品质量造成的影响，以及会表现在产品质量的哪个方面，比如生产质量、使用质量、运算质量还是设计质量。同时，我们还需要预测质量的结果表现，根据推演的结果和通过产品质量数据分析看到的结果进行对比和互相验证。

　　◇图 2-1-2 中人的质量指的是团队的整体质量，体系的落地需要配套的团队，所以团队质量的判断标准是看其与体系的匹配度。如果是一个相对比较完善和成熟运营体系，努力的方向是要通过培训教辅让当下团队能力与体系相匹配，由于人的能力提升需要时间，所以一个好的体系中的人员，常常是内部培养。无论好坏，体系表现出来的力量都很强大，我们从体系外找来一个超级能人，但是如果最终不能与这个体系相匹配，最终可能也会被淘汰，任何个人力量都无法与一个体系抗衡。但摧毁一个体系也不复杂，只需要让体系间的业务单元失去联系，各自为战，切断必要的信息交流及互换，具体外显是：公司的战略与基层单元的工作失去因果关系，整个体系就失去了生命力，慢慢枯萎。要重塑一个体系，首先需要打通上下的信息流，让基层员工的工作都与公司的整体战略匹配，形成一个有活力的系统。重建一个体系的难度远远大于破坏一个体系，这也是体系设计之初就要在各业务单元之间形成互相监督、互相牵制的逻辑所在。

◇ 体系的设计规划一定是自上而下的，如果想要解决体系的问题，就要回归到业务流程的纠偏、完善甚至重塑上。流程和制度的设计规划需要的不是全体的力量，需要的是一个清晰饲料业务逻辑的见过好体系的设计者，结合当下产品质量、体系质量、人员现况对公司的战略目标进行整体思考，系统地规划体系建设和制订具体的落地方案。

◇ 体系建设的落地是从最基层开始搭建的，是从下而上的，落地需要的是经营决策者和相关业务员工共同努力。如果体系设计规划偏离了业务逻辑，也必然直接影响到基层员工的工作效率及成果。

◇ 体系规划设计的方案需要经营者的决策，经营者是质量的第一责任人的定位这时就体现出来了，对于规划设计的判断和资源的支持需要经营者决策，决策后根据体系推进需要配套团队的质量，慢慢筛选培训与体系规划匹配的人员。

◇ 通过配套的团队慢慢落地体系的规划方案，最终实现产品质量结果的改变。

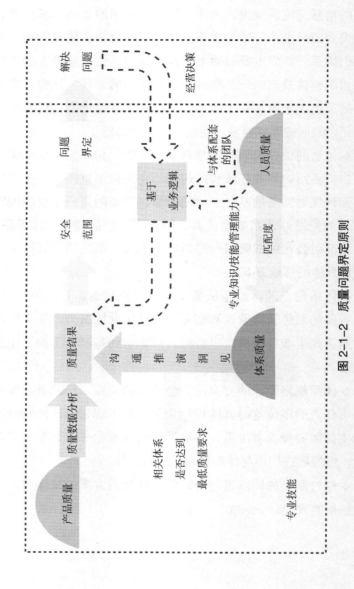

图 2-1-2 质量问题界定原则

质量问题界定需要重点注意两个维度，一个是时间的维度，一个是系统的思考能力。当下的果是过去的因，现在的因是未来的果；当下的结果造成的原因往往发生在过去。因此，我们在界定问题时，要回溯过去，才能找到造成当下质量结果的原因。当下看见的质量隐患也就是当下的因，以史为鉴来预见未来会发生的质量隐患，这就是未来的果。在时间维度指导下，研究过去、关注当下、预判未来，这样才能整体且系统地看到质量的变化历程。

质量问题界定是以找到根本原因为工作结束节点。设置这样的节点是因为这代表着质量问题有从根本上解决的可能性。如何找到根本的原因？

1. 首先需要定义清楚问题，即当下的结果和我们未来的目标的差距。

2. 全面思考造成这个差距的影响因素有哪些，这个过程思考得越周全，对于把问题界定清楚越有利。

3. 影响因素罗列出来后，就需要根据自己的经验和系统的思维能力，把这些因素对于定义问题的影响按照大小排序。

4. 把影响因素间的关联关系以及与质量结果之间关系整理出来。

5. 需要把强相关关系或者因果关系的因素单独列出来后，对这些重点影响因子之间的关系进行思考和排序。

6. 反复思考不同因素之间的关联关系，梳理出重点影响因素之间的因果关联链，通过推演和现场验证逐步排除不相关因素，最终找到造成当下质量结果的根本原因。

以上是寻找根本原因工作的基本步骤，同时也是质量问题界定的过程。在问题界定的过程中，需要我们有时间的维度和系统思维能力。接下来，我们就图 2-1-3：质量问题界定——需要时间维度和系统思维中的内容简单做个说明，以便大家共识对这两个方面的理解。

问题界定的时间轴是过去、当下和未来。

◇ 我们需要追溯过去、分析历史，从中找到造成当下质量结果的原因。

◇ 评估当下，就是要用一些科学的分析统计方法，看到当下的质量结果。

◇ 推演未来，就是根据追溯的历史原因和看到当下的质量结果，预见未来的质量隐患和风险。

问题界定的真正价值在于预防未来的质量风险，整个问题界定的过程需要匹配的思维就是系统的思考能力。

评估当下：

评估当下主要指的是量化展现当下的质量结果，采用的方法就是通过上面提到的 3P 原则中的产品质量和体系质量两个维度分析总结当下的质量结果，通过看到的质量结果与我们预期目标的差异判断当下的质量问题是什么。

在这里可能对第一章提到的问题与结果的定义来看，也许会有些混沌，比如第一章我提到的用质量内控标准的三项合格率来评估产品质量的稳定性，现在三项合格率当下是 30%，我们的目标是 80%，那么两个数值之间的差距就是问题。在前面所述的内容中把质量内控标准的合格率低定义是结果，现在是不是感觉又定义成了问题？我们回顾一下前面阐述的问题的定义：结果与目标之间的差距，回过来想一下设定产品三项合格率指标的目的是什么？是要提升三项合格率这个数据，还是想通过这个数据发现在质量监控中存有的质量隐患和工作漏洞，进而通过查缺补漏提

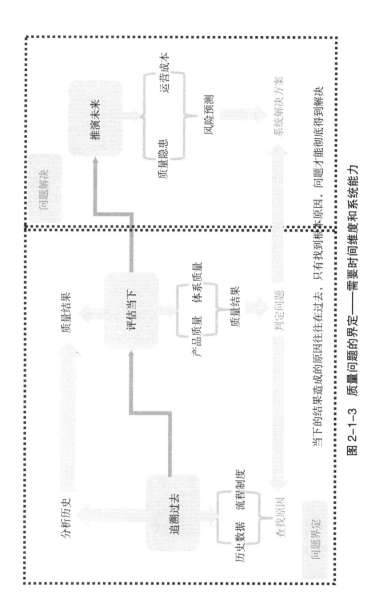

图 2-1-3　质量问题的界定——需要时间维度和系统能力

当下的结果造成的原因往往在过去，只有找到根本原因，问题才能彻底得到解决

升产品的稳定性？这样说来三项合格率的目标是通过数据来找出质量不稳定的原因，让数据与产品在市场上的稳定性表现相关联，如果把三项合格率数据高低当作目标，那么数据之间的差异就必然被定义成了问题，解决问题的方向也就成了努力提升数据的结果。但是如果把它定义为查找质量不稳定原因的一个指标，就需要查找造成产品不稳定的原因，它就是当下产品稳定性表现的结果。这样说来是不是这里讲的和第一章阐述的就是完全一致的。造成不同理解的原因是没有完全理解三项合格率的目的和意义。

追溯过去：

当下的果过去的因，当下的因未来的果。找出当下质量的结果的原因，我们需要追溯过去，通过过去的历史数据，与质量相关的所有相关数据，主要是质量监控的数据、生产过程的管理数据、技术数据（营养标准的设计、生产配方的原始备份）等，从产品的角度去追溯历史是需要找到历史与当下质量结果相关的原因。

另一个角度是从体系的角度，即从当下质量结果相关的业务流程中查找原因，要通过具体的业务流程及配套的制度，结合过去具体的工作方法，洞见这个业务流程的设计逻辑，根据流程设计存在的隐患，推演当下的产品质量会表现在哪些方面，具体的情况会是什么？通过这样的推演，就慢慢建立起当下质量结果与过去历史原因直接的关联关系。对这些关联的影响因子进行进一步的思考和分类，以区分关系是关联、因果关系、部分关联、不相干还是强相关。在强相关和因果关系的影响因子中，重复上述的关系分析，直到找到最基础的影响因素，这可能就是造成当下质量问题的最根本原因。

推演未来：

结合上面追溯过去推演当下质量结果的经验，回归到对当下质量的评估结果包括产品的质量和相关体系的质量。需要关注的是，当下的与质量问题发生相关的流程与过去的流程发生的变化，究竟是形式的改变、业务关系的改变还是设计准则的改变。通过这样的变化我们就可以推演出，当下的质量结果是否会重复发生，新的流程对于质量隐患是否可以有效地预防。新的流程的推演结果还是基于质量和成本两个维度，质量是要预见流程的对于产品质量存在的风险，成本是看见流程对于整个运营成本的隐性成本的影响。通过推演找到针对当下质量问题的系统性的解决方案，就到了质量问题的解决环节。本章主要想阐述的是质量界定的内容，但是从图 2-1-3 中我们看到问题的界定和问题的解决是关联在一起的，无论思考哪个方面都需要整体思考、系统来看。界定问题需要基于当下前后看，解决问题则需要基于看到的质量结果，去推演洞见未来。

结合以上阐述的质量问题界定的原则方法以及问题界定时需要关注时间维度，系统思考内容。接下来，我们就质量问题界定的产品质量、体系质量和人的质量 3 个方面，结合作者个人的工作的体验，进行详细的说明。

第四章　产品质量界定

　　饲料的本质是动物的食品，是为养殖动物生存、生长和生产提供所需要的营养。从这个角度来看，饲料产品质量的问题实质上就是营养的问题。因此，饲料从产品方面的质量问题的界定，需要围绕饲料营养这个核心来展开（图2-1-4）。

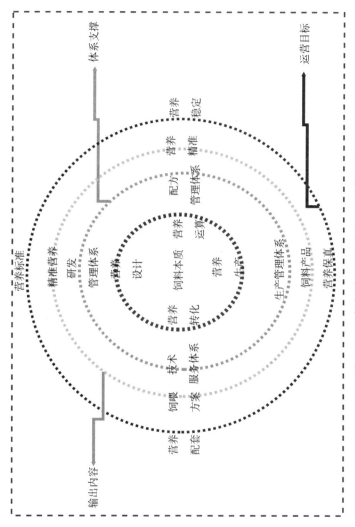

图 2-1-4 饲料质量问题的核心是营养问题

从图 2-1-4 中，可以看到饲料的营养本质包含了 4 个方面：营养设计、营养运算、营养生产和营养转化。这 4 个方面从质量的定义和分类来看，分别对应产品的设计质量、运算质量、生产质量和使用质量。接下来，我们就围绕饲料的营养本质、每个营养对应的主责体系、输出的内容，以及从饲料的运营管理的角度出发需要完成的目标进行说明。

营养设计（设计质量）

营养设计主责部门是技术研发管理部门，即支撑营养设计质量的是公司的技术研发管理体系。从前面阐述的内容我们也了解到，无论是动物营养需求还是原料的价值测算，本质上都是一个估算值，日常我们就是围绕着这些估算值在进行相关的营养设计工作。因此，技术研发管理体系的主要工作职责是要努力提升饲料提供的营养与动物需求之间的匹配程度，即要努力缩小估算值与真实值（这与常规化验数据的逻辑是一致的，但是原料检测估算值和动物需求的估算值在检测方法和影响因素上都比常规化验复杂得多，所以波动的范围会更大）之间的差距，同时还要努力缩小每个估算值的波动范围。从这个角度可以理解营养设计的目标是要做到营养与动物需求的精准匹配，所以它努力的方向是为养殖动物提供精准营养。在本书第一部分的设计质量中，已经详细说明了输出的内容，即营养标准和饲养方案。

营养运算（运算质量）

运算质量的主要负责部门在不同的公司中有不同的定位和名称，有的公司称为技术部，有的公司称为配方部。为了便于内容阐述，本书中将这一部门统称为配方部。承接营养运算具体落地的体系是配方管理体系，但是营养运算要完成整个业务需要运营体系的相关业务体系的合作与支持，在本书第一部分"与饲料质量对话·看见质量"中关于运算质量已有详细的阐述。营养运算的业务逻辑是在营养设计输出的营养标准下，通过不同原料的组合，在达到营养标准约定条件的前提下保证配方成本最优。核心是要在保证产品营养达到营养标准要求的基础上，降低配方成本，从原料质量一章阐述的内容中，我们了解到饲料的原料质量时刻都在不停地变化，营养运算的价值在于将原料的波动变成营养的稳定且符合营养标准，并不断缩小营养的波动范围，保证营养的精准。配方运算输出营养是否稳定以及是否符合营养标准的要求是在进行质量问题界定时需要去验证的两个方面。

营养生产（生产质量）

营养生产就是营养运算转化成饲料产品的过程，即饲料的生产过程。饲料的生产质量主责的支撑体系就是生产管理体系，从生产管理的十大维度我们也非常清晰地了解到，生产质量的主要责任者是生产部，但是质量管理部有质量监控的职责所在。整个生产管理体系输出的结果就是饲料产品，从营养问题界定角度来看，营养的保真度，就是生产配方的保真度。这是因为在整个生产过程中，由于原料的变化、设备的工作状态等很多偶发因素会引发对应生产环节的质量波动，从而影响到生产配方的执行情况。因此，生产质量的问题界定围绕影响营养保真的各个相关因素展开。

营养转化（使用质量）

饲料的本质是为动物提供所需营养，这些营养包括两个方面：一是营养的总量，二是营养的质量，即提供的营养动物可以消化吸收的质量。这两个方面不仅与营养设计的营养标准、生产过程的生产质量、配方运算过程中的运算质量、原料的质量等因素有关，还与养殖现场的管理、养殖环境的防控水平有着密不可分的关联。饲料营养的转化需要整体、系统地看待饲料的质量。因此，饲料最终的养殖效果是综合因素叠加的结果。这里所提及的使用质量，主要是从整个产业链的定位来考虑，主要是指饲料企业提供的与产品配套的技术服务，比如对养殖户进行产品使用指导，确保养殖户按照营养设计的饲养方案进行动物饲喂，并在养殖管理和环控方面给予养殖户专业的辅导，保证公司饲料产品的营养能够实现有效转化，以实现更好的养殖效果。因此，在开展饲料质量问题界定的过程中，还需要考虑产品使用过程中存在的质量隐患，不能忽略养殖端使用质量因素的影响。

饲料产品质量问题的界定就是围绕着饲料营养的本质，从设计营养、运算营养、生产营养、营养使用4个方面分别入手，一方面要厘清每个营养的影响因素以及因素之间的关系，另一方面需要厘清每种营养对其他营养的影响，整体系统地来看造成当下质量结果的根本原因。那么，我们对于当下的质量结果如何开展质量界定工作呢？图2-1-5展示的就是界定问题常用的工作逻辑。

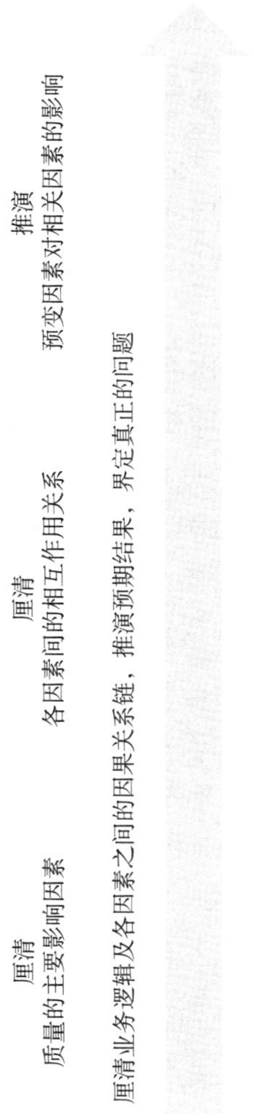

厘清
质量的主要影响因素

厘清
各因素间的相互作用关系

推演
预变因素对相关因素的影响

厘清业务逻辑及各因素之间的因果关系链，推演预期结果，界定真正的问题

图 2-1-5 质量问题界定顺序

　　界定饲料问题的核心是围绕着饲料的营养展开的，图 2-1-5 中展示了工作开展的顺序。从图 2-1-5 中可以看出，要界定质量的问题有 3 个主要步骤。

　　第一步：厘清质量的主要影响因素。

　　根据上面阐述质量问题的界定就是围绕饲料的营养展开的逻辑，这需要厘清每类营养的影响因素都有哪些？并且要清晰地了解每个影响因素对于当下质量结果的影响程度，根据影响力的大小和因素间的关系，找出关键的影响因素。值得注意的是，主要影响因素包括自己业务部门内部的，也包括相关业务单元的。

　　第二步：厘清各因素间的相互作用关系。

　　质量的影响因素有的来自本业务单元内部，有的来自相关业务单元。以配方运算质量为例，配方师的专业能力、配方的运算工具等因素就归类于本业务单元内部。原料质量的信息、销售计划的准确性、原料库存数据信息等因素就分属相关的不同业务单元。因此，在厘清各因素间的相关关系时，既要看到业务内部因素的相关关系，也要看到相关业务部门间的相关关系，并且不能忽略相关业务部门提供的服务内容之间的相关关系。

　　第三步：推演预变因素对相关因素的影响。

　　推演的工作是要基于第一步"厘清质量的主要影响因素"和第二步"厘清各因素间的相互作用关系"的基础上，针对当下需要界定的质量问题，已经梳理出主要的影响因素和影响因素间的相互关系。但面对如此多的影响因素，如何才能找到哪些是最根本的影响因素？这个时候就需要用到推演的方法，即假设某个关键因素变化超出了质量的安全范围，通过因素间的关系链来看质量会传递到哪个环节，并预判相关业务环节会产生怎样的质量变化，通过这个质量的变化与当下看到的质量结果的关联对比，以此来判定这个因素与当下质量结果的关系。完成推演工作需要能力支撑，这也是我们把"看见"定义为"预见"的原因，如果看见质量未达到预见这样的标准，这个推演的工作是无法完成的。培养这种能力需要经过长期的体验、归纳总结，再体验、再总结的循环过程，慢慢沉淀获得。由于时间是重要维度之一，所以少有捷径可走。

在做管理咨询时，经常会在现场被问到一个问题：同样一批数据或者同样的质量的结果，为什么老师通过分析得到的结论与我们的不同？当我们按照老师提供的方法验证后，发现老师的判断更符合实际情况。学员们希望老师能将这项技能传授给我们。对此我也很疑惑，反复复盘工作过程，并多次阐述了思考过程，但是他们仍然感觉没有做到同样的效果。对于这种情况，不同人有不同的看法，比如老师没有讲透、学员未完全理解和掌握、老师讲授的方法不匹配目标等。这个问题也困扰了我很长时间，后来经过反复思考才慢慢想明白，预见能力其实是一种稀缺能力，是以人与事情本身深度链接为基础，是过去的体验的思考和提炼，是完全依附于个人，源自深度觉察的能力，是在信息复杂性与不确定性、认知局限以及心理因素干扰等原因干扰下仍然可以理性思考的能力。如果没有类似的深度觉察，那么无论经过多少次培训，这种能力都很难从他人转移到自己身上的。这是一种完全向内求建立的能力，外部因素仅仅是条件。如果想要获得这种能力，需要向内觉察，将注意力转向自身的内心世界，深入了解自己并注意到自己的行为模式，培养一种积极的思考习惯，在面对复杂问题时，能够保持理性思考而不被外部信息干扰。亲自体验和经历并不断总结是一种方法，但仅仅是一种外显的方法，核心是，在面对问题时，我们是否始终秉持面对问题和解决问题的目标？

是否可以不被过往经验所困，接受新的观点？

有这样一个故事用来回答之前的问题很贴切。

有一位著名的画家给一名富豪画了一幅肖像，画完以后富豪非常满意地问画家多少钱？画家说 100 美元。富豪非常不高兴地说"你只花了 5 分钟的时间就完成这幅画，却跟我要 100 美元，这太贵了。"画家这样回答他："您看到的是只有这 5 分钟，可背后是我 20 年不间断的努力和沉淀"。

言归正传，通过这个小故事我主要是想与大家分享一个心得：有些事情是急不来的。如果太过着急地想要结果，那么大概率会被这种急迫的心情所干扰，导致努力的方向并非基于理性判断，而是由情绪主导所致。当我们忽略了自己的初心和行动的真正目的和意义，仅仅是完成动作，从工作初心的角度来看，这其实是对自己付出的时间不够负责。质量、质量，先质后量，笔者的观点是要把质量放到第一位，再求数量和速度。

对上面的内容做个简单总结，质量问题界定分三步，第一步是厘清质量的主要影响因素，第二步是厘清各因素之间的关联关系，第三步是推演预变因素对相关因素的影响以及与当下质量结果的关系，确定造成当下质量结果的根本原因。只有厘清业务逻辑及各因素之间的因果关系链，推演预期结果，才能界定真正的质量问题。

启动质量问题界定工作的前提是有这样的需要，即有需要进行界定的质量结果。这种需求往往源于接到客户抱怨，基于已经发生的质量结果启动界定其根本原因，界定工作一般有两个方向。

● 第一个是对养殖端到饲料端的所有影响因素进行排查，通过排除法去掉不相关的因素，直到最后找到根本原因。

● 第二个是基于质量工程师的个人能力和丰富经验，根据当下的质量结果，结合公司的体系质量现况，大概判断主要的原因是什么，然后对判断的原因逐个进行验证，在验证的过程中不停地完善和纠偏自己的判断，最终找到根本的原因。

第二个方向的能力是建立在经历过多次质量问题界定的工作且取得预期结果，能够在脑海中对于质量结果的界定过程进行迅速演练，这样做的价值就是为问题的界定节省大量的时间成本和人力物力成本。如果当下公司还没有具备这样能力的质量工程师，质量问题的界定还要用第一种方法来完成，即逐步排除的方法。

本章的主要内容是界定饲料质量问题的方法，但是饲料问题的界定前提需要确定问题是饲料造成的。而除了公司内部通过质量监控体系发现的饲料质量隐患可直接确定是饲料的质量问题外，来自市场客户投诉的质量问题因为叠加了养殖环节的各因素，就不能直接判定是饲料质量问题。在进行饲料质量问题界定前，有些信息需要先进行调研，以确定反馈的质量结果的主因是饲料。接下来笔者以一个真实案例为样本，模拟质量问题界定的过程。这是一个肉鸡料养殖过程中发生过料（动物的粪便中发现明显的未消化的玉米颗粒）的质量问题界定工作。接到投诉后，我们首先需要对市场情况进行调研，以初步判断饲料是否为主要原因，调研问题如下。

1. 客户投诉的过料现象对应养殖的肉鸡日龄是多少？

2. 过料现象的肉鸡占总养殖量的比例是多少？

3. 整个省份或者片区投诉的客户占总客户量的比例是多少？

4. 同区域用其他饲料公司的产品养殖户是否发生相同的问题？

5. 同一养殖户的不同养殖区用不同公司的饲料产品是否也发生相同的问题？

6. 公司的产品在其他区域或省份是否发生这种情况？

7. 集中出现这种现象的季节和时间是否有规律？

针对上述问题，公司需要安排专人负责对整个省份不同的养殖场进行调研，得到的结果如下（表2-1-1）。

表 2-1-1　调研结果

调研内容	调研结果
1. 客户投诉的过料现象养殖的肉鸡日龄是多少？	多见在 18 ～ 22 日龄；也有持续至出栏
2. 过料现象的肉鸡占总养殖量的比例是多少？	68% ～ 92%
3. 整个省份或者片区投诉的客户占总客户量的比例是多少？	90%
4. 不同的养殖户使用其他饲料公司的产品是否发生相同的问题？	有时有，比例低
5. 同一养殖场的不同养殖区用不同公司的饲料产品是否也发生相同的问题？	有时有，比例低
6. 公司自己的产品在其他区域是否发生相同的问题？	有
7. 集中出现这种现象的季节和时间是否有规律？	季节交替，连续多年

对上述调研信息进行以下总结：这是一个在特定的时间（季节交替），大规模（整个省）暴发的在动物特定养殖阶段（肉鸡18 ～ 22 日龄）的质量结果。

因为这是一个大规模发生的事件，不能排除某些动物流行病的因素，如果要确定整个事件的分布和决定因素，流调就是非常有效的方法之一。流调全称流行病学调查，是指用流行病学的方法进行的调查研究。主要用于研究疾病、健康和卫生事件的分布及其决定因素。上面调研的结果就是基于流调方法的原理，结合实际工作需要简化的流调方案，并根据调研的原始资料整理的结果。

　　针对上面调研的结果，需要思考影响因素有哪些？相关因素之间的关系是什么？相关影响因素与看到的质量结果（过料现象）之间的关系是什么？影响因素的分析类似于"剥洋葱"，首先剥的最外面一层，即从影响质量结果的最大层面去切分。比如上面肉鸡过料现象的案例，影响因素的第一层级切分的应该是疾病层面、养殖管理层面和饲料层面。

　　疾病层面：如病毒（呼肠孤病毒等）、细菌（产气荚膜梭菌等）、寄生虫（球虫、蛔虫）感染引起的。

　　养殖管理层面：如养殖管理不善导致的热应激、通风差，或者养殖场的饲养密度过大等原因引起的。

　　饲料层面：主要是饲料产品中的霉菌毒素超标，饲料氧化、酸败。

　　饲料中的抗营养因子、盐分摄入量高，饲料提供的营养质量等原因造成的。

　　根据上述层级的影响因素，结合流调结果，我们绘制了这个层级影响因素的关系简图如下（图 2-1-6）。

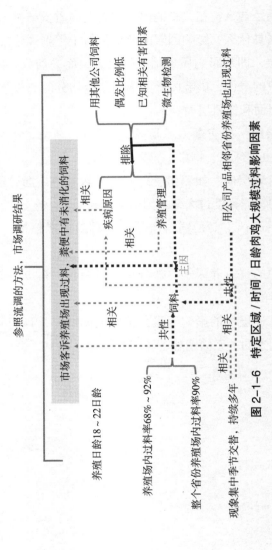

图 2-1-6 特定区域／时间／日龄肉鸡大规模过料影响因素

　　图 2-1-6 展示了 3 个主要内容，分别是看见的质量结果、第一层级切分的影响因素、各影响因素之间的关联关系。过料多发生在季节交替的时候且持续多年，季节交替环境变化可能引发动物疾病或动物应激，这有可能造成过料现象，但是这也只是相关因素之一。因此，目前来看，这个因素与结果之间的关系只能是相关关系，可能是诱发的因素之一，同时相关关系还有养殖管理中提到的热应激、通风和饲料产品。季节交替环境变化，养殖管理和饲料产品就是第一层级与过料质量结果相关的主要因素，我们需要先明确这些相关的主要因素与质量结果的关系。

　　根据市场调研的结果，无论是省内养殖场、相邻省份的养殖场，以及发生过料的养殖场，发现共性的一个因素是使用了公司的饲料产品，这时饲料自然而然就成为重点关注的对象。

　　接下来用对比的方法，在相同的片区调研了使用不同公司饲料产品的养殖场，发现共同的现象是使用其他饲料公司饲料养殖的肉鸡过料发生的比例非常低，且都是偶尔发现有过料的现场，不像使用公司饲料产品养殖的肉鸡过料现象暴发得这么频繁。这个调研的结论进一步验证了需要重点关注饲料的方向。

　　饲料虽然是重点，但是也不排除是疾病原因，也不能明确是否是两者的共同作用，所以接下来对过料的肉鸡进行取样病理解剖和病原微生物的检测。病理解剖发现的现象是过料肉鸡的腺胃炎发病率大概在 68%，同时并没有检出相关的致病性的微生物。综合所述，基本排除了疾病的原因；同时结合同一养殖场内使用公司饲料养殖的肉鸡发生过料现象普遍，使用其他公司饲料的肉鸡发生概率很低，同一区域不同的养殖场使用公司的饲料都发生过料的结果，可以判断过料现象与养殖管理的关系也不是很大。

综上所述，我们可以得出过料现象的第一层级的影响因素是饲料，即饲料是本次质量结果的主要原因。沿着这个思路，接下来我们就要看看影响饲料的因素有哪些，以及这些影响因素之间的关联关系是什么（图 2-1-7）。

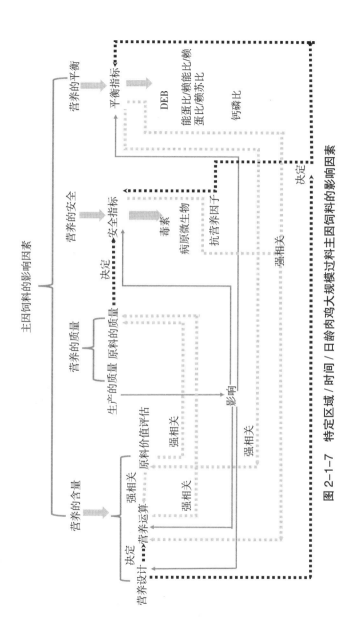

图 2-1-7 特定区域/时间/日龄肉鸡大规模过料主因饲料的影响因素

紧接上面内容，我们从饲料、疾病、养殖管理等可能的影响因素进行分析，最后的结论是饲料是造成本次质量结果的主因，已经剥掉了第一层的影响因素。接下来就来到剥第二层影响因素的环节，看看影响饲料的主要影响因素以及影响因素间的关系。饲料问题的界定是围绕饲料的营养本质展开的，因此就围绕"营养"这个核心，对其影响因素进行再次的切分。从营养角度来看饲料的质量，这里会关注营养的4个维度，营养的含量、营养的质量、营养的安全、营养的平衡。具体解释如下。

营养的含量。这里是指饲料所能提供营养的总量，如有效能、粗蛋白质、总钙、总磷、氯化钠及总赖氨酸等营养成分的含量。主要是看这些营养成分的总量是否能够满足动物的需求。

营养的质量。是指提供的营养可以被消化利用的程度，即使提供同样的营养素，不同原料被动物消化利用的比例也可能存在较大差异。比如60%粗蛋白质的蒸汽鱼粉与同样60%粗蛋白质的直火烘干的鱼粉，70%蛋白质含量的羽毛粉与70%蛋白质含量的鱼粉，在同一畜种中的可消化氨基酸含量上天差地别。这个维度会重点关注提供营养的原料的质量来评估饲料提供营养的质量，而非简单通过化验指标来评估。

营养的安全。是指饲料的一些安全的指标，包括毒素、有毒有害的病原体微生物、原料中含有的抗营养因子等的含量是否超过了质量的安全标准。

营养的平衡。营养的平衡不仅影响营养的吸收和利用，也对动物健康存在较大潜在影响，是动物营养免疫的基础。但在实际工作中经常会出现只关注营养的数量、不关注营养平衡的现象，或者仅关注1～2个常规平衡指标。这给产品的质量埋下巨大隐患，因为在某些情况下这可能直接变成影响食品质量的直接因素，所以希望可以引起大家对平衡类指标管理的重视。

质量问题的界定工作走到这一步，已经明确和对齐了第二层饲料的主要影响因素：营养的量、营养的质量、营养的安全和营养的平衡。接下来需要对上述的影响因素的第三层影响因子进行分析，即影响到这些维度的主要影响因素是什么？针对切分的第二层的影响因素以及各因素之间的关联关系，绘制了上面的影响因素图（图 2-1-7）。为了对齐对图中内容的理解，接下来就图2-1-7 中的影响因素及其相互关系进行说明，解释如下。

影响营养量的主要因素：营养的设计、营养运算和原料价值评估。

影响营养质量的主要因素：原料的质量和生产的质量。

影响营养安全的主要因素：不同的营养安全指标受不同因素的影响。营养安全指标主要包含两个方面：一是安全项目的含量，比如毒素、有毒有害的微生物、抗营养因子等，它的主要影响因素是原料的质量；二是安全指标的标准及其安全范围，这一方面的主要影响因素是营养设计（设定的标准及安全范围是否合理）和营养运算（是否遵守设定的标准和安全范围）。同时，生产过程中的交叉污染、制粒过程中灭菌的效果、原料的库存管理和生产管理等都会对营养安全产生一定的影响。这些影响根据需要界定质量问题的不同，同样的因素可以由相关性变成决定性因素，因此这里梳理的关系是基于饲料过料的案例，相关因素的关系不是一成不变的，界定的质量问题发生变化，同样的影响因素的关系也就随之变化，不能固化地来看各因素之间的关系，在此必须进行说明。

影响营养平衡的主要因素。营养的平衡指标我们在本书第一部的营养设计质量中有过详细的阐述，从阐述的内容很容易看出主要有 4 个影响因素：营养设计、营养运算、原料的价值评估和生产质量，其中营养设计起决定性作用，营养运算和原料价值评估的准确性与之是强相关的关系，生产质量主要是在配方执行过程中的偏差产生的影响。但是如果其他 3 个因素都在质量许可的范围，最后可能生产因素就变成唯一的影响因素，因此质量问题的界定需要根据相关因素的变化进行动态分析，不能固化每个影响因素与质量结果的关系，也不能固化每个因素之间的关系。

通过上面的分析看到了因素之间关系的复杂性，似乎还不能很清晰地看到，对于要界定的过料的质量结果这个层级的影响因素主要是哪些，包括下一步的工作应该做什么？基于这样的困惑，我们回过头来，对上层的影响因素以另外的视角重新进行分析，简化各因素间的关系，看看是否会达到我们的目标。

因素间的决定关系

◇营养设计决定营养运算。

◇营养设计决定营养安全。

◇营养设计决定营养平衡。

◇原料质量决定营养安全。

因素间的强相关关系

◇营养平衡与营养运算强相关。

◇营养的安全与营养运算强相关。

◇营养平衡与营养价值评估强相关。

◇营养运算与原料质量强相关。

◇原料价值评估与原料质量强相关。

因素间的影响关系

生产质量影响营养设计。

生产质量影响配方运算。

生产质量影响营养安全。

生产质量影响营养平衡。

根据上述的内容我们重新来做一个关系简化图如下（图 2-1-8）。

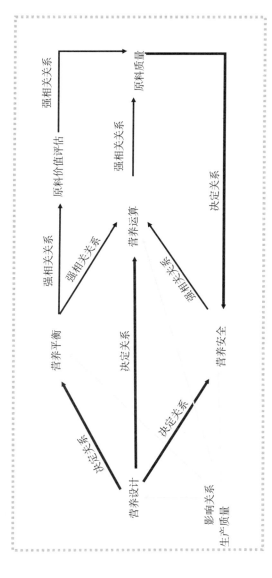

图 2-1-8 特定区域 / 时间 / 日龄肉鸡大规模过料主因饲料影响因素关系简化图

根据图 2-1-8 对各类关系的简化归纳，可以得出以下结论。

✧ 决定关系的因素在质量问题的界定过程中需要放到首要位置，从图 2-1-8 中可以看到营养设计和原料质量排到了需要界定的第三层级影响因素的首要位置。

✧ 生产质量因素虽然是影响关系，但是它影响到了所有营养，由此可以看到生产质量的稳定对于质量问题界定的重要性。如果生产质量不稳定，就会造成生产因素在整个问题界定过程中与其他相关因素的关系在不停地发生变化，不停变化引起对质量结果影响叠加后，它就可能变成强相关因素。因此，生产质量的情况是质量问题界定的第三层级中的重要因素。

接下来对于第三层级的影响因素再次进行切分，并对其中主要的影响因素进行剖析。

营养设计

我们还是借鉴之前的方法，把主要影响因素及其各因素之间的关系绘制成简图（图 2-1-9）。

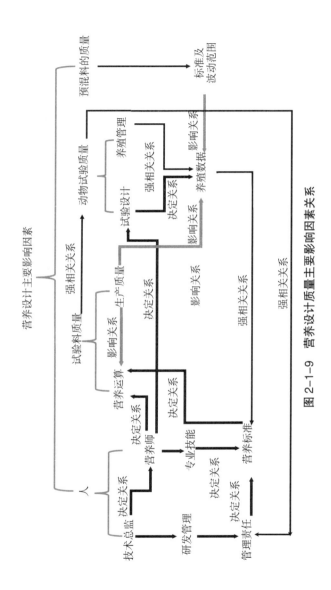

图 2-1-9 营养设计质量主要影响因素关系

从图 2-1-9 中可以明显感受到营养设计的很多关系是比较明确的，主要影响因素有 4 个方面：人、产品（试验料）的质量、动物试验的质量和预混料的质量。我们在这里提及预混料的质量主要有以下几个方面的原因。

✧ 预混料是整个饲料营养中的一部分，在做质量问题分析和界定时往往容易被忽略，更多关注能量、蛋白质、氨基酸等影响因素。虽然预混料中的微量元素和维生素量含量少，但是对动物的影响却巨大。因此，在进行质量问题分析和界定时，这部分的质量需要引起大家的重视。

✧ 一般饲料集团的预混料都由集团的预混料公司集中供应，通常会默认产品质量不会出现问题，依据是这么多年一直都在使用，过程中没有发现因预混料质量原因而出现重大质量事故。这个解释中包含两种可能：一是预混料的质量是过关的；二是没有发现预混料的质量问题。在做饲料质量问题界定时，笔者认为需要评估预混料的质量，再排除其是否是影响因素之一。因为在实际工作中发现多次饲料公司对预混料的质量监控仅是在入厂时审查一下标准、包装以及产品料号是否正确，连样品都不取，更谈不上感官检查和相关的化验分析。基于这样的情况，在质量问题界定时，容易出现一开始就因个人的判断直接忽略掉了预混料质量对结果的影响。这里潜藏了一个很深刻的认知机制，即选择性注意，就是个体在面对大量信息时，有选择地关注其中一部分信息，而忽略其他信息。这是一种防御机制，有可能是因为知道自己对某种情况是无法解决的，就选择视而不见。不管怎样，这是个人的感觉，并非客观事实。从另外的角度来看，质量风险是存在的，未被排除过的因素都是有可能存在的。

✧ 预混料不同于饲料全价料产品，单纯依靠样品的检测来实现质量监控是非常困难的，原因之一是预混料中的成分不可能全部进行化验，且化验项目备投资大，指标检测的时间都相对较长；另外一个原因是化验项目本身的检测误差也比较大，所以就很难单纯通过产品的检测结果来判断产品质量的风险。因此，预混料的质量往往是需要通过打通过程的数据流实现有效的监控，样品的检测往往是对过程质量监控结果的验证。

◇结合上面提到的肉鸡过料的案例，我们在进行质量问题界定时，使用的预混料需要进行相关项目的检测，如重点的维生素、微量元素，以及抗氧化的重点营养如硒、维生素 C 等。如果在这里展开预混料的质量界定，那么整个问题界定过程就会变得比较复杂，所以这里暂且认为预混料的质量是合格的，以便我们沿着饲料的主线去查找问题的根本原因。把预混料的影响因素屏蔽掉以后，我们来梳理一下影响营养设计相关因素的关系。

决定关系

技术总监决定了营养师的聘用。

营养师决定了营养标准的内容。

技术总监决定了营养标准的管理。

营养师决定了试验料的运算质量。

营养标准决定了运算质量。

营养师决定了动物试验方案的设计。

动物试验方案决定了最终的养殖数据。

强相关关系

动物的养殖管理和养殖数据质量强相关。

技术总监与动物试验质量强相关。

养殖数据与营养标准强相关。

试验料与动物试验质量强相关。

影响关系

生产质量对配方运算有影响。

预混料的质量对于养殖数据有影响。

生产质量对于养殖数据有影响。

我们把上面的所有关系进行简化和总结，得到如下关系图（图 2-1-10）。

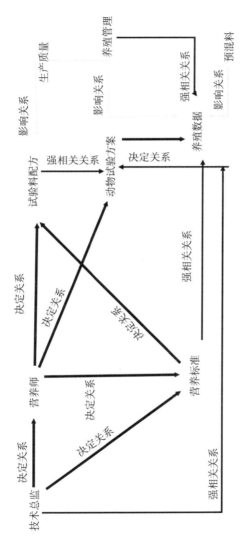

图 2-1-10 营养设计质量主要影响因素关系简化图

从营养设计主要影响因素关系简化图中，验证了在看见质量中提到的设计质量的主要影响因素是人。这里的人包括两个核心岗位的人，一个是技术管理岗位（如技术总监），主要是管理的决策，营养标准如何管理，营养师如何培养、选拔、管理等，其担任管理的职责；另一个是营养师，关于营养师的定位和定义在看见质量中也反复做了阐述。一般饲料集团从配方师到营养师要逐级锻炼，从基础的 1 级配方师开始，只有达到规定的层级后才有竞争营养师的机会。

营养设计的另一个关键影响因素是养殖数据。从养殖数据根据影响因素来看，主要是养殖管理和人。人主要是在试验场的负责人，数据质量的第一要素是人；人的管理权限在技术总监，试验的质量是由试验场的负责人决定的。这是影响营养设计的第三个核心人。

"成也萧何，败也萧何"，一个优秀且懂业务的技术总监就可以发现优秀的营养师，在技术研发方面优秀的营养师会给公司带来巨大的价值，反之也可能会造成技术体系朝另外一个方向发展。若忽略了岗位职责和关键人需要具备的技能，根据自己的目的和判断进行人员调整，最终可能会导致研发体系的崩溃。如果质量管理线路没有强大的资源支撑和质量管理者坚持底线的能力及毅力，企业的质量风险就会被掩盖起来，不被决策者看见，进而引发质量问题重复发生，最终饲料产品的质量问题可能会对公司市场和品牌造成毁灭性的打击。更有甚者，这些问题还可能从饲料质量延伸到下游的养殖质量，最终在屠宰端暴发，引起食品安全事故。

公司的营养设计主要是依靠人的能力及其管理的水平。在缺乏相对完善体系的情况下，就无法在这个因素上形成系统风险的预防能力，无法通过部门外部相关业务单元的信息流进行验证、监督、牵制，最后只能完全依靠人进行判断。在这种情况下，饲料的营养设计质量可以被预见存在巨大的风险，表现为设计质量呈现出剧烈波动的状态，根本无法稳定下来，更无法长期稳定。在设计质量不稳定的大前提下，无论相关环节业务部门如何努力，都无法改变产品质量波动的结果。因为饲料的营养设计是饲料质量的起点和基础。从这一点可以评估体系建设对一个饲料公司经营的必要性及意义。

那么，营养设计是否必然成为一个只能完全依靠个人能力和素质来控制质量风险的黑匣子呢？答案是否定的，通过管理的方法，比如建立相关的管理体系，做到责权利对等，可以对营养设计输出的质量建立多维度的监控和评价体系。

◇营养设计是把相关的营养标准和饲养方案的责任明确到具体的人，不是一个团队。营养师就是设计质量的第一负责人。

◇营养标准需要在电脑系统内锁死保密，且有严格的管理审批流程及制度，出现问题时可以确保可以倒查到具体的个人。

◇养殖数据及养殖方案可以组织相关的人员，参加讨论分析，不能一个人做试验所用的试验信息仅有本人知道，试验方案和结论最起码在公司的一定层级需要共享，接受监督。如果是基于其他目的和意图，那就另当别论了，比如以保密为由的工作信息独享，如果这是公司的管理决策，就更是失去了相应的监督。

◇建立和完善客户服务体系，并建立公司与核心客户的亲密合作关系，通过客户的养殖数据去反证营养设计的合理性。

◇完善体系建设的量化水平，逐步固化和量化相关质量点，通过质量点的数据建立管理模型，逐步排除非营养设计的相关影响因素。如果是营养设计的影响，这种情况下会逐步显现出来。

以上是笔者从技术管理质量角度分析见过的一些集团技术管理现况，并参照优秀集团的做法，总结归纳的工作方法。每个饲料公司或集团都有自己的管理模式，存在即合理，方法是否有意义的第一维度是基于选择的基础上。在这里也只是表达一下自己的观点，不做判断。现在回到质量问题界定的话题上来，在当下整体体系尚不很完善的情况下，如何界定营养设计与当下的质量结果之间的关系呢？在本书第一部的"设计质量"中有过详细的阐述，营养设计质量的两个关键内容：一是营养标准，二是饲养方案。其中，营养标准属于公司的核心机密，且标准制定的质量很大程度取决于营养师的个人能力。这对于营养设计问题界定的难度是比较大的，但是也并不是没有办法可以预判和洞见其中的问题。关于设计质量的界定，作者在实践中经历过的主要有以下几种，现在总结出来以供大家参考。

第一种：配方审计法

这依赖于营养师的能力，即可以对营养设计工作进行技术审计。从管理角度来看，可以由高一级别的营养师来审计下一层级的营养师，也可以采取互审的方式。通过配方审计把不合理的问题先暴露出来，然后根据已经暴露的问题，启动质量问题的界定，这属于技术部门内部管理的一种方法。关于真正优秀营养师需要具备的能力，我们在本书第一部中有过明确的阐述，如有需要，大家可以翻阅对照。

第二种：产品验证法

❖抽查不同生产日期、不同批次、同一片区、同一畜种、同一饲养方案的饲料产品（包括市场销量和质量口碑排名前三的公司的样品），进行相关指标的化验，比如有效能、常规指标、总氨基酸、可消化氨基酸等，根据需要界定问题的需要进行相关项目的检测。

◇对检测数据进行专业统计分析和判断。判断的标准是看所有样品的中值和标准差，根据营养师的个人专业能力来判断这样的结果是否合理，是否在安全的范围内，同时也可以与市场竞争对手的数据对比，以预判其中的质量风险。另外，由于产品从营养设计到最终产品的形成，经过了配方设计和产品的生产过程，因此需要化验的样品的数量会相对较多，检测成本和时间成本对于一般的饲料公司是难以承受的。

◇根据分析的数据，结合动物营养相关知识，判断造成当下质量结果的主要影响因素是什么。

第三种：影响因素排除法

◇根据当下营养标准的相关流程和制度预判其营养设计的质量和存在的风险。

◇通过把相关重要的影响因素，比如配方运算和生产质量，都控制在质量安全范围内，排除相关因素对营养设计因素的影响。

◇同时启动市场端客户养殖效果的调研，根据调研的结果结合排除的因素，通过营养设计与最终养殖结果之间的关联关系进行验证。

虽然上面我们把3种方法分开来阐述，但是在实际工作中，常常将这3种方法根据现况结合起来，灵活运用。接下来就以某饲料集团某个省份白羽肉鸡三阶段产品抽查情况的总结，对上面阐述的内容进一步进行说明（图2-1-11至图2-1-17）。

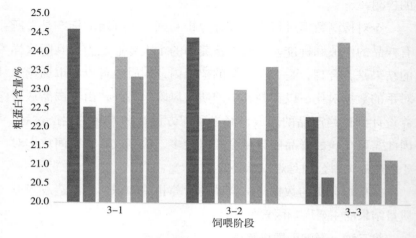

图 2-1-11 抽查样品粗蛋白含量分布图

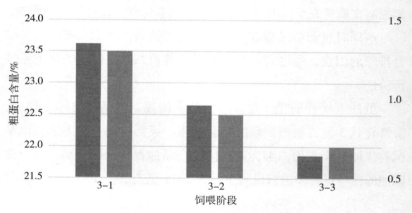

图 2-1-12 营养标准推算值（粗蛋白）

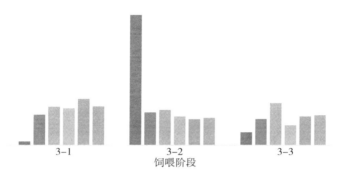

图 2-1-13　抽查样品 DEB 分布

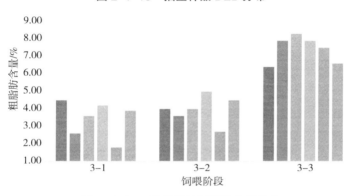

图 2-1-14　抽查样品粗脂肪含量分布

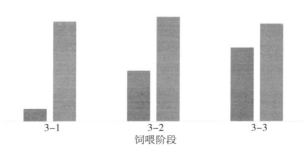

图 2-1-15　消化能与优秀厂家对比

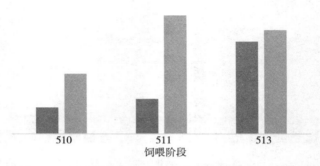

图 2-1-16 同公司不同生产日期产品有效能（cal/kg）

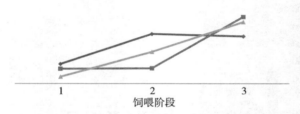

图 2-1-17 不同公司三阶段肉鸡料能蛋比

由于营养技术保密等因素的限制，上述内容仅展示了很小一部分样品抽查结果，并且图中没有标识具体数据。我们想强调的是，可以从图中看见的质量风险。

✧通过市场抽查样品的常规分析结果，大概可以看见产品质量的稳定性和常规项目的营养标准。根据图中粗蛋白质的统计我们大致可以推断出营养标准的设计的 3 个阶段中粗蛋白质的标准分别为 23.5%、22.5%、22%，蛋白质的安全波动范围为 1%。但从质量管理的角度来看，这个标准设计所允许的安全范围似乎过大。另外，通过与业内优秀企业产品对比，发现粗蛋白质设定的标准较高，但这仅是基于质量维度进行的差异分析。要判断具体设定值是否符合营养需求，还需要从技术专业的角度进行分析和研判。

◇鉴于离子浓度的平衡是影响肉鸡消化并导致拉稀的重要因素之一，我们开展了对样品中相关离子的检测，并用于计算产品DEB值。结果显示，离子浓度的波动范围较大，但尚不确定这种波动是由于营养标准中未设定相关限制条件导致的，还是由于配方师自作主张做了修改造成的。只有从管理的角度进行追查，才能确定具体原因。无论什么原因，说明在营养标准的管理方面是存在漏洞的，从这个角度来看，营养设计管理方面是存在一定的质量风险。

◇油脂是构成饲料中有效能的重要组成部分，在当前肉鸡产品中添加量也较大，在产品质量指标中可以通过粗脂肪的含量来评估油脂添加情况。从抽查的粗脂肪结果来看，波动幅度较大，且后期第三阶段产品的脂肪含量非常高。以质量差异分析为出发点，这与市场优秀厂家的产品存在显著差异。

◇同时对样品进行了体外可消化能的检测（这是一种有效的快速检测方法）。从数据对比图中可以看出，营养设计的逻辑完全不同，优秀厂家的 1～3 阶段有效能相对平缓，抽查样品的有效能数值变化就很大。另外，从养殖场抽检了同一家公司不同生产日期的产品，从图中可以看出差异也非常大。从这个指标的波动可以断定，饲料营养存在非常大的质量隐患。

◇抽查一个地区 3 家公司的能蛋比（即体外消化能和粗蛋白的比值）数据显示，在同样的白羽肉鸡品种、同样的饲喂模式和同样的阶段划分下，3 家公司产品的能蛋比差异很大。这是营养平衡关键指标之一，它反映了在同等能量情况下，动物可摄入的粗蛋白质的量。以鸡按能而食的特点，如果能蛋比过高，则鸡可能面临粗蛋白摄入不足的风险。从两家公司中后期阶段的数据显示，造成这种差异的原因可能是营养标准中的能量设定不当，或是原料价值测算有误，或者配方师的运算出现问题，也可能生产过程出现很大的失误。这与界定的过料质量结果之间的关联关系非常大。结合以上的样品分析结果，从质量的角度可以得出这样的结论：营养设计存在较大的质量隐患，且与案例中的质量结果有较强的关联关系。

对案例做一个小结

1. 通过借鉴流行病学的调研方法，确定了这次特定的时间（季节交替），大规模（整个省）暴发的在动物特定养殖阶段（肉鸡 18 ～ 22 日龄）过料结果的主因是饲料。

2. 通过对饲料主因影响因素的分析，明确了影响饲料的因素是营养设计、原料质量和生产质量。

3. 根据影响设计质量的主要影响因素，明确人及研发管理是影响营养设计的主因。

工作到这个阶段，就需要明确一下营养设计与要界定问题的质量结果之间的关系。因为界定的关系不同，下一步思考的方向就不同。针对上述营养设计中主要因素的关系梳理和当下案例中要界定的过料现象之间的关系无非如下 3 种。

● 营养设计界定发现的问题与质量结果（如本次案例的过料）有直接的因果关系，即营养标准中某个指标或者范围设置的问题直接导致饲料过料的发生。

● 营养设计方面的确存在缺陷甚至还比较多，但是无明显的错误，这些质量缺陷可能会影响到营养的供给和吸收，会对动物的健康造成不利的影响，但是无法确认是因果关系，只是相关或者强相关的关系。

● 营养设计已经确认明确的信息是合理的，并且还在逐步完善中，参照以往的历史养殖效果，可以判断当下的营养设计与当下的质量结果关系不大，可以判定营养设计不是主因。

根据上述对关系的分析结合案例样品的抽查结果以及公司的技术管理的现况，初步可以给出这样的结论：营养标准与过料的质量结果之间有非常强的关联关系。基于这个初步结论，我们接下来看其余两个因素的影响。

原料质量

在本书第一部分的原料质量中对于如何看见原料的质量风险进行了详细说明。本章主要是从问题界定的角度出发来看原料的质量风险，主要是厘清影响原料质量的主要因素及其因素间的相互关系。图 2-1-18 是从质量界定的角度来看影响原料质量的主要因素，包括 4 个方面：入厂原料质量、原料质量监控、库存原料质量和高风险原料管理。

◇入厂原料质量。针对当下饲料行业的大部分原料的种类，需要关注原料质量、原料质量监控需要开展的检测项目以及这些方面之间的关联关系。

◇原料质量监控。结合质量问题界定这个主题，看看当下公司具备的检测能力，配套人员的质量，以及相关的流程制度设计逻辑和落地情况。

◇库存原料质量。原料从入厂到使用期间需要保存一段时间，这段时间内，公司是如何进行管理的，影响原料库存质量的主要因素及其相互关系。

◇高风险原料管理。结合上面案例，关注对过料结果可能有影响的两种高风险原料，评估当下公司是如何管理的，以判断使用时存在的质量风险。

接下来，我们就上面 4 个方面的内容逐一展开进行详细说明，以便我们厘清原料质量影响因素之间关系的主线。

入厂原料质量

入厂原料的质量监控是原料质量控制的关键。如果入厂的原料本身就存在质量隐患，那么经过原料的储存到使用，质量的隐患一定是在增大而不是减小。因此，在原料入厂的质量把握上需要花大力气。目前，在饲料常用原料入厂时，一般从 4 个方面对原料的质量进行把控。

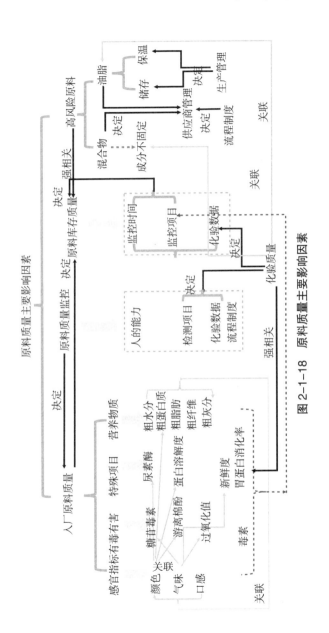

图 2-1-18 原料质量主要影响因素

感官质量：原料的颜色、气味、口感、粒度等。因为这是依靠个人能力的判断，判断的结果必然会受主观性的影响。基于这样的特点，共识判断标准就是非常关键的环节。在实际的工作中，碰到的很多现象似乎是这样的：质量管理部因感官质量问题而退货的原料，采购部门都会对退货的理由进行质疑。质疑的原因就是这是个人的判断，难以令人信服；不同的人来看相同原料可能会给出不同的答案，最终结果就是等经营者决策。大家提出了两种解决方案。一种是努力把感官指标量化，如果可以找到一种简单实用的量化方法，是非常有价值的事情，但是一味地追求感官量化也可能导致偏离实际。另一种方案是绕过感官质量判断的第一步，直接看营养检测指标，检测指标没有问题就先卸货。第一种解决方案无论是否找到，还是在与采购部门等相关部门共识的方向上，第二种方案感觉有点儿掩耳盗铃。重视原料的感官质量的原因在原料质量一章中已做了详细的阐述，因为感官质量对于饲料产品的质量影响是隐性的，不会立即表现出来，感官质量的这种质量隐患不可能通过经济成本来解决。因此，必须明确的一条是原料的感官质量非常重要，面对个人判断的准确性和他人质疑结果的现况也要坚持，共识标准可能是一条快速有效的解决之路。

共识需要两个方面的共同努力。一方面，质量管理部内部需要就合理的感官标准达成共识，另一方面质量管理部要主动承担起采购等部门老师的角色，在日常工作中要经常给相关业务部门培训，培训的内容从感官标准，到感官背后的工艺、隐藏的质量风险，逐步提升相关业务部门的质量认知水平，从而形成共识。目的就是要通过公司对原料感官质量的重视程度，以及现场取样人员对于原料感官质量的认知水平来判断原料感官方面存在的质量风险以及感官质量与界定的质量结果之间的关系。

感官质量真的如此重要吗？接下来我们从图 2-1-18 罗列的原料营养的项目中来看看感官指标与其他质量指标的关联关系。

颜色：原料的颜色除了与原料本身的特点外，还与原料的加工工艺紧密相关。某些原料的加工工艺直接影响到抗营养因子的处理水平，比如通过豆粕颜色深浅可以大致判断烘干的温度等工艺条件，通过预测的工艺条件可以预判尿素酶，蛋白溶解度是否在质量标准范围内。此外，有的原料的颜色与工艺相关，比如棉粕的颜色与工艺中是否回添油脚有很大的关系。颜色越黄，回添的可能性越大，原料中的粗蛋白质会越高，但是游离棉酚的含量也可能会增加。

气味：原料的气味判断是判断原料的新鲜度和原料是否正常的方法。另外，有些原料的气味也与工艺密切相关，原料加热过度时会产生焦煳味，而直火烘干的原料有明显的烟熏味。此外，有的原料的特殊气味与某种成分密切相关，比如菜籽粕中的糖苷毒素，含量越高味道越重。因此，原料的气味是否正常是非常重要的，我们不能单纯地依靠所谓的检测指标，因为这其中还有化验数据的准确性和针对检测方法的人为作弊的影响因素的存在。感官判断应作为一个单独的维度，与各检测结果形成互相验证的关系。接下来，我想分享几个亲身经历的案例。

在一个片区进货的陈化玉米中，陈化粮的味道已经很明显，一般这种陈化 3 年以上的玉米，谷物的脂肪酸值一般在 60（KOH）/（mg/100g）以上，但是片区化验中心和集团中心化验室给出的结果只有 50（KOH）/（mg/100g）左右。如果只看化验数据，这样的玉米是很新鲜的，单纯从新鲜的角度用于任何畜种的饲料都不会有问题。但是根据经验和气味判断给出的结论是，大概率化验数据存在问题，经过现场沟通确认，我们发现检测过程中存在问题，纠正后重新检测的结果已经超过 80（KOH）/（mg/100g），这样的玉米用于肉大鸡料都可能超过质量安全标准。这是气味与检测数据互相验证结果的典型案例。

鱼粉的新鲜度（挥发性氨基氮）的检测与新鲜度也碰到类似的情况，鱼粉已经发臭，但是检测结果只有 110mg/100g 左右，气味与检测结果明显不匹配。现在大家都知道这其中可能存在人为造假。但是如果只相信检测数据，就会错过很多去发现原料质量作弊或者检测数据不准的机会。如果感官指标有具体的检测方法，那么检测数据与感官判断的相互配合验证是最理想的状态。最好不要为了统一或者其他原因而用一个方法去否认另外一个方法，多方位、多角度对原料质量的判断才是合理的方案。

口感：口感是通过品尝原料，判断原料的质量情况的一种方法，比如全脂米糠，通过口感可以感知其中是否掺入沙土、稻壳含量是否超标等。

此外，通过原料感官指标的综合判断可以与原料的关键营养指标产生关联。这就是很多非常有经验的质量管理人员，通过原料的感官可以判断营养含量的原因，这个能力的锻炼需要长期把原料的感官与化验结果主动进行关联，逐步形成直觉。对原料感官指标的重要性阐述较多的目的是当下的行业普遍已是越来越不重视原料的感官质量，很多原料质量的监控甚至都跳过了感官质量的判断，直接进入营养指标的检测。这样安排最终会造成原料取样人员自身对感官判断环节的重要性认识不足。所以常出现氧化变质的原料因为忽略感官指标直接被用到产品中的情况，这样的饲料产品对下游养殖动物的健康造成的风险在一开始就被掩盖了。

有毒有害物质：是指原料中含有的有毒有害物质，比如菜籽粕中的糖苷毒素，棉粕中的游离棉酚，原料中的黄曲霉毒素、呕吐毒素、玉米赤霉烯酮等。在质量问题界定过程中，需要特别关注以下3点：一是含有这些有毒有害物质的原料是否正在使用；二是是否具备检测这些物质的检测方法；三是如何监控检测数据的准确性，这一点尤为重要。在日常工作中，很多人会认为只要有化验方法，找人按照化验方法操作，检测结果就不会出现问题。事非经过不知难，这种简单的思考恰恰造成一个很大的风险点，即得出错误的结果。比如使用比色法检测糖苷毒素时，化验人员经常会遇到测出结果是负值的现象，这显然是不正常的，但是我们是否找到了造成这个问题的根本原因，还是忽略了当下的现象给出了含量很低未检出的结论。

当下每个公司每天都会进行大量的样品毒素含量检测，但是公司检测能力对检测结果影响的偏差有多大，造成检测偏差的影响因素有哪些，因素间的关联和关系具体是什么？以及如何判断毒素检测数据的准确性等这些都是在原料质量问题界定时，需要做的确认性工作。通过结合公司当下的管理现况，预判原料毒素的控制的风险，推演饲料产品中的含量对养殖动物造成伤害的质量风险是否可以得到有效的控制，根据推演的结果确认这些有毒有害物质与界定质量结果之间的关系。

特殊的检测项目：是指对于某些原料质量监控需要检测的项目，是一类对于某些原料的质量把控起到非常关键作用的项目，如粕类原料的蛋白溶解度、动物性原料的胃蛋白消化率等。通过对这些关键项目的开展情况来判断公司这些特殊项目对应的原料的质量监控情况，并预判当下使用的原料中存在的风险。以胃蛋白消化率的检测项目为例（说明：因为检测时所用胃蛋白的浓度不同，检测结果指标绝对值可能会不同，重点是比较差异），在一定的低胃蛋白酶浓度条件下，优质动物性原料的消化率基本和平常使用的方法检测结果是一致的。但是对于存在原料掺假的情况，比如鱼粉中掺羽毛粉，在低胃蛋白酶浓度下检测的结果就有可能偏低，因为在低胃蛋白酶浓度下检测最好的高温高压的水解羽毛粉的胃蛋白酶消化率也就在 40% 左右；市场上看到的劣质的高温烘干的羽毛粉胃蛋白酶的消化率都不到 10%；胃蛋白酶消化率国产鱼粉的要求一般也要在 90% 以上。这样如果鱼粉中人为掺加羽毛粉，通过这个指标的变化就很容易发现原料质量的异常。

　　这个时候也许有人会提出使用镜检的方法，这并不矛盾，也验证了我们所提倡的原料的质量多方面验证判断的逻辑。但是很多公司所谓的镜检其实并没有做到真正的镜检质量的要求，更多的是一个检验动作而已，镜检有效的前提是基于执行人个人对各类原料的显微镜下状态非常熟悉，通过发现原料在显微镜下的不同形态进行原料区分和质量鉴别的一种方法。在现实中，原料的掺假掺杂行为都是人特意的行为，掺假物质都经过特殊处理，如果采用镜检的方法，则需要进行样品的前处理，如过筛、水煮、酸煮、碱煮、脱脂等，根据不同的原料特性和已知的掺假物质的特性进行针对性处理，把可能掺假的原料暴露出来。因此，镜检台前需要有很多工具和不同的试剂，甚至还有很多对应好的原料样本。如果现场看到某公司的镜检台非常干净，如仅有几个扁平皿、镊子和一台体视显微镜等基本工具，更有甚者用的还是生物显微镜，这种状况下镜检工作是无法正常开展的，相应的对镜检的结论也要打个问号。这类做法本质上也是在不停削弱质量管理的威信和专业权威，质量管理者如果想提升自己的能力和威信，类似的事情尽量不要做。站在外部视角审视一下这个工作流程就理解其中的原因。另外，镜检和特殊项目的开展是不冲突的，是相辅相成的，同时也是对镜检结果的验证。

营养物质：从质量的角度，营养物质就是一般原料日常必须检测的常规指标。这些指标尽量要测完整，因为需要通过这些指标之间的关联关系去判断原料质量的真实情况，从图2-1-18中也看到了原料的感官质量与营养物质之间存在关联关系，这些都是系统整体评价原料质量的基础。如果营养物质的检测项目不全，那么根据检测项目的情况就可以判断原料监控的质量情况和原料价值评估存在的隐患，以此可以联系到对动物养殖存在的潜在质量风险。

入厂原料的质量监控工作中重点强调了原料入厂相关流程的重要性。质量问题界定是从已经看到的质量结果去查找原因，体系建设的流程制度是为了从质量结果去洞见质量隐患，两者存在差异。从入厂原料的质量监控看到了问题的界定除了关注人的能力以及流程制度的影响外，另外一个重要维度就是依靠原料的检测数据。此时检测数据的准确性也就凸显出来，化验质量的重要性在本书第一部中也被反复提及，下面提到的库存原料的质量判断同样需要检测数据的支持。

库存原料的质量：在这里可能要作为重点内容进行阐述。很多原料入厂以后由于人员配置不足或者其中的质量风险没有看见等原因，忽略了对库存原料的管理，原料的质量在库存过程中可能会发生很大的变化，比如原料的毒素、过氧化值、新鲜度、气味等。因此，通过公司对库存原料的管理情况，可以验证和预判原料使用时的质量情况。入厂的原料质量是合格的，不代表使用的时候原料仍然是合格的，比如储存的玉米虽然每车都是检测合格后才入筒仓，但是不能保证每车取的样品检验数据与整车的原料质量完全一致。样品是必然会存在误差的，遇到这样几千吨的玉米放到一起的情况，很容易发生质量的变化。这里玉米的质量就与储存环境、进仓的原料的质量差异、筒仓管理等密切相关。如果在玉米入仓时，除杂不彻底或者破碎粒比较多，碰到免检或者取样的漏洞造成高水分的玉米入仓，叠加日常的库存原料的质量监控不到位，极易导致筒仓内玉米发热变质。在使用前如果没有发现，仍然按照进货时的质量水平使用，玉米因高温发热导致的霉变、酸败、毒素增加的质量风险，就可能转移到饲料产品中。库存原料的质量在质量问题界定时可以通过库存原料的库存时间、库存过程中的检测项目及取样监控频率来评估原料存在的质量风险；库存原料的质量同样需要进行检测，所以检测数据的质量也直接影响到对库存原料质量风险的评估以及与界定质量结果之间关系的判断。

高风险原料

这里定义的高风险原料，只是根据当下两类从感官、营养检测方面很难做到质量风险可控的原料。比如日常使用的面包渣，其实是食品下脚料的统称。里面的原料会根据不同食品厂下脚料的数量而变化，成分是不固定的，并且生产工艺不同的公司质量差异巨大，因为原料的含水量比较大，所以原料的处理尤其重要。很多供应商都是在太阳底下晾晒这些原料。所以这类原料的质量界定，首先需要看公司对这类供应商如何进行风险管理，通过供应商管理的方案来判断进货原料的质量情况。

这里我们说的另一类高风险原料是从质量问题界定中影响因素的权重和影响面来定义的，主要代表是油脂，油脂是大家日常天天接触，也是饲料厂普遍使用的常见原料。那么，为什么油脂突然被定义成高风险原料呢？俗话说得好，"油见油，鬼见愁"，不同油脂之间的互溶，让我们很难通过一些常见的检测手段有效地控制油脂的质量，市场上不断出现的油脂中掺地沟油、狐貉油、棉籽油的现象时常发生也验证了油脂质量把控的难度。控制油脂入厂的质量关键是看供应商的质量，从源头进行质量的把控是非常重要的，这也是为什么要进行供应商管理的原因。通过供应商管理，筛选优秀诚信的供应商，以减少油脂带来的质量风险。同时油脂入厂后的库存管理的现况也令人堪忧，比如很多油脂储存罐在太阳底下暴晒，储存罐无法排污；油罐只有一个，无法进行彻底清理；油罐中的油反复加热，名称是鸭油，但检测后发现质量指标根本不匹配。这里阐述这些内容的目的，是在质量问题界定时，可以通过油脂的库存管理现况，去推测以前生产的饲料产品中油脂的质量情况，这对于厘清油脂质量对质量结果的影响关系，是非常有价值的。

综上所述，这类高风险的原料首先是需要控制原料的入厂质量，原料入厂质量一定程度上是由供应商的质量决定。因此，这类原料供应商的管理质量决定了原料质量的风险控制程度。

以上内容是从质量问题界定的角度梳理了一下影响原料质量的主要因素及其因素间的关系。通过上面的阐述似乎还没有厘清这些影响因素间的关系，接下来我们对图 2-1-18 中影响因素进行简化，以便找出关键的基础的影响因素及其关系（图 2-1-19）。

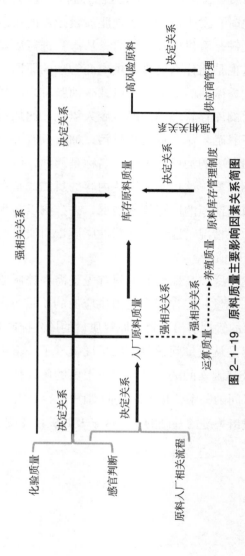

图 2-1-19　原料质量主要影响因素关系简图

我们可以从原料质量主要影响因素关系简图中清晰地看到影响因素间是这样的关系。

◇ 化验质量＋感官判断＋原料入厂的流程制度决定了入厂原料的质量。

◇ 化验质量＋感官判断＋原料的库存管理制度决定了库存原料的质量。

◇ 高风险原料的质量取决了供应商管理的质量。

◇ 化验质量＋感官判断＋原料的库存管理制度与高风险原料的质量强相关。

◇ 入厂原料的质量决定了库存原料的质量。因此，原料质量的监控重点是需要在原料入厂的阶段。

根据上述的总结可以看出，原料质量的主要影响因素是不同的，业务体系输出的结果如下。

● 化验质量依赖的是化验管理体系。

● 感官判断依靠的是团队的专业能力。

● 原料入厂流程制度就是原料入厂的管理体系。

● 库存管理质量对应的是原料的库存管理体系。

● 供应商管理对应的是供应商的管理体系。

原料的质量与配方运算的质量是强相关的关系，运算的质量与最终的养殖效果也是强相关的关系。这样原料质量的风险就会逐级传递到养殖端；根据这样的结论回到案例的问题界定上，结合公司当下相关业务体系管理的现况，发现原料的质量可能存在以下质量隐患。

◇ 原料感官质量监控的缺失造成入厂的原料存在氧化变质的风险。

◇ 库存原料管理的漏洞造成原料储存过程中的氧化变质，毒素增加等风险没有被及时发现。

◇ 化验质量问题造成的原料营养检测数据的误差太大，最终营养设计不稳定，营养的波动引起动物的应激和健康问题。

◇ 高风险原料的使用其中存在的风险以及对动物的影响不明确，不知道风险才是最大的质量风险，可以明确的是存在的这些质量隐患对动物的健康是不利的。

综上所述，原料的质量与过料的质量结果有着非常强的相关关系，从一定的程度上可以预判原料的质量是本次质量结果的重要影响因素之一，根本原因是原料质量管理的相关流程和制度。

生产质量

从问题界定的第一层影响因素的阐述中，确定了生产质量在整个问题界定中与过料的质量结果之间是影响关系，即在很多其他相关因素与界定的质量结果之间的关系如果不明确，生产质量只能是对质量结果产生影响关系，不是决定关系。因此，市场上出现的客户投诉直接归因于生产部门的责任，这种做法不客观也不公平。生产部门只对生产质量负责，所以在问题界定的这个维度，更多的是要看生产质量中哪些工艺环节没有达到质量标准，这些未达标的工艺环节对产品可能造成的质量隐患。通过这些质量隐患对养殖动物会造成哪些危害，危害最终会以什么样的方式呈现，再结合已经界定出的明确影响因素与质量结果的关系，一起来评估生产的质量缺陷与当下界定的质量结果之间的关系。因此，生产质量界定的第一步就是回归到生产的过程管理中，针对过程中的每个质量关键点的质量进行评估，质量评估需要的是量化的数据，数据来源主要是质量监控体系的数据流，其次是生产管理的数据流，接下来就如何界定生产过程的质量进行详细的阐述。

结合上述饲料过料的质量结果界定的影响因素，考虑到饲料粒度对营养消化吸收的影响。对片区的饲料粒度（重量几何平均粒径）进行了抽查，从整个片区肉鸡的中期料的粒度来看，粒度的分布范围非常大，从 100μm 多到接近 700μm。饲料的粒度是对肉鸡非常重要的产品质量指标之一，粒度过低易会诱发肉鸡的腺胃炎，这从对过料肉鸡的解剖结果中得到验证，过料肉鸡腺胃炎的发病率接近 70%。另外，我们看到粒度的标准偏差（质量几何平均差）也是从 1.5 ～ 4.5，这说明产品的粒度分布的均匀性较差，饲料中的原料粗的很粗，细的很细，这对于原料的消化吸收是不利的，这可能会影响到太粗颗粒的消化，这些粗的颗粒往往是谷物原粮，在日粮营养计算时往往是以最高消化率进行计算的，但如果未被消化则对日粮的营养效价表现影响较大，在养殖端会从日增重等指标上反映出来。从另外的角度需要评估生产工艺标准制定得是否合理，如果工艺标准是合格的，那么可能就是生产管理中的生产工艺执行不到位导致的，确定这个原因需要进行现场验证（图 2-1-20）。

饲料的粒度对于营养的消化和吸收影响很大，这需要引起我们的注意。关于这部分内容在看见质量中也提到过，由于质量监控不到位或者缺失，造成生产过程中的质量隐患不能及时发现，最终质量就会传递到养殖端，对养殖端造成影响。综上所述，结合案例本身可以确定的是，产品的粒度是过料结果的重要影响因素之一。粉碎过细引发肉鸡腺胃炎也早有学术报道，但是不能确定就是粒度造成肉鸡过料，但判定它是重要诱因之一是不可否认的。

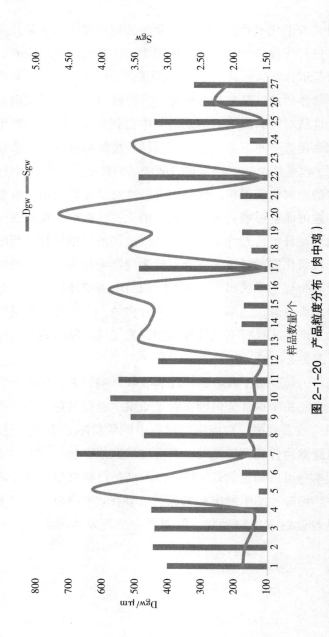

图 2-1-20 产品粒度分布（肉中鸡）

图 2-1-21 反映的是饲料生产中的大料配料准确性的情况，折线图是实际称重的重量与配方设定值差异在合格范围内的称量动作（每次称量的动作代表一次原料的称重）所占的比例。大料配料秤一般会认为都是实现了自动化，且现在的设备制造的水平都非常高，精度和称量的准确性都没有问题。饲料厂使用的配料秤一般是三级秤，静态误差说明书上一般承诺的是 ≤ 0.2%；动态误差一般承诺的是 ≤ 0.3%。这个误差是指生产每个班次或者每天每个月的总量的误差，这个是没有问题的。但是质量管理看的是另外的角度，质量管理需要关注秤每次称量的误差是多少，每次称量是否在质量允许的误差范围内。为什么要这样考虑呢？因为每次称量的误差是合格的，那么总量的误差一定是合格的；但是总量的误差是合格的，不代表每次称量的误差是合格的。比如某种原料有一次称量多加了 50kg，下一次称量少称了 50kg，总量的误差为零，但是从质量的角度这两次称量都是不合格的；这就是要关注每次称量误差的原因。

图 2-1-21 是按照每次称量的误差在一定范围内的数量占总量的百分比的结果做的统计图。其中折线是每次称量误差 ≤ 5% 以内的合格数量比例。这里误差的标准是 5%，而不是 5‰，所以配料秤日常称量的误差并不是想象中那么准确，大家最好把数据拿出来统计一下，看看统计结果。甚至会发现超过配方设计值 50% 的称量批次，这样的结果往往发生在添加量比较少的氢钙和石粉上，而这两种原料直接影响到产品的常规离子含量和平衡，这么大的添加偏差一定会对于养殖动物的健康产生不利影响，所以就上面大料配料准确性的结果，排除不了大料配料与案例中过料的结果无关。

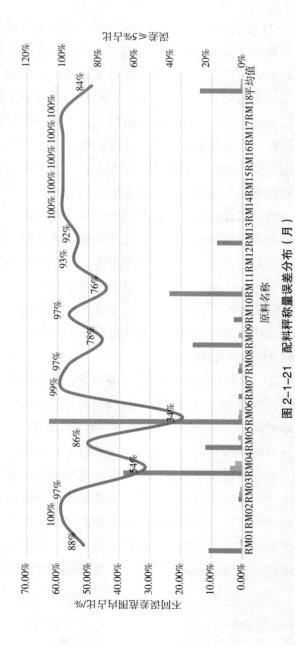

图 2-1-21 配料秤称量误差分布（月）

　　图 2-1-22 中展示的是小料配料中一个质量监控点，就是跟踪小料每日的用量与理论用量的误差。其中灰色折线是误差超过 2% 的比例，这里的标准是 2%，而不是 0.2%，对于小料而言，这个误差作者感觉比较大。从图 2-1-22 中可以看到，不合格的比例最高是 25.6%，即当日称量的小料品种只有 74.4% 的称量总量误差 ≤ 2%。大家是否觉得这个数据有点可怕。这就是数据的价值所在，即本书第一部阐述的重点"看见质量"。如果没有建立起质量监控的数据流，这些质量的隐患可能根本看不见，更谈不上去解决和预防。

　　小料配料的质量监控需要建立小料配料系统的整套数据流，这在"看见质量"中有详细的阐述，这里只是从质量界定的角度挑选了一个集团的不同公司的日用量的误差统计情况，给大家做个展示。日用量的误差是每次称量误差的累计，所以通过这个数据可以推测出每次称量的误差。如果小料的每次称量也有记录，可以参考大料配料的准确性进行分析，确认称量过程中的质量现况。下图是我们根据小料配料秤的检定分度值即日常所指秤的称量误差，每个月的误差分布的统计图。这里要与大家对齐的是，检定分度值，不是显示分度值。检定分度值是经过国家相关部门对秤进行检定后确定的一个参数，在设备的铭牌上会有标识。显示分度值是指屏幕显示的小数点后面的位数，决定秤质量的是秤的检定分度值。

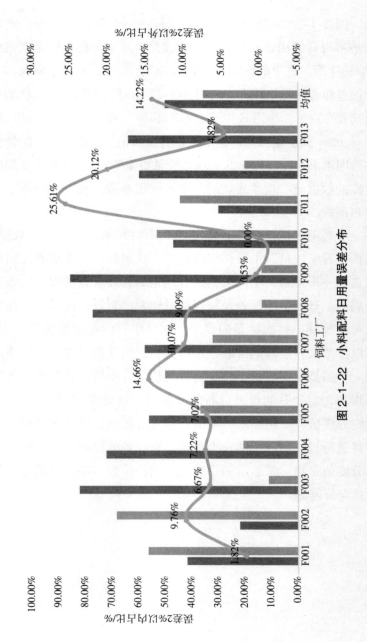

图 2-1-22　小料配料日用量误差分布

从图 2-1-23 来看，称量误差在 2 倍检定分度值之内的比例约为 86%。这一统计结果说明小料每次的称量误差除了与秤本身的配置是否匹配有关外，还与人的操作有很大关系。数据统计的价值就是通过数据去看见质量的风险。针对图 2-1-23 中的结果需要去跟踪的是，第一小料配料所用的配料秤的最大称量是否与称量误差的质量标准匹配。如果秤和质量标准相匹配，那么我们就通过数据监控工人的操作过程中存在的质量风险，通过完善管理制度来提升称量的准确性。

回归到界定问题的维度，从图 2-1-23 中的数据根本就不能保证小料配料的质量完全符合质量要求，其中大概有 15% 的批次小料的称量存在质量风险。小料最终混合到一起，这只是称量的误差情况，如果加上混合的均匀性、投料时的误差、打包时的误差和分级，小料的最终风险到底是什么是无法给出明确结论的，小料配料的重要性在前面很多章节反复提及，因为小料中有维生素、微量元素、氨基酸，酶制剂等多种对动物的健康和生产具有极大影响的少量特殊物质。如果基于上面这样的质量水平，我们无法确定具体对动物造成何种影响，唯一确定的是，它一定会影响到产品在养殖端表现的稳定性。结合过料质量问题界定的案例，我们可以断定小料配料的质量与过料结果有关，但是具体关联程度无法确认。

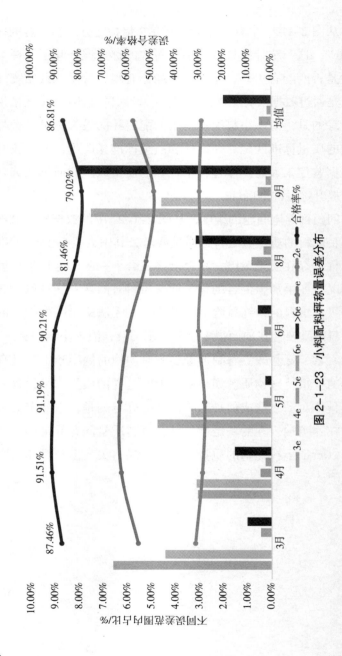

图 2-1-23　小料配料秤称量误差分布

　　前面小料的质量界定主要关注的是小料的配料过程，其中的多维、多矿都是复合预混料。我们先不管复合预混料的配方设计是否合理，根据笔者这些年接触不同饲料集团的预混料的经历，发现不同集团的同一畜种的预混料中各种微量元素和维生素折算到全价饲料中的差异是很大的。需要确定预混料营养的设计质量及生产质量是否稳定。因为预混料的质量波动直接影响到全价料中微量元素和维生素的含量，这两类物质都是含量低但对动物影响大的营养素。图 2-1-24、图 2-1-25 是抽查某个饲料集团预混料公司，不同日期生产的同一种微量元素复合预混料的产品，并检测了产品中铜、铁、锰、锌、硒、钴、铬 7 种元素的含量。图 2-1-24、图 2-1-25 中可以看到铁的变异系数 16%，硒的变异系数 33%，铬的变异系数 25%。硒是对动物健康和抗氧化非常重要的微量元素，它的缺失对动物的抗应激会产生很大的影响，这样的变异范围可以预判的是全价饲料中的变异范围会更大。如果预混料是这样的质量情况，结合本案例，可以判断预混料质量的稳定性也是影响过料结果的重要因素之一。

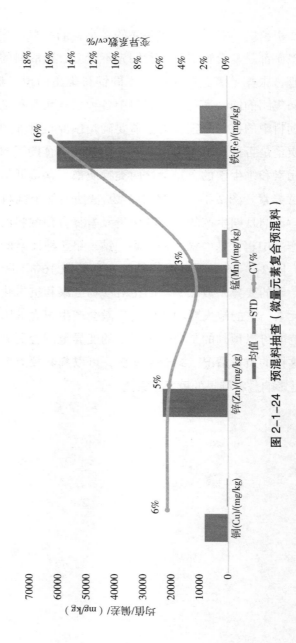

图 2-1-24 预混料抽查（微量元素复合预混料）

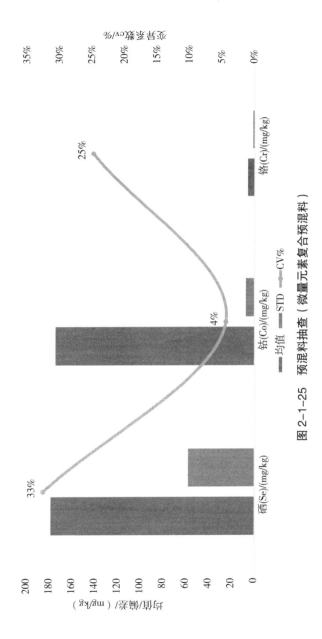

图 2-1-25　预混料抽查（微量元素复合预混料）

接着再来看一下饲料制粒过程的质量情况，表 2-1-2 是一个饲料集团 2023 年 4 月的颗粒饲料调制过程水分循环的统计数据。在前面的内容中我们也反复提到饲料制粒的目的。

表 2-1-2　某饲料集团 2023 年 4 月颗粒料调制过程水分统计

公司代码	混合水分	调制加水	环模失水	冷却失水	产品失水率 /%
F001	12.25	2.17	−0.64	−2.61	−1.08
F002	11.79	1.87	−0.69	−2.16	−0.98
F003	12.74	2.19	−0.87	−2.71	−1.38
F004	12.51	2.11	−0.70	−2.34	−0.92
F005	10.94	2.47	−0.98	−2.60	−1.11
F006	12.71	2.27	−0.93	−2.52	−1.18
F007	12.19	2.42	−0.83	−2.27	−0.67
F008	12.77	2.55	−0.42	−2.16	−0.03
F009	11.69	2.46	−1.21	−2.47	−1.21
F010	11.74	2.77	−0.39	−2.57	−0.18
F011	11.29	2.90	−0.74	−2.32	−0.16
F012	11.25	3.34	−0.90	−3.14	−0.70
F013	12.47	2.45	−0.82	−2.74	−1.11
F014	12.21	2.03	−0.98	−2.44	−1.39
F015	12.26	2.18	−1.29	−2.04	−1.15
F016	11.89	2.00	−0.74	−2.02	−0.76
F017	12.30	3.00	−0.70	−2.32	−0.02
F018	12.13	2.44	−0.57	−1.88	0.00
F019	11.52	2.42	−0.93	−2.80	−1.31
F020	11.98	2.99	−0.84	−2.98	−0.82
平均值	12.03	2.45	−0.81	−2.45	−0.81

◇提高原料的熟化度，提高适口性。

◇消灭有害菌，减少对动物健康的影响。

◇通过增加原料黏合作用，增加产品密度，便于运输。

◇提高环模的使用寿命，降低制粒成本。

◇改善颗粒的水分。

要达到这样的目标，必须把调制过程中通过水分的循环作为首要因素，而非调制温度。从上面的数据我们清晰地看到，最终产品的水分比混合水分低 0.81%，这就是产品的额外损耗，也同时证明了饲料的制粒过程中因为饱和蒸汽冷却带给物料增加的水分是不足的。可以预判的质量结果是物料的熟化度和灭菌效果是达不到质量标准的，物料的表面可能是熟化度比较高，颗粒内部可能是生料或者半生不熟的状态，动物采食这种饲料的消化率比较低，引起腹泻过料的风险很大，同时大大降低对原料的灭菌效果。可以得出这样的结论，调制质量因为熟化度和灭菌效果不达标，对于引起动物的过料现象发生是有很大相关关系的（调制过程水分循环图如图 2-1-26 所示，图 2-1-27 是同一个集团不同饲料公司同一饲料产品检测的细菌总数的结果）。

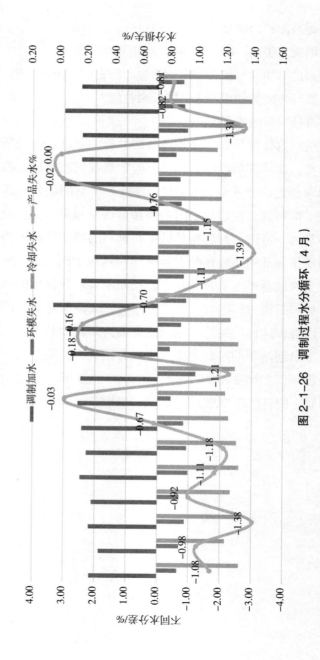

图 2-1-26 调制过程水分循环（4 月）

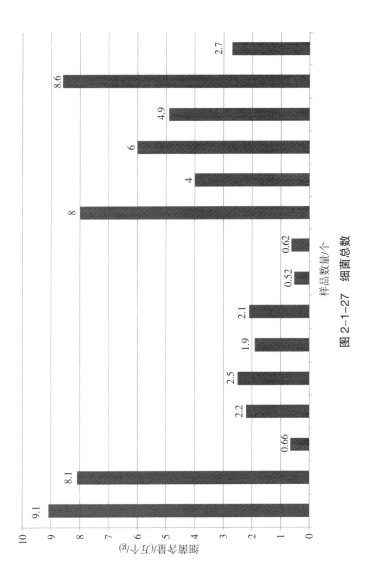

图 2-1-27 细菌总数

在界定原料的质量问题时，把油脂归类到高风险原料中，是因为通过感官和常见的化验方法很难有效地控制住油脂的质量。也阐述了油脂质量的关键是需要通过供应商管理。这里是基于入厂的油脂质量都是合格的，看看使用过程有哪些质量风险。在实际的质量问题界定工作中有几个重要的质量风险是需要现场进行确认的。

● 油脂储存罐的储存条件、是否遮掩避雨、是否存放在阴凉处，这些对于减缓油脂的氧化是非常重要的条件。

● 油脂罐的数量是否配备足够，油罐如果只有一个，就无法实现油脂罐的循环利用，也没有进行清理罐子的时间，这样其中的杂质就成为油脂变质的催化剂。

● 油脂罐的保温设备是否完好，且加热保温是否是持续不间断的。

● 油脂从入罐到添加的过程中的过滤设备是否完好，是否可以做到油脂杂质的多级有效过滤等。

上面这些需要关注的点在问题界定时一定要作为重点进行核查验证，其中的隐患就是入厂合格的油脂，在储存过程中，如果没有重视以上细节，那么到使用时可能油脂已经变质，可怕的是在使用过程中并没有发现，直接添加到饲料产品中。氧化变质的油脂对动物的影响比较大，风险随着配方用量的增加而提高。上述管理动作的确认能够让我们看见油脂使用过程中的质量风险，但油脂的质量是否存在问题，还需要回到生产过程，来看一下油脂添加的质量情况。图 2-1-28 是一个饲料公司跟踪的 1 个多月不同油脂的日用量与配方理论用量误差百分比的折线图。从图 2-1-28 中我们可以看到，添加误差是不稳定的，最高差异达到 15% 左右，且添加量都高于配方设计值，这通过月底的盘点数据也会得到验证，估计月底盘库亏损接近 10%。回归一下在生产质量中提

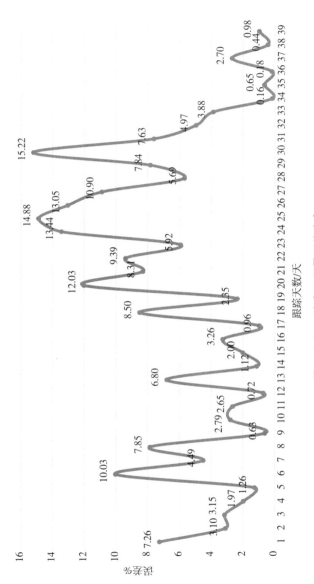

图 2-1-28 油脂日用量误差分布

到的内容，油脂为何要用日用罐，且要有日盘点的原因。因为油脂用量的日盘点制度会让我们及时发现问题，及时纠偏接近，而不至于把质量风险累积到月底，一个月底的亏损暂且不说，一个月产品的质量波动是关键，可能有大批不合格的产品已经到达市场，油脂的添加超量也基本改变了配方设计的营养，可能造成动物的消化不良，造成饲料过料是完全有可能的。因此，油脂的质量，包括油脂入厂的质量、存储的质量及使用的质量，对于案例中的过料现象有很大的关联关系。

这几年，饲料行业的发展迅速，在肉鸡饲料中添加的油脂越来越多，添加量已经超出了混合机添加的最高值（添加量对颗粒制粒效率影响很大）。因此，另一种油脂添加工艺应运而生，即油脂的后喷涂。这个工艺在水产料中一般是滚筒或真空喷涂，到了畜禽料，虽然也是后喷涂，但是原理和设备与水产料使用的设备完全不是一个档次。这里要阐述的后喷涂工艺是指畜禽料的添加方式。畜禽料使用的添加设备是干流秤，它根据颗粒下落过程对秤的冲击计算饲料的下落重量，根据下落饲料的重量控制添加油脂的数量。由于饲料颗粒的粒径、密度等存在差异，所以下落过程的冲击力也不同，计算出的下落重量差异非常大。这就是每日校正干流秤参数的原因。在日常的工作中，很少有公司每日坚持校秤，有的甚至从安装设备结束到目前使用了很长时间，都没有修正过参数。这其中的质量偏差可想而知。但是也许大家觉得10%左右偏差顶天了，图2-1-29是一家公司肉鸡全价饲料每吨饲料中添加量与理论量误差百分比的分布图，大家可以直接感受其中的误差。因为恰好是肉中鸡（生长中期饲料），结合前面的案例肉鸡过料发生的日龄刚好在21～28日龄，所以我们不得不考虑这样的油脂添加误差对本案例中的过料造成了重大影响。

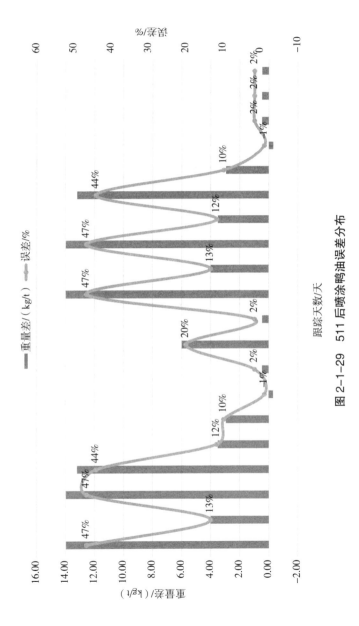

图2-1-29 511后喷涂鸭油误差分布

通过上面饲料生产过程中列举的一些案例，我们是否感觉到生产质量对于界定问题的影响，但是这些影响因素又不能明确地确定与质量结果之间的关系，最多只是重要的影响因素之一。但是当生产过程中存在多个产生这样负面影响的因素时，比如饲料的粒度、小料的称量、预混料的质量、调制质量、油脂的添加质量、油脂库存管理等，如果这些影响因素对质量结果影响的方向是一致的，那么我们就不得不考虑这样的综合影响因素与质量结果的关系。这种关系已经不是简单的影响关系，虽然不能判定为因果关系，但至少应该是强相关的。此时，实现生产过程的质量监控的数据化的重要性就显现出来，如果不能保证生产过程的质量稳定和有据可查，那么最终市场出现客户投诉，质量问题界定的结果就无法追溯到根本原因，最终界定的结果大概率是大家共识的结果，找到真正原因的概率是很低的，质量问题可能重复发生的概率很高，唯一不确定的是发生的时间和地点。

生产过程如此多的影响因素在不停地变化中，最终的产品质量如何综合评价质量情况呢？这就是前面提到过的产品质量的内控标准和常规检测的意义所在，需要通过常规指标的检测结果的波动去看见产品的质量隐患，图 2-1-30 是一个饲料集团的 5 个常规检测项目的合格率的分布图。

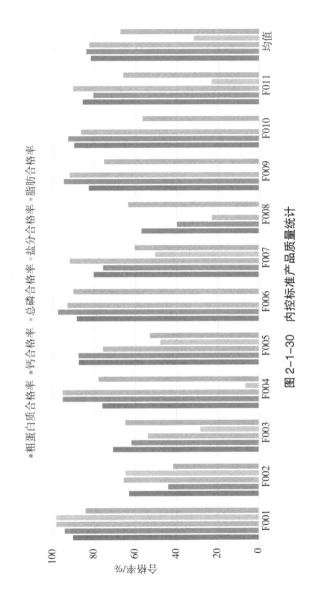

图 2-1-30 内控标准产品质量统计

从图 2-1-30 中我们可以看出，粗蛋白质、钙和总磷的合理率平均值在 80% 左右。从单个成分的数据来看，似乎感觉还不错。但动物吃饲料并不是只吃粗蛋白质，而是需要吃到所有的营养，最好是每颗饲料的营养都是齐全和足量的，当然谈到每颗的标准可能在实际生产中是做不到的，但是每批饲料的质量要做到这样的水平，是应该可以做到的。那么，我们来看一下，如果粗蛋白质、钙、磷都合格，也就是 3 项都合格产品的合格率会是什么情况？四项都合格是什么情况？5 项都合格是什么情况？接下来，我们根据上面的各项合格率进行了统计，统计结果如图 2-1-31 所示。

从图 2-1-31 中我们可以看到，以 3 项为标准判断产品的合格率从 57% 降到以 5 项为标准的 12%。这样的产品质量在市场上的表现可想而知，即质量波动不稳定。质量的第一要素是稳定，产品质量不稳定可能也是当下饲料行业面临的共同的痛点。根据作者这几年接触的大概超过 3 000 万 t 以上饲料的统计结果，行业 3 项合格率（内控标准）的水平在 30% 左右。从产品质量的角度来看，产品质量的稳定性是行业升级需要突破的关键。

结合上面所述的生产质量，回归到我们需要界定的质量结果维度上，可以看到生产质量有两个方面的结论。

生产质量的稳定和质量监控的数据化是问题界定的基础，若要把质量问题界定清晰，生产质量的稳定是关键。如果生产质量如前面 3 项或者 5 项合格率描述的这样波动，那么问题界定的结果最终只能是综合因素，基本没有可能从产品角度找到最根本的影响因素。产品的质量需要体系的支撑，产品质量的波动是因为体系质量存在问题，只有这一点是明确的。生产质量的影响因素叠加就可能由影响关系变成强相关，甚至形成因果关系。

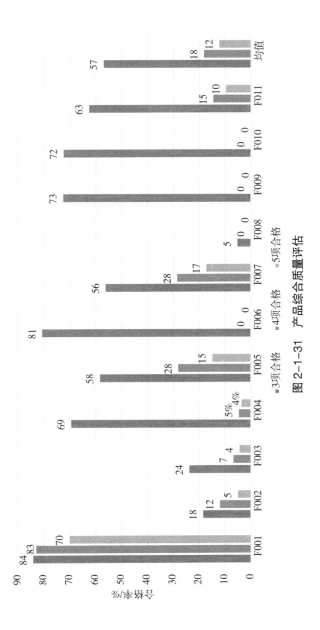

图 2-1-31 产品综合质量评估

截至目前，从产品角度进行质量问题的界定基本告一段落，现在把界定的结果做一个总结。

● 结合案例样品的抽查结果以及公司的技术管理的现况和存在的缺陷，初步可以给出的结论是营养标准与过料的结果有非常大的关联关系。

● 在一定程度上，可以预判原料的质量是本次质量结果的重要影响因素之一，但它并不是根本原因。根本原因是原料质量管理的相关流程和制度。

● 生产过程中存在多个因素与过料的质量结果有直接的关系，但是无法判断单个因素对于界定质量结果的影响，如果把生产影响因素作为一个整体来看，因素叠加产生的影响，有可能生产因素就由影响关系变成强相关关系，甚至因果关系。

结合上面的结论，我们再来梳理一下这三方面影响因素直接的关系（图2-1-32）。

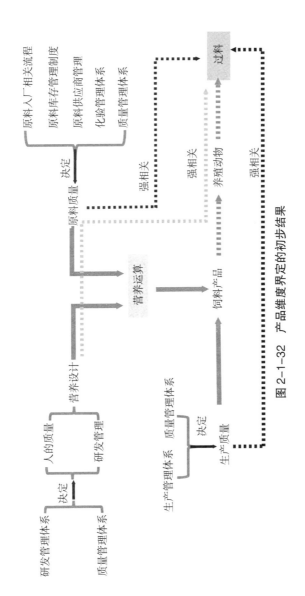

图 2-1-32 产品维度界定的初步结果

综合从产品角度对质量问题界定的上面所有内容，可以得出以下结论。

● 过料质量结果与营养设计、原料质量和生产质量 3 个因素强相关。

● 这 3 个因素之间的关系排序无法确定。所有初步的结论是这 3 个主要因素互相影响的结果。

● 影响这 3 个因素的根本原因是背后的体系质量和管理水平。因此，我们可以得出的结论，造成过料的根本原因是体系的质量问题。

研发管理体系和质量管理体系决定了营养设计。

原料入厂的流程、原料的库存管理、供应商的管理体系、化验管理体系和质量管理体系决定了原料的质量。

生产管理体系和质量管理体系决定了生产质量。

由此还可以看出，体系质量的核心是质量管理体系。

第五章　体系质量界定

　　在质量问题界定的原则中提到了质量问题界定的 3 个维度，产品的质量、体系的质量和人的质量，前面第四章所述的是产品的质量维度界定质量问题的内容，本章就体系质量的界定方法与大家做一些分享。在前面反复提到过，产品的质量是体系质量的外显，体系的质量决定了产品的质量。因此，体系质量的界定是基于产品质量的界定结果，更深层次的原因剖析，找到造成质量结果的体系方面的原因。从一定角度来说，体系方面的原因也就是管理方面的原因。

　　涉及管理方面，每个饲料公司都有自己的管理风格和逻辑。如果是公司的员工，因为身在局中就很难看清根本原因；如果不是公司的职员，那么很多信息对于问题界定者来说是缺失的。因此，最理想的状态是置身局内，但是有置身局外的思考能力，要做到这一点从个人的经历来说是一件非常困难的事情，这也就是前面总结的一个合格的质量工程师的前提是一个优秀质量管理者的原因之一。

　　体系质量的界定就是要根据通过产品质量维度已经界定清楚的影响因素，找出与这些影响因素关联的业务流程，通过现场调研的方式确定当下的业务流程是否可以有效地避免影响因素造成的质量结果再次发生。如果当下的流程是可以做到预防再次发生，那么体系就应该是相对完善的，如果不能做到有效预防，就说明这个影响因素的质量隐患依然存在，因为外部环境和其他因素的变化，质量问题还在重复发生，但是呈现的形式、结果可能与以前不同。

基于这样的逻辑，本章就上述的过料现象通过产品质量界定确定的结果，从体系质量的维度进一步剖析一下管理方面的原因。首先我们回顾一下从产品质量的维度界定过料质量结果的可能存在的原因。

◇营养角度：营养标准的稳定性和营养平衡。

◇原料角度：原料的氧化变质、原料毒素监控不到位、预混料产品的稳定性、原料感官把控水平、高风险原料管理。

◇生产角度：产品生产过程的主要质量关键点的把控情况，粉碎粒度控制、配料误差管理、调制质量、小料配料质量、油脂库存管理、油脂使用质量等。

基于体系的目的是预防质量问题发生的逻辑，体系质量的界定就是要判断相关体系对影响因素造成质量隐患的预防能力。预防能力的预判只能通过相应的信息去预判和洞见，这也是在看见质量中对看见标准的要求，如果达不到看见质量隐患标准，那么就无法设计出调研中需要确认的信息，更谈不上可以从体系的维度来看见质量的隐患和风险。

接下来，我们就以过料案例中通过产品维度界定出的原因，设计对应的调研信息，从信息的分析来洞见体系质量方面的隐患。

营养角度

1. 营养标准批准执行和设计者是一个人吗？

2. 营养标准的设计者和批准执行者分别是谁？

3. 公司肉鸡的营养标准包含哪些内容（列举）？

4. 与营养标准配套的饲喂阶段是什么（举例）？

5. 片区或者公司配方师可以根据养殖成绩修改营养标准吗？

6. 营养标准中的平衡指标有哪些？

7. 肉鸡营养标准中常规的营养指标有哪些？每个指标允许变化的范围多大？

8. 毒素在营养标准中是如何设置标准的？

9. 营养标准中的标准是如何设定的？

10. 公司营养标准多长时间修正一次？

11. 肉鸡的 DEB 营养标准中设置的范围是多少？

12. 每种原料有使用上下限的标准吗？

13. 营养标准中关注能蛋比、赖能比等这类指标吗？

14. 在配方更新时需要品管提供哪些指标？

15. 品管提供的数据如何判断是否准确？

16. 原料的检测数据不全，如何进行营养测算？

17. 发现原料营养测算的结果比如能量感觉不正常，怎样处理？

原料角度

18. 原料入厂取样次数是多少？

19. 入厂原料一次取样大概比例是多少？

20. 第一次取样检测项目是什么？

21. 高栏车取样有取样平台吗？

22. 感官指标不合格如何处理？

23. 采购合同质量标准是否经过品管审核？

24. 原料取样员是专职还是兼任？

25. 毒素检测需要取样最低量是多少？

26. 卸货过程取样员一直在场取样吗？

27. 供应商如何管理？

28. 原料的一次取样和二次取样是一个人吗？

29. 库存原料多长时间取样检测一次？

30. 库存原料的检测项目是什么？

31. 原料筒仓有测温和通风设备吗？

32. 筒仓多长时间测温一次？

33. 筒仓通风是如何操作的？

34. 油罐多少时间清理一次？

35. 油罐是边用边进新油吗？

36. 油罐多长时间排污一次？

37. 预混料入厂质量监控做哪些工作？

生产角度

38. 原料粉碎细度生产部如何管理？

39. 每个班次的配料误差生产如何监控？

40. 颗粒质量的判断标准是什么？

41. 制粒过程生产关注的第一要素是什么？

42. 油罐加热的方式是蒸汽还是电加热，还是两种都有？

43. 油脂过滤网规定多长时间清理一次？

44. 电加热的方式是直接加热还是夹套水浴加热？

45. 小料配料是人工称量还是小料自动配料系统？

46. 小料是需要经过提升机进入混合机，还是直接投入混合机？

47. 小料混合时间是人工控制还是自动控制？

48. 原料的出入库每日盘点的数据是实际盘点结果吗？

49. 多长时间会把配料仓打空彻底盘点一次？

50. 原料筒仓是边用边进原料吗？

51. 小料有专区并上锁吗？

52. 产品粒度质量监控标准用几层筛?

53. 多长时间会导出生产配料记录进行分析?

54. 小料每次称量记录是否自动保存?

55. 小料的零头多长时间抽查复核一次?

56. 小料配料质量是如何监控的?

57. 制粒过程质量如何监控?

58. 每种油脂的加热有最高加热温度的标准吗?

59. 库存原料质量如何监控?

60. QC 报表中原料的质量结果更新频率是什么?

61. 筒仓中的玉米质量如何监控?

62. 产品质量合格的判断标准是什么?

以上所有问题的设计都是基于过料质量结果的界定的主要影响因素背后原因的验证。每个问题背后都对应管理中的相应业务流程,每个业务流程后面都有相应的支撑体系;通过对问题的回答,可以判断出调研信息后面要确定的影响因素对于过料结果的预防能力。通过预防能力的分析,就可以看见体系中哪个业务流程的风险是最大的,基本就找到了造成当下质量结果的根源。

针对以上的问题模拟当下行业内存在的情况,给出了一个相对明确的模拟答案。接下来,我们根据回答的内容进行分析,来看看背后体系的质量情况,本章要阐述的重点是体系质量的界定方法,所以无论是上述问题的描述或者调研情况的汇总,可能不是那么缜密,请大家谅解(表 2-1-3)。

表 2-1-3　调研结果

序号	调研问题	调研情况	有效预防	业务流程	主责体系
1	营养标准批准执行者是一个人吗？	是一个人	否	营养标准审核	技术研发体系
2	营养标准的设计者和批准执行者分别是谁？	都是营养师	不确定	营养标准审核	技术研发体系
3	公司肉鸡的营养标准包含哪些内容（列举）？	常规、能量、氨基酸、可消化氨基酸等	否	营养标准制定	技术研发体系
4	与营养标准配套的同喂阶段什么（举例）？	每个阶段的料根据养殖现场成绩调整	否	营养标准制定	技术研发体系
5	片区或者公司配方师可以根据养殖成绩修改营养标准吗？	可以修改	否	营养标准修订	技术研发体系
6	营养标准中的平衡指标有哪些？	主要是氨基酸的比值标准	否	营养标准制定	技术研发体系
7	肉鸡营养标准中常规的营养指标有哪些？每个指标允许变化的范围多大？	主要是粗蛋白质、钙、磷、粗脂肪，粗蛋白质允许波动1%，脂肪有最小值	否	营养标准制定	技术研发体系
8	毒素在营养标准中是如何设置标准的？	有最高限制	不确定	营养标准制定	技术研发体系
9	营养标准中的标准是如何定的？	禽营养师直接修改或者组织大家讨论	不确定	营养标准修订	技术研发体系
10	公司营养标准多长时间修正一次？	根据市场养殖情况	否	营养标准修订	技术研发体系
11	肉鸡的DEB营养标准中设置的范围是多少？	这个暂时还没有	否	营养标准制定	技术研发体系

续表

序号	调研问题	调研情况	有效预防	业务流程	主责体系
12	每种原料有使用上下限的标准吗？	有的有、有的没有	否	营养标准制定	技术研发体系
13	营养标准中关注能蛋比、赖能比等这类指标吗？	主要是赖蛋比、赖苏比等氨基酸平衡指标	否	营养标准制定	技术研发体系
14	配方更新的时候需要品管提供哪些指标？	没有固化的格式，主要是水分、蛋白和灰分	否	配方更新管理	配方管理体系
15	品管提供的数据如何判断是否准确？	品管提供肯定是准的	否	配方更新管理	配方管理体系
16	原料的检测数据不全，如何进行营养测算？	根据经验补充检测结果	否	配方更新管理	配方管理体系
17	发现原料营养测算的结果比如能量感觉不正常，怎样处理？	直接修改测算结果	否	配方更新管理	配方管理体系
18	原料入厂取样次数是多少？	不一定、根据情况安排	否	IQC	质量管理体系
19	入厂原料一次取样大概比例是多少？	站到地面上可以取到的全部取到	否	IQC	质量管理体系
20	第一次取样检测项目是多少？	不一定、主要是水分原粮有容重杂质等、还有的免检	不确定	IQC	质量管理体系
21	高栏车取样有取样平台吗？	没有	不确定	IQC	质量管理体系
22	感官指标不合格如何处理？	把信息发进货群里、等结果	否	不合格处理流程	质量管理体系

313

续表

序号	调研问题	调研情况	有效预防	业务流程	主责体系
23	采购合同质量标准是否经过品管审核？	没有	否	原料采购流程	采购管理体系
24	原料取样员是专职还是兼任？	有 1 个专职	否	IQC	质量管理体系
25	毒素检测需要取样最低量是多少？	平时正常取样，没有特殊要求	否	IQC	质量管理体系
26	卸货过程取样员一直在场取样吗？	忙不过来，一般不会	否	IQC	质量管理体系
27	供应商如何管理？	发现掺假设入人黑名单	否	SQE	质量管理体系
28	原料的一次取样和一次取样是一个人吗？	是一个人	否	IQC	质量管理体系
29	库存原料多长时间取样检测一次？	暂时没有规定，按照需要	否	原料库存管理	质量管理体系
30	库存原料的检测项目是什么？	主要是感官	不确定	原料库存管理	质量管理体系
31	原料筒仓有有测温和通风设备吗？	有	不确定	原料库存管理	生产管理体系
32	筒仓多长时间测温一次？	不一定	不确定	原料库存管理	生产管理体系
33	筒仓通风如何操作的？	天热季节，每天开几个小时	否	原料库存管理	生产管理体系
34	油罐多长时间清理一次？	没有明确规定	否	原料库存管理	生产管理体系
35	油罐是边用边进新油吗？	是	不确定	原料库存管理	生产管理体系
36	油罐多长时间排污一次？	油罐没法排污	否	原料库存管理	生产管理体系
37	预混料入厂质量监控做哪些工作？	核对标签，关注生产日期	否	IQC	质量管理体系

续表

序号	调研问题	调研情况	有效预防	业务流程	主责体系
38	原料粉碎细度生产部如何管理?	每班取样过标准筛看看,凭感管	否	生产管理	生产管理体系
39	每个班次的配料误差生产如何监控?	中控系统的每日使用总量的统计结果	否	生产管理	生产管理体系
40	颗粒质量的判断标准是什么?	颗粒硬度	不确定	生产管理	生产管理体系
41	制粒过程生产关注的第一要素是什么?	调制温度	否	生产管理	生产管理体系
42	油罐加热的方式是电加热、还是蒸汽还是两种都有?	都有	不确定	生产管理	生产管理体系
43	油脂过滤网规定多长时间清理一次?	3个月	否	生产管理	生产管理体系
44	电加热的方式是直接加热还是夹套水浴加热?	直接加热	否	生产管理	生产管理体系
45	小料配料是人工称量还是小料自动配料系统?	自动配料	否	生产管理	生产管理体系
46	小料是需要经过提升机进入混合机、还是直接投入混合机?	经过提升机提升	否	生产管理	生产管理体系
47	小料混合时间是人工控制还是自动控制?	人工控制	否	生产管理	生产管理体系
48	原料的出入库每日盘点的数据是实际盘点结果吗?	有的是、有的不是、大部分是理论出库量	否	生产管理	生产管理体系
49	多长时间会把配料仓打空彻底盘点一次?	出现重大亏库的时候	否	生产管理	生产管理体系

315

续表

序号	调研问题	调研情况	有效预防	业务流程	主责体系
50	原料简仓是否是边用边进原料吗？	是的	否	生产管理	生产管理体系
51	小料有专区上锁吗？	没有	否	生产管理	生产管理体系
52	产品粒度质量监控标准用几层筛？	3层	否	IPQC	质量管理体系
53	多长时间会导出生产配料记录进行分析？	每日抽查	否	IPQC	质量管理体系
54	小料每次称量记录是否自动保存？	没有保存记录	否	IPQC	质量管理体系
55	小料的零头多长时间抽查复核一次？	偶然抽查	否	IPQC	质量管理体系
56	小料配料质量是如何监控的？	现场巡查	否	IPQC	质量管理体系
57	制粒过程质量如何监控？	现场巡查，抽查调制温度	否	IPQC	质量管理体系
58	每种油脂的加热有最高加热温度的标准吗？	通用标准不能超过40℃	否	IPQC	质量管理体系
59	库存原料质量如何监控？	巡查偶然抽查化验	否	IPQC	质量管理体系
60	QC报表中原料的质量结果更新频率是什么？	根据配方调整的要求	否	IPQC	质量管理体系
61	简仓中的玉米质量如何监控？	根据入仓玉米的均值	否	IPQC	质量管理体系
62	产品质量合格的判断标准是什么？	企业标准	否	FQC	质量管理体系

注："是否预防"一栏中是指根据调研情况预判能否有效地预防过料质量结果的发生；

"否"就是说明调研情况不能不能有效地预防过料质量结果的发生；

"不确定"就是说明调研情况不能够有效预防过料质量结果的发生。

上面罗列的是基础的收集信息，主要是为大家展示一个模板，为体系质量的界定提供一种方法和思路。接下来，我们对上述的调研情况进行归类总结，就得到了下面的统计表（表2-1-4）。

表 2-1-4　调研情况总结

主责体系	业务流程	不确定	否	总计
采购管理体系	原料采购流程		1	1
技术研发体系	营养标准审核	1	1	2
	营养标准修订	1	2	3
	营养标准制定	1	7	8
配方管理体系	配方更新管理		4	4
生产管理体系	原料库存管理	3	3	6
	生产管理	2	12	14
质量管理体系	FQC		1	1
	IPQC		10	10
	IQC	2	7	9
	SQE		1	1
	原料库存管理	1	1	2
	不合格处理流程		1	1
总计		11	51	62

根据上面统计表中的内容，我们通过折算成所占列的百分比，就得到了下面的统计表（表2-1-5）。

表 2-1-5　调研统计

主责体系	业务流程	不确定	否	总计
采购管理体系	原料采购流程		2%	2%
技术研发体系	营养标准审核	9%	2%	3%
	营养标准修订	9%	4%	5%
	营养标准制定	9%	14%	13%
配方管理体系	配方更新管理		8%	6%
生产管理体系	原料库存管理	27%	6%	10%
	生产管理	18%	24%	23%
质量管理体系	FQC		2%	2%
	IPQC		20%	16%
	IQC	18%	14%	15%
	SQE		2%	2%
	原料库存管理	9%	2%	3%
	不合格处理流程		2%	2%
总计		100%	100%	100%

　　从统计结果我们可以看到，在不能有效预防上述过料质量结果中各个业务流程的占比，其中营养标准的制定流程占比为14%；生产管理（生产质量维度）占比为24%；质量监控（IPQC）占比为20%；质量监控（IQC）占比为14%。

　　从这较粗略的统计数据来看，这4项已占了72%，其中质量监控占了36%。从这些数字中可以看到质量管理的重要性，验证了质量管理质量决定了整个运营体系的运营水平的判断。可以预见饲料企业的质量管理体系垮塌带来的后果。

本章小结：

饲料过料质量结果从体系质量问题界定的结果如下，影响质量结果的主要体系是：

1. 技术研发体系的营养标准的制定流程。

2. 生产管理体系主要是生产质量管理。

3. 质量监控体系主要是原料质量和生产质量监控。

第六章　人的质量界定

　　体系的落地需要配套的团队，人的质量是配套体系的，是为了体系的落地，所以人的质量的界定需要整体来看当下体系的质量，其核心是不能忽略了当下体系的质量现况，孤立地仅去要求人的质量要满足规划设计中显示的体系质量。这就是体系建设需要长期，几十年甚至上百年的沉淀的原因。体系建设的成败，一方面取决于经营者的决策：即体系建设的方向是分权还是成事；另一方面则依赖于体系设计者的专业能力，包括对业务逻辑理解的深度、系统思维能力、入局做事落地的能力、管理能力等。简单来说，决策者决定往哪个方向做，设计者决定如何做。

　　体系的设计准则决定了体系建设的方向，为清晰地看到设计准则的差异，图2-1-33中分别从分权和成事两个目标的管理方向来阐述设计准则不同造成的体系建设的差异。在现实情况下，一般公司并不会严格区分这两个方面，甚至会人为地制造很多假象以掩盖分权驭人的目的。其实无论以哪一部分为主，本质上都是为了更好地经营企业，只是经营管理的方式不同而已，各有优势和劣势，并无绝对的好坏之分。如果一个公司的决策者个人能力超强且全面，在企业刚起步时，通过分权的管理方式是实现企业经营目标的合适方法。随着企业发展到一定规模，甚至成为集团化公司，这时再通过分权和掌控人的方式来实现经营目标的难度

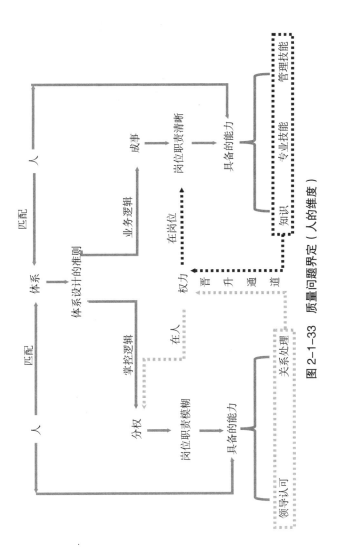

图 2-1-33 质量问题界定（人的维度）

是很大的。从某种角度来看，这对经营者个人的要求变得更高，毕竟超人大部分只出现在影视剧中，现实中虽然不乏优秀的人，但具备这样能力的人是可遇不可求的。同时企业经营对个人能力的依赖性越高，实际面临的经营风险越大，一旦出现大的决策失误，可能会给企业带来毁灭性的打击。

　　一个长期稳定经营的企业，从表面上看，似乎也在依靠人的能力，很多管理动作和决策似乎与分权控人的管理逻辑并无太大差异。但从经营结果来看，实际差异巨大。当这个公司的核心人物离开公司时，似乎并不会对企业的经营产生很大影响，企业依然在其离开后依照原来的轨道继续前行。体系最大的价值是把每个人的行为结果与公司的战略关联起来，让每个人的行为与公司战略目标的实现一致。但因为任何一个人都是一个独立的个体，都是一个复杂的系统，会受自身见识和格局的限制，都有自由和被尊重的需求。因此，通过权力分配的管理模式存在弊端，员工为了生存大概率会选择服从上级的安排，这样一层一层的服从执行，决策者就成为公司的上限。公司经营顺利时，下属对老板一片颂扬；企业遇到困难时也不会有不同的声音，但是大概率大家都会等老板的决策。

　　体系设计的准则是以成事为目标，对于饲料行业来说，成事就是如何把饲料做好，满足客户的需求，长期稳定地经营下去。以成事为目标的体系设计的准则是基于清晰的业务逻辑，厘清每个业务单元的岗位职责，然后筛选合适的人来匹配这个岗位，每个管理者基于自己的岗位职责和需要完成的目标，在遇到困难时各业务单元都会主动想办法，因为从管理的角度来说，目标是一致的，这样体系中就会出现不同的声音，决策者可以根据这些变化和不同的观点来修正战略落地的方案方法。

体系建设是公司的战略决策，没有完全的好与坏，是公司决策选择的结果。接下来的内容阐述的是人的质量界定的话题，所以需要厘清这两种设计准则完全不同的体系对于人能力的要求。通过对人的要求和当下员工具体的能力之间的差距，就是我们要界定的人的质量问题。接下来对图 2-1-33 两个体系对人能力的要求进行简单说明。

设计准则不同

一个是在掌控逻辑下的权力分配，通过赋予可以掌控的人一定的权力，来完成自己设计或期望的目标。

另一个是基于业务逻辑的完成事情，是为了完成事情这个目标，厘清每个业务单元该承担的责任和内容，根据承担的责任和义务赋予相应的权利，大家一起共同完成这个事情。

岗位职责不同

基于分权准则的岗位职责是取决于决策者个人的判断，决策者根据自己的认知分配权利和义务，所以岗位职责会随人而改变，也会造成决策者会安排不同的人来负责同一个事情，最终的结果大概率是职责不清，责任不明。

基于业务逻辑的岗位职责是清晰的，因为完成事务需要各个业务单元的共同努力，这是准则的出发点，不同的业务单元该做的事情、承担的责任容易明确区分。

匹配能力不同

上面提到体系落地需要配套的团队，即需要配套的人，最重要的是每个业务单元的主管。虽然主管不能决策体系设计准则，但他对设计准则选择的决定会影响体系建设的方向。体系建设不是一朝一夕的，更不是独立的。如果主要参与建设者执行的方向不统一，会朝不同方向努力，能力越强或权利越高的主管坚持的方向力度也会越大。不同的设计准则就是不同的体系建设的方向，需要匹配的人的能力要求也就不同。

在分权逻辑下，体系设计首先需要领导认可个人能力，才有可能拿到赋予的权力。能力的判断标准来自各级领导，同时还要与上下级、平级的相关业务单元处理好关系，以增加获得领导信任和赋权机会，因为权利核心赋予的个人，希望通过这个人去完成自己期望的目标。

在业务逻辑下，体系岗位职责明确，所需能力通过岗位画像清晰描述。要想获得这个权力，需要先得到这个岗位，而要得到这个岗位首先需要具备岗位画像描述的能力。具有这样能力的人匹配在岗位上，业务完成质量是可以预期的。

在这里讨论并非为评价准则的好坏，只是通过鲜明对比，让大家体验不同体系设计准则会带来的结果，从而在处理日常工作类似情况时，可以清晰地做选择，不再纠结。

以质量问题界定的目的视角来看人的质量，其实是看人与体系的匹配度是否合适。而关于对人能力的评估是人力管理的专业范围，这里笔者也只是班门弄斧，尝试从人与体系匹配的角度来谈谈个人的观点。上述举例内容说明了不同体系的设计准则需要人的能力是不同的。就饲料行业而言，每个决策者都希望把企业经营好，更多地希望自己的员工具备从业务逻辑出发的能力。这里要说明的是，如果员工具备这样的能力，但是与当下的体系存在不匹配情况，那么员工迟早会离开这个体系。因此，个人的观点是要想员工具备这样的能力，首先需要建设这样的体系，正所谓"栽下梧桐树，自有凤凰来"，就是这个道理。

接下来，我们就假设公司的体系设计准则聚焦于"成事"这一目标，以质量管理体系为例，来梳理关键领导岗位的岗位职责。

根据当下人员的能力与所需能力之间的差距，就是我们要查找的人的问题。以下是我们设定的与体系配套的岗位职责（每个主要列举了 3 个方面）。

质量总监职责

1. 部门管理（架构、薪资、绩效、晋升通道设计、沟通、落地）。

2. 质量体系的建设（内部标准作业程序和相关业务部门的作业程序）。

3. 重大质量问题界定的组织者，根据界定结果制定预防和控制措施。

区域质量经理职责

1. 区域质量体系的建设工作落地执行。

2. 区域质量问题的界定，制定预防和控制措施。

3. 负责基地质量工作的监督指导，团队建设及能力提升。

基地质量经理职责

1. 质量管理工作在基地的落地执行。

2. 基地质量问题的界定，制定预防和控制措施。

3. 质量数据分析，制定预防和控制措施及基地团队建设及技能教辅。

从上面列举的 3 个岗位的岗位职责来看，每个层级的职责有着非常清晰的关联关系，质量总监职责主要是规划设计和资源支持，其他不同层级做的是执行落地。完成这样职责的人需要具备匹配的能力，一般会从 3 个维度进行能力匹配的评估；知识、专业技能和管理技能。由于上述岗位均为管理的岗位，因此在能力匹配问题的界定中，管理技能赋予的权重一定要高于专业技能。在这里强调这个的目的，是在当下饲料行业经常碰到这样的情况：

明明是管理岗位，却依赖专业技能的高低进行绩效的考核和晋升的关键指标，这显得有些本末倒置。

知识是指针对这个岗位是否拥有足够的相关知识，这包括专业知识和管理知识等。技能是知识获取和转化的能力，与知识不同的是，技能已经转化为个人的能力。如果同一件事情你可以重复做到 3 次相同的标准，那么你已经掌握了这项技能。技能是依附于个体的，这就是在成事逻辑下，个体晋升的重要砝码的原因之一。基于上述内容，我们可以把质量管理需要的知识和技能设计成问题，通过不同人的回答，来评估此人的知识面和所需要技能的情况。

以下是根据某集团咨询工作需要当时设计的问题，现在罗列出来，以便大家理解后续的界定结果。

1. 每个化验项目的检测方法是什么？

2. 每个化验项目操作的关键步骤（抽查 2～3 个检测项目）是什么？

3. 如何判断化验数据的准确性？

4. 给你一个化验室，你的管理方法是什么？

5. 原料的取样方法是什么？

6. 为什么原料要进行 2 次取样？

7. 原料的质量判断内容有哪些方面？

8. 原料的 1 次取样质量监控点有哪些？为什么要监控这些项目？

9. 当下公司原料的入厂质量监控流程有哪些需要完善的地方？

10. 原料质量监控体系建设的关键是什么？

11. 饲料生产过程质量监控的关键点有哪些？

12. 生产过程每个质量关键点的监控方法及质量标准是什么？

13. 如何搭建生产过程的质量监控体系？

14. 你是如何理解质量管理体系的价值？

15. 质量体系的规划设计是谁的职责？如果是你，你会怎么做？

16. 质量管理者应该具备哪些能力？

17. 如何通过数据洞见数据背后的质量隐患？

针对上述问题采取类似体系质量界定的方法，通过对不同岗位的人的评分，同时对于知识、专业技能和管理技能赋予不同的权重进行统计，就可以得出每个岗位的人的质量情况（表2-1-6）。

表 2-1-6　各个岗位人的质量评分

技能	片区经理	基地经理	化验室主任	化验员	原料品控主任	原料品控员	生产品控主任	生产品控员
管理技能	60	75	100		100		100	
专业技能	61	63	100	89	67	100	80	100
知识	75	100	100		83		67	
得分	62	70	100	89	88	100	81	100
评价	需要改进	一般	优秀	良好	良好	优秀	良好	优秀

从统计结果我们是否可以看到不同岗位人的质量情况。

基层员工相应的知识和需要的专业技能整体良好。

基地质量经理水平一般，也就是基本和岗位是匹配的。

但是作为片区质量经理的能力反而与岗位匹配度不高。质量管理是管理岗位，所以管理的技能是应该关注的重点，而不是工作的时间和阅历。

第七章　小　结

1. 质量问题的界定第一步要区分界定的是质量结果还是质量问题。

2. 质量问题的界定是质量管理体系中的质量工程，承担此重任的是质量工程师。

3. 一个合格的质量工程师首先是一个优秀的质量管理者，这个岗位需要多年的经验和沉淀。

4. 质量问题的界定首先厘清部门职责和做事的秩序，其次厘清影响因素之间的关联关系，最后通过关键因素的改变来推演对质量结果的影响，确定质量问题的根本原因。

5. 质量问题的界定需要从产品质量、体系质量和人的质量3个维度分别进行界定。

6. 通过产品质量的界定确定主要的影响因素，通过质量体系的界定找到主要影响因素背后的原因，根据体系的质量来界定人与体系的匹配程度。

7. 案例饲料过料质量问题界定的结果是多个因素叠加的综合原因，影响因素背后的营养标准修订流程、生产管理体系的和质量监控体系，体系质量水平低于安全范围才是问题的根本所在。

第二部分　因素排序

第一章　目　的

　　第一部分主要内容阐述的是从产品质量、体系质量和人员的质量界定问题的方法，从过料质量结果案例的界定过程，我们也看到了造成这个质量结果的因素与多个业务体系相关，是多个因素影响叠加的结果。面对这样的界定结果，如果想要快速有效地解决当下的问题，我们该从哪里下手呢？是从产品的质量下手还是从体系的质量下手，还是需要先回到人的质量维度，找到匹配的人呢？面对这样的困惑，每个人基于个人对饲料业务逻辑的理解，基于自己的思维习惯以及个人的格局和见识，就可能就会出现不同的解决方案。如果从解决问题的思维出发点来区分，大概会有以下几种解决方案。

　　● 一个是围绕当下产品的解决方案，目的就是围绕产品当下的质量结果如何去改变它，比如上述案例中的过料现象，围绕产品的思维就会沿着如何让这个现象减少或者消失的方向思考。就看不见造成当下质量结果背后的根本原因是体系的质量。

　　● 一个是从根本上围绕体系的解决方案，就会把看到的"质量问题"定义为质量结果，进一步去查找和分析背后的原因，就会回到产品出现这样结果的支撑体系的原因上，就会沿着如何从体系完善优化甚至重塑的角度彻底解决这个问题的方向思考。

　　● 考虑的现实条件有可能是以上两个方面都有考虑，从体系的角度去解决当下的质量结果最大的短板是需要时间，最大的优势是可以彻底从根本去解决问题，杜绝同类质量问题的反复发生。从产品的角度思考的解决方案优势是如果可以找到这样的解决方法，可以迅速改变产品在市场上的表现，为体系的完善争取了时间，但是带来的可能是成本的增加，最大的隐患是同类质量问题可能会再次发生，甚至反复发生。

作为企业的经营者，既希望产品的质量可以马上得到改善，又期望这类问题不要再发生。这就给相关的业务部门带来了不小的压力，但是我们把从根本上解决问题作为最终目标，为了实现这个目标会不会有两者兼顾的方法呢？本章因素排序的目的就是期望通过对不同的维度对造成质量结果的关键影响因素进行排序，参考事情轻重缓急的处理原则，兼顾当下与未来以及各方的需求，推进解决方案的落地。接下来，我们推演一下围绕产品和围绕体系的两种思维下的解决方案的区别。

围绕产品的解决方案

围绕产品的解决方案主要是从看见的质量结果入手的解决方案、思考的出发点是，既然是产品质量的问题，就回到产品本身来解决。还是我们开始阐述的把看到的质量结果作为问题来解决的思路，沿着这个思路有可能采取的行动方案如下：

强化人的管理

通过对于质量问题界定的相关影响因素，比如颗粒质量熟化度不够、配料误差大等，追责相关业务的责任人并强化人的管理，甚至会出台一系列的管理制度。要求生产部门马上列出整改计划进行整改，质量管理部门要根据每天跟踪检查，且在整改报告上要签字确认整改效果；质量管理部门必须强化原料的取样和感官质量的把控、库存原料规定多少天需要抽查检查等。

　　这些安排不可否认对于改善当下的质量结果是有效的，但是从质量管理的角度似乎还存在不足。回想一下日常工作中这样的工作最终的结果大概率会不会是这样的：整改方案做完以后，如果发现有效果，大家就认为问题解决了，从表面来看质量结果是改变了（实际是否改善不确定）。但是随着时间的推移，人员的变动、决策者的关注度或关注重点的变化，慢慢地这些工作的执行程度和内容就会发生变化，在众多影响因素中，偶然一个没有做到，质量结果不会立刻表现出来，而前面强化的工作也可能逐步被放弃，最终的结果是类似的质量结果再次出现。或者因为质量管理部门的人员缺失，经营者关注哪些方面就忙着做那些方面的工作，其余的工作逐渐会被忽略，忽略的因素叠加可能造成新的"质量问题"，如此反复造成新的"质量问题"和原来的质量结果看起来似乎是不同的，但是根本原因是一样的。如果还是以结果当问题的逻辑，那么就需要反过来解决新的"质量问题"，如此反复就会不断有新的"质量问题"出现。

外求解决方案

　　公司在内部寻求解决方案的同时，也可能会向公司以外的资源寻求帮助。然而，如果还是围绕产品的思路向外寻找，就可能会出现两个努力的方向，一个方向会从市场需求"灵丹妙药"，希望找到一种有效的产品或添加剂，彻底解决当下的问题或部分缓解当下的产品问题，甚至明明只是掩盖一下感官的做法也会被采用，如改变饲料或动物粪便的颜色，根本的原因还是没有解决。饲料的质量问题绝大部分是多种因素的综合影响结果，不像动物疾病那样可以通过针对性的用药快速有效地解决。比如上述过料案例，目前还没有发现可以完全解决的产品，但是缓解或者部分解决是完全有可能的。基于这样的方案来解决问题的结果必然是增加了额外成本，这也解释了很多决策者或技术人员接受提高质量需要增加成本的逻辑。其实这与质量管理提质降本的目标相悖。

外求方案的第二个方向会从行业或者同行中找答案，期望通过找"不同"来解决当下面临的问题，发现自己没有做的，或者别人与自己不同的做法作为解决问题的新方案来执行。且不说这样的方式是否合理，别人做法的目的意义是什么，对于产品质量的改善会有什么作用？如果这些都不思考，就因为"不同"就作为解决方案，那么这种做法就有些盲目了。最终的结果也可以想象得到，或许已经有人也都亲身经历过，这里就不再赘述。

围绕体系的解决方案

围绕体系的解决方案就是要从相关业务的流程和制度入手，通过管理的手段和方法来解决问题，目的是防止此类质量事故的再次发生。只有这样产品质量才有可能稳定下来。围绕体系解决的思维可能采取的行动方案如下。

◇围绕体系的解决方案首先需要对相关的业务体系进行质量评估，看看哪些体系质量低于当下可以接受的最低质量水平。

◇对于低于可接受最低质量水平的体系，进行调研，调研的方法可以参考体系质量的界定。

◇对调研的结果进行分析，对标"好"的体系的设计准则，找出真正的原因。

◇根据界定的原因系统思考，给出系统的、可行的解决方案。

◇方案落地执行纠偏，同时跟踪产品质量的变化，通过产品质量的变化验证体系方案的设计是否符合目标要求。

围绕体系的解决方案的核心是要基于饲料的业务逻辑，厘清部门边界，理顺做事的顺序，在事的维度上形成共识，根据要做的事匹配合适的人，最终体系才能落地。这就是我们前面提到的观点"管事理人，人配事成"。体系的落地才有可能从根本上解决界定的质量结果。

在日常的工作中，面对各种压力和要求，基于上面提到的两种思考方式方案的优劣，最可能的解决方案是两种方案同时进行，短期内我们可以通过成本的增加来改善产品的质量，长期我们还是需要通过体系的建设来预防类似质量结果的出现。质量管理的价值不是解决了多少质量投诉，而是比竞争对手少了多少投诉，一个优秀的质量管理者在其职业生涯中没有发生大的质量事故才是其价值和能力的最好证明。客户投诉的越少，从一定角度上验证了产品质量的稳定性越高，但并不是唯一的产品质量评价标准。说到这里，对于目前行业内普遍存在的一个现象发表一下个人的看法。很多公司让质量管理人员每个月必须去市场多少天，跟踪客户产品的使用情况，同时也与客户建立良好的关系，这样做的目的无非是及时发现质量隐患和潜在的客户投诉，这个出发点是好的。如果对质量管理者必须去市场的要求过度了，质量管理者的精力就会放到外部市场，在当前公司体系尚未很完善的背景下，公司内部的质量监控减少，质量风险可能会持续增大，出现产品质量投诉的概率不断提升，质量管理者就需要更多的时间去市场处理，内部就更少时间关注，导致客户投诉更多，去市场的时间就更多，如此形成恶性循环，结果可能是质量管理者的主要工作就变成处理客户投诉，这样已经完全违背了工作的初心。

言归正传，体系排序的目的是解决质量结果界定出来的问题，但是由于外部环境和个人的思考逻辑不同，可能就出现了不同的解决方向。那么如何能够把经营者的要求、当下的质量现况和个人的思考逻辑结合起来，找到一条兼顾相关要求的最佳之路就是第二章因素排序方法要阐述的内容。

第二章 方 法

　　在第一章中阐述了要进行因素排序的目的是找到一条兼顾速度和目标的解决之路。简而言之，因素排序就是为了找到一个系统的解决方案。由于是系统的规划，因此可以根据环境的变化来调整工作推进的内容和节奏，但是最终的目标始终是不变的。因素排序需要具备的一个核心能力是系统思维能力，为何需要系统的思维能力呢？为了让大家认识到这个能力对于因素排序的重要性，我们在这里简单地进行阐述，先看一下下面的图（图 2-2-1、图 2-2-2 ）。

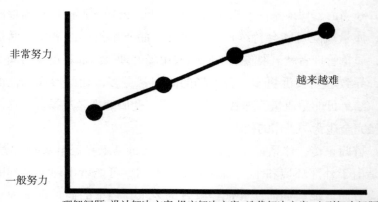

理解问题 设计解决方案 提交解决方案 迭代解决方案 查到解决问题

图 2-2-1　线性思维

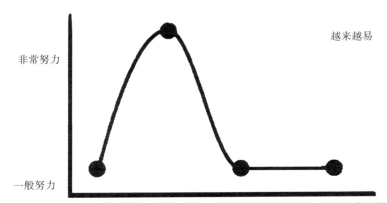

图 2-2-2　系统思维

第一个图的形状大家大概就会猜到直线代表的是线性思维，抛物线代表的是系统思维。

● 系统思维会在问题的梳理和如何界定的工作规划方面花费很多的精力和时间，主要是去思考造成这个问题背后的逻辑和原因，而非是这个问题本身。因为问题以及与要解决的问题相关的因素已经在工作规划中进行了考虑，所以在后期问题解决中的工作难度会越来越小，工作速度也会越来越快。

● 线性思维是针对这个问题进行思考，需要更多精力和时间去理解问题本身，非系统地考虑造成问题的原因。因此，针对这个问题会很快采取措施，最后发现解决了这个问题，其余的问题又显现出来，这样就是在不停地解决当下的问题，直到把相关问题解决完，问题才会最终解决。解决当下的问题又造成新的问题，问题需要解决的越来越多，所以问题解决的速度越来越慢，难度越来越大。

体系的规划需要系统的思维，真正有效的系统规划方案从开始实施的那一刻起就是持续不断的。所有的工作安排虽然看起来不停地改变，那是因为环境因素的变化而进行工作的调整，所有规划设计的工作之间是有关联关系的，所以工作就会是一个持续的状态，直到开始设定的目标达成才结束。这也符合体系建设的逻辑，体系的落地需要系统的规划，通过体系的复利去完成。体系的复利就是需要持续不断的过程，系统规划的结果如图 2-2-3 所示。

$1.01^{365}=37.8$

图 2-2-3　系统思考示意

线性规划往往基于表面问题进行深度思考，开始的时候就会考虑到有很多因素，因素之间的关系被忽略掉，会采取多种行动方案，发现无效的行动方案就会被废弃（图 2-2-4）。在面临当下的问题再深度思考，重新设计新的行动方案，不断地重复直到结束。线性思维导致的结果是，它浪费了大量时间和试错成本，最终结果可能与最初设计的目标大相径庭，问题可能依然存在。

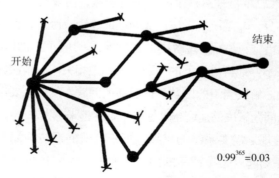

$0.99^{365}=0.03$

图 2-2-4　线性思考示意

基于系统的思考能力，如何进行质量因素的排序呢？我们需要从产品的角度、体系的角度和事情完成顺序的角度分别进行思考。

产品的角度

如前所述，饲料的本质是为动物提供生存、生长和生产所需要的营养。因此，从产品角度的排序也应从营养的角度进行考虑。就单纯饲料产品的角度而言，我们理解的质量顺序如下。

1. 营养设计质量：营养标准是营养运算的依据和限制条件。只有明确了营养标准才有可能保证生产配方中的营养符合设计要求，才能保证后续产品生产和销售等相关业务活动。

2. 原料质量："巧妇难为无米之炊"，合格的原料是实现产品质量的第二个关键因素。

3. 营养运算质量：基于营养设计和原料的质量，以及原料的价格、行情等外界因素的变化，保持产品的营养稳定和成本是营养运算的核心。也就是说，有了标准和原料，才能开始这个环节的工作。

4. 生产质量：有了好的营养设计、好的原料，接下来就需要配套产品的生产加工，生产质量对于营养设计及营养运算的影响在前面的内容中已反复提及，所以在这里把生产质量列为第4个关键因素。

5. 使用质量：生产出来的是产品，销售出去是商品，使用质量的评价是看是否满足了客户的需求，所以好的产品需要配套好的服务，以保证产品的饲养方案落地并达到营养设计的目标。持续不断地满足客户的需求是我们努力的最终目标，所以使用质量被列为最后一个因素。

上述是从产品的角度进行质量影响因素的排序，从体系的角度来看，质量顺序是什么呢？作者个人理解的体系角度的质量影响因素排序如下。

体系的角度

1. 技术研发体系：这是公司的核心，是营养设计的基础，包括产品的营养标准和原料的价值评估数据库。

2. 质量管理体系：从技术研发到产品的量产，需要质量的监控和体系的保证，同时后期配方运算、原料采购等相关的业务环节都需要质量管理的合作和质量维度的监控。

3. 配方管理体系：是把技术研发成果转化成产品的关键环节，并且是公司主要成本控制的核心。

4. 采购管理体系：饲料的成本 90% 左右是配方成本，决定配方成本的是产品的定位和原料的价值。产品定位一旦确定，那么原料价值就成为影响配方成本的关键因素，影响原料价值的主要原料的价格和营养，原料的价格是要靠采购体系的行情预测和采购节奏的把握。因此，采购管理体系排到了第四重要因素。

5. 生产管理体系：生产管理体系是把营养设计转化成饲料产品的过程，但是生产过程对配方执行的程度，也会影响到配方中营养的消化和吸收，同时生产管理也是运营体系中非常关键的价值创造环节。

6. 技术服务体系：是公司与客户之间联系的纽带，产品的养殖效果、质量隐患，以及客户的需求等信息都需要通过技术服务体系从市场传递回公司。

7. 财务管理体系：财务管理体系是对公司财产的管理和监控。采购原料的付款节奏、生产费用及损耗的核算和验证等都需要财务部门的支持和监控。

8. 人力管理体系：根据部门岗位需求招聘人员，同时对岗位人员进行培训、考核的监督等都需要人力部门给予支持和帮助。

以上两个方面都是单纯地从各自方面对产品质量的影响，按照业务逻辑的顺序进行质量排序。但是在实际的工作中我们需要从问题解决的角度对影响因素进行排序，分别依照这两类，排序结果会有所不同。因此，这时我们就要考虑更多因素，包括资源、时间、公司的要求等，可以借鉴美国著名管理学家史蒂芬·科维（Stephen R. Covey）提出的时间管理的"四象限"法，把上述内容按照重要和紧急两个不同的程度进行划分，可以分为4个"象限"。

1. 既紧急又重要。

2. 重要但不紧急。

3. 紧急但不重要。

4. 既不紧急也不重要。

基于"四象限"法，我们把界定出的影响因素排序方法如下。

1. 先从产品质量的角度通过"四象限"法找出需要解决的既紧急又重要的主要影响因素。

2. 然后根据找出的产品的既紧急又重要影响因素支撑的相关的体系。

3. 再次通过"四象限"法找出支撑体系中既紧急又重要的主要的相关业务流程。

4. 根据找出的相关业务流程之间的业务逻辑进行排序。

用上述的方法将案例中过料质量结果界定的主要因素排序，如图 2-2-5 所示。

1. 营养标准制定能力需要匹配的人和化验资源

营养标准是饲料营养运算的基础，根据我们上面所述的岗位职责，找到具备这样专业技能的营养师，是第一步要考虑的事情。

化验资源主要是各饲料公司配置基础化验需要的化验室和设备。

2. 质量管理部人员配置

人员包括需要的化验员、原料取样员以及生产过程品控员。

质量管理人员的配置是基于公司或者集团已经有质量经理或者质量总监且能力与岗位是基本匹配的前提下。如果质量管理线路职能线的最高领导者能力与岗位不匹配，那么首先应考虑调整职能线的领导，而不是基层的质量管理者。

3. 质量管理部内部的标准作业程序和配套的流程制度

质量管理部内部的标准的作业程序，包括化验室的标准作业程序、原料入厂质量监控的标准作业程序和生产过程质量监控的标准作业程序，以及质量管理部内部配套流程落地的相关的制度。质量管理部内部的管理流程和制度与职能线领导的能力密切相关，一定程度上职能线领导的能力水平决定了部门内部流程制度的质量。

4. 质量管理部人员质量

在质量管理部门职责明确清晰的前提下，需要来评估当下人员的能力是否匹配各自的岗位职责。如果不匹配，就要启动人员的培训计划，或者人员的调动，首先保障质量管理的人员质量与岗位匹配度达到质量标准。

5. 通过质量保证体系把质量维度嵌入相关的业务体系

相关的业务体系在图 2-2-5 中主要指原料入厂的相关业务体系、生产管理体系的相关业务流程和技术研发管理体系的相应的业务流程中。因为要质量维度嵌入相关的业务体系，所以质量管理者的管理能力和体系规划设计的专业能力就基本决定了相关流程的设计质量。

这里列举的质量排序是基于业务逻辑所做的模拟，在现实工作中，每个公司的条件不同，决策者的理解和给予支持的力度不同，所以工作开展进度是不同的。但是问题的解决需要看到产品质量和体系质量之间的关系，同时需要按照当下的环境按照轻重缓急进行排序是不变的原则。

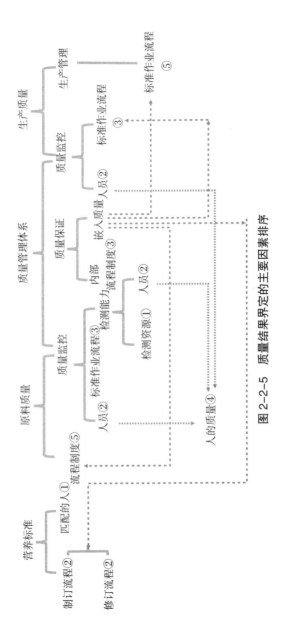

图 2-2-5　质量结果界定的主要因素排序

第三章 小 结

1.因素排序的目的是要找出兼顾问题解决的速度和目标之间的关系,既要兼顾最短时间内产品质量的改善需求,又要考虑从根本上解决问题的需求。

2.影响因素的排序需要系统的思维,解决方案也需要从上往下的系统规划设计。

3.因素排序的方法要从产品质量维度考虑因素的排序,也要考虑背后支撑体系的排序,同时要兼顾公司现况和要求,借助于时间管理的"四象法"确定最终的行动方案。

质量落地

　　这部分是本书内容的最后一个部分。第一部分阐述的主要内容是如果通过质量结果看见结果背后的质量隐患。第二部分是根据看见的质量结果，通过质量问题的界定，找出造成质量结果的根本原因，并对影响因素进行排序，以便从体系入手从根本上改变看见的质量结果。综合前面章节的内容，我们可以看到，质量落地不仅是指质量管理部门的工作落地，而是围绕产品质量的所有相关业务体系质量的落地。相关业务体系组合在一起共同构成饲料的运营管理体系。因此，质量落地的核心是运营管理体系的落地。这就是本书的第三部命名为"质量落地"的原因，主要内容是笔者关于运营管理相关业务体系的规划、设计以及落地经验和工作体验的总结。期望总结的这些内容在日常工作中从另外的视角为大家提供参考和帮助。

第一章　技术管理体系

饲料运营体系的目标是为市场提供质量一致和有竞争力价格的产品。要保证饲料产品质量的一致，需要在不同的维度上保证产品质量的稳定，包括产品的设计质量、生产质量和客户的使用质量。其中设计质量的稳定是需要通过技术管理体系来提供保障的。产品设计质量的水平不仅代表了饲料企业的技术水平，也是保证产品市场竞争力的基础。如果产品的设计质量偏离了养殖动物的实际营养需求，无论后面生产质量做得多么到位，客户按照饲喂程序多么细心地饲养养殖动物，都很难达到产品设计的预期效果。

技术管理体系的目标其实可以简单用 3 个词语来概括："需求""营养""成本"。如附件的技术管理体系简图所示（图 3–1–1）。

需求：指的是满足客户的需求，包括市场客户和公司内部的客户。对外要满足市场客户对产品的要求，比如生长速度、生产成绩等，对内要满足经营者对产品的要求，比如配方成本。还有一个最基础的需求就是满足养殖动物本身营养的需求，这只能依靠专业的能力（产品定位）来进行判断和设计，养殖动物是不会告诉我们的。

营养：首先是满足养殖动物维持日常生命活动所需要的营养，其次是满足养殖动物健康需要的营养。在满足上述两个营养的基础上，还要满足养殖动物生产所需要的营养。

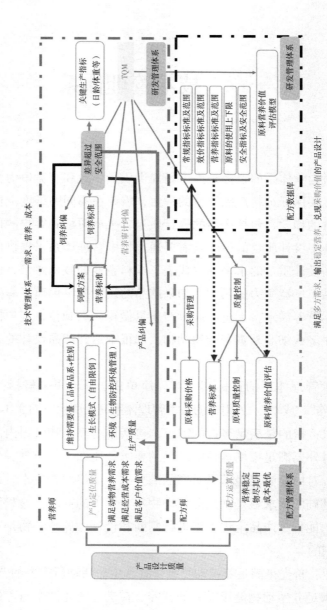

图 3-1-1 技术管理体系简图

成本：成本是经营者所关注的财务指标之一，从饲料的成本构成来看，配方成本占了绝大部分，但是成本的控制需要在满足上述需求和营养的基础上去追求"最低"，绝不能脱离了质量的维度去追求单独的成本，甚至通过牺牲质量来降低成本。

无论是满足客户的价值主张，还是满足经营者的管理要求，技术管理的工作都必须是在满足养殖动物营养需求的基础上展开，包括营养的评估、营养的设计、营养的利用等。同一养殖动物同一生长阶段不同营养水平对应的配方成本肯定是不一样的，但是如何在保证客户需求和动物营养需求这两个维度上，追求较低的配方成本就是衡量技术管理水平的一个非常关键的指标。

技术管理体系的运转质量可以细分成3个维度来评估：一是产品的定位质量，二是原料价值评估模型的质量，三是配方运算的质量。这3个质量分别属于不同的体系，定位质量和原料价值评估模型质量属于技术研发管理体系，配方运算属于配方管理体系。这3个子体系组成技术管理体系，其中每个子体系担负的具体职责各不相同。其中技术研发体系输出的产品营养标准和原料价值评估模型是配方运算的基础，营养标准的质量和原料价值评估模型的质量决定了配方运算的质量。

负责产品定位的岗位一般称为"营养师"，这个岗位的要求不仅需要懂动物营养，还需要有丰富的实践经验做支撑，同时对于质量管理和生产管理也有相当程度的了解。需要根据动物的品种、品系和性别、动物的生长模型（自由采食还是限饲模式），以及养殖环境的现况（生物防控和环境管理）设计对应的饲养方案、营养标准及养殖现场的饲养标准，然后根据跟踪养殖过程的养殖质量的关键指标变动情况预判产品的最终的养殖效果。当养殖的指标低于设定的安全范围时，马上组织启动质量问题界定工作，进行问题的分析和界定：饲养管理方面是否存在失误，营养标准设计是否出现了偏差，配方运算过程是否出现漏洞，实验产品的生产质量是否合格，生产过程是否存在重大偏差，原料的价值评估的结果是否准确等。在问题界定清楚后，需要根据具体的问题设计纠偏方案，并对方案进行验证。纠偏后具体的标准需要及时更新和固化到配方数据库中，以保证后期配方运算输出的设计质量的稳定。从上述的内容我们可以看出，技术管理其实是一个系统工程，产品的营养标准和原料价值评估模型的准确性都会影响到配方运算的质量，配方运算的质量则会影响到营养标准设计合理性的判断。因为配方运算是基于营养标准和允许的安全范围，通过对不同原料的价值评估达到产品营养设计标准。配方运算属于配方管理体系，具体的业务流程在配方管理体系中会进行详细的阐述。

　　无论是在技术研发管理体系，还是在配方管理体系中，会发现都需要质量管理的全程参与。质量管理体系具体的工作职责和定位在本书的第一部中已经进行了详细的阐述。下面就技术研发管理体系和配方管理体系的相关的职责、内容、做事的流程和秩序等进行详细的说明。

第一节 技术研发管理体系

企业只有具备持续创新，开发新产品、服务和流程的能力，才能在市场上保持竞争优势。成功的创新驱动客户获得率和增长率的提升，同时利润和客户忠诚度也会提高。如果没有创新，公司的价值主张最终注定要被模仿，结果是会造成不同组织在标准化产品和服务上只能进行价格战。

当下饲料行业面临着前所未有的压力，饲料主要原材料价格高涨，食品消费端低迷，饲料产品的利润空间受到上下两端持续挤压，饲料企业生存面临着巨大的挑战。每个饲料企业根据自身的特点和优势，凭借对外部环境的变化的判断，制定具有自己特色的不同的经营方针和战略规划。但是饲料运营的逻辑基本是相同的，因为运营是对内的，强调的是企业内部运作、执行方面的管理，其对象是内部的资源整合和秩序建立，相对来说运营管理的目标和环境相对是稳定的，它关注的目标也是固定的效率和效益的提升。效率和效益的提升，最终会体现在饲料产品质量的一致性和竞争性的成本上。为了实现运营的目标，饲料企业对创新的重视度也越来越高，大型饲料集团纷纷成立研究院进行专职研发和创新。根据研发的目标不同，可以分为以下 3 种不同的类型。

1.基础研究开发项目：目标是创造能最后运用到商业项目的新科学和技术，这类项目一般是个别团体（包括国家层面和大型集团）的行为。这种项目的研发最好的合作方式是联盟开发或者直接购买，如饲料配方数据库研发。

2. 突破性开发项目：依靠在新的方法中运用科学和技术，创造全新产品。突破性产品的开发项目通常要维持若干年，是一个从无到有的创造性研发过程，比如行业中乳猪教槽料的出现。

3. 平台开发项目：在既定的分类中开发下一代产品，该项目可以吸取从前产品的很多技术特征，但是它们也必须引入能提供重要特征和功能的最新技术。它们比起前几代产品要有成本、质量和业务的基础性改善，比如饲料产品的更新迭代。

根据上述 3 个研发类型，基础性研究开发项目和突破性产品开发项目都需要比较长的开发周期，几年、十几年的持续投入。产品的更新迭代提高质量和寻求产品的特殊价值是当下经营者短期效益方面比较关注的。这也符合企业长期规划和短期规划的整体经营规划。本书主要是围绕饲料的运营管理体系来阐述在企业内部不同组织如何就"事"的角度上建立秩序和边界，如何整合资源实现产品的质量稳定和价格最具竞争力的经营战略。基于这样的背景，本章阐述的技术研发管理体系也是从服务企业的经营出发，以应用研发为主体的管理体系。研发的核心是从市场的当下需求出发，对当下产品的更新换代满足当下需求的研发；从市场的发展趋势出发，研发满足市场未来需求的新产品研发；基础性的配方数据库的研发。

体系的本质就是流程和制度，制度主要是保证流程的环节得以执行，不同公司的制度各不相同，这与企业的文化有很大关系。但是流程管的是做事的顺序和边界。为了保证大家在事情上的目标和方向一致，互不越界，减少内耗。互相合作、相互强化、互相监督是体系建设的核心。因此，体系建设首先要明确技术研发的工作目标和内容，基于目标的完成来确定参与的部门，每个部门参与的顺序及边界（工作内容及职责）。以下先以满足养殖客户的当下需求为例，来阐述技术研发管理体系中的相关流程、相关部门做事的秩序和边界，以供大家在实际的工作中参考。

由于饲料的特殊性（它是一个非标准化的工业产品，并且它的真正客户是无法给我们提供直接反馈意见的养殖动物）。饲料研发工作中需要的很多数据是估算值，具有很高的不确定性，因此研发的重点方向应该是缩小关键指标的安全范围，而不是追求做到一个精准的数值。追求安全范围的确定性和追求精准的数字是两个完全不同的研究方向，这两个方向会直接影响到相关岗位的工作的方向，比如配方师为了证明自己的营养准确要把营养指标设计成小数点后几位；质量管理者为了证明原料质量监控到位，要求原料质量差异一点就要分级使用。这样做不仅把自己的本职工作带入了死胡同，同时也为其余部门的工作造成了很大的困扰和阻碍，笔者认为这是万万不可取的。在实际的工作中值得大家花点儿时间去思考和调整。

"科学技术是第一生产力"，这句话对于饲料行业同样适用，如何让饲料的研发发挥其"第一生产力"的作用，需要首先梳理一下饲料产品到商品的整个业务过程。

1. 客户需求：首先是市场（客户）对饲料养殖成绩需求通过公司的销售部门或者客户管理部门传递给公司的技术部门。客户需求如何获取呢？客户的需求一般负责部门是销售部门或者客户管理部门。

2. 产品定位：饲料的本质是为养殖动物提供动物维持生命及生长性能所需要的营养。不同的市场不同的客户对同一品种养殖动物产出的产品质量要求是不同的，不同区域的养殖模式也不相同。这就要求技术研发需要针对不同市场的不同情况不同要求，确立一套符合市场要求的营养标准，并且要明确关键营养指标的安全范围，以及相关原料的质量标准、生产工艺标准、饲喂阶段的划分、饲喂模式等，以保证动物的生长性能、生产结果达到客户的要求。这一整套标准的确定工作就是产品定位，产品定位设计的工作内容就是前面提及的营养设计。

3. 配方设计：产品的设计质量包括产品的适用性、价格和满意度等，是一个基于价值的质量。设计的质量是要基于技术研发提供的营养标准和当下公司原料的情况（质量和价格），在技术研发部营养标准允许的安全范围内，结合当下现况在保证营养稳定、成本可接受的情况下，进行营养设计并输出生产配方。配方设计的工作内容可以参考前文阐述的营养运算。

4. 生产部门根据生产配方进行产品的生产，确保生产的质量符合生产工艺规范和要求。

5. 质量管理部门根据质量管理体系的要求全过程的质量监控（具体的工作内容见后面的质量管理体系）。

6. 产品经过销售部门到客户手中，开始使用，使用过程中销售部或者客户管理部门会跟踪客户的使用质量，并把产品的实际效果及时反馈给公司的质量管理部和配方师。

7. 如果发现产品的预期效果和产品设计的目标超过安全范围，质量管理部需要启动质量问题界定工作（QE），分析原因，查找界定问题，设计解决和预防方案，并跟踪落地执行。

从上述饲料的整个过程，我们可以看出，在新产品或者产品更新换代的应用研发中，产品定位是技术研发管理体系的核心目标和工作职责。那么在整个管理体系中参与的各部门之间的工作秩序和边界是什么呢？下面我们将分别围绕产品定位、配方设计、产品生产等关键环节来阐述相关业务部门做事的秩序和边界。

1. 研发需求

◇不同区域的养殖客户对于养殖成绩的关注点，如料肉比、蛋重、肉的品质等。

◇ 客户期望拿到的饲料的销售价格（为核算配方成本使用）。

◇ 客户对饲料感官的要求如颗粒硬度、颜色等。

◇ 战略客户对产品的特殊需求。

这些需求通过销售部门或者客户服务部门，转化成明确、清晰的指标要求发送给技术研发部。

做事秩序

销售部 / 客户服务部—技术研发部—财务部—总经理。

做事边界

销售部 / 客户服务部：

客户需求量化，清晰明确客户对产品的期望和要求。

技术研发部：

从技术层面判断是否可以完成，如果可行需完成产品定位工作并测算实验产品的配方成本发给财务部。

财务部：

根据上述信息测算预期 6 个月（公司根据自己的情况决定）的经济收益反馈给总经理。

总经理（经营决策者）：

根据整体信息决策是否进行研发、延迟开发，并提供相应的资源支持。

2. 营养标准

试验产品营养的估算和试验产品配方成本的测算都是根据客户需求设定的营养标准，这套营养标准需要确保可以满足动物的营养要求，使养殖动物最终的生产性能达到客户或者超过客户的期望。营养标准是一套标准，不能单纯地认为是产品的有效能、氨基酸等营养成分，它是配套动物品种、饲喂模式、养殖模式、饲喂阶段划分等的一系列的标准，主要包括如下：

✧产品的常规营养指标（粗水分、粗蛋白质、粗脂肪、粗纤维、粗灰分、钙、总磷、盐分）的设计目标值及安全范围。

✧产品重点氨基酸（赖氨酸、蛋氨酸、苏氨酸、色氨酸等）的设计目标值及安全范围。

✧产品的效价指标（有效能、可消化氨基酸、可消化钙、可消化总磷等）设计的目标值及安全范围。

✧产品的离子浓度设计的目标值及安全范围。

✧动物饲喂阶段的划分标准。

✧饲喂模式及养殖密度要求。

✧期望养殖动物的生长性能目标（关键日龄和关键体重的标准）。

✧产品生产工艺标准（产品的粒度、调制质量、颗粒硬度、含粉率、PDI、颗粒粒径等）。

✧使用的原料的质量标准，原料入厂的品控检验项目及标准。

从上述的营养标准的内容可以看出，负责这个岗位的人的要求是非常高的，不是简单地懂动物营养就可以，需要有丰富的实践经验，懂养殖管理、原料的质量监控、生产工艺。因此，营养标准的制定合理的岗位职责是公司的技术总监或者对应畜种的营养师。当下很多饲料集团此项工作由配方师来兼任，甚至有的公司刚刚来公司工作不到两年的新人也在负责产品的营养标准制定，不得不说这对于产品质量来说是一个灾难性的决定。一旦营养标准出现偏差，后面的所有环节都会偏离正确的轨道，距离最初的目标会越走越远。

配方师和营养师的工作定位和工作职责到底有什么不同？配

方师的具体定位和职责在后面的配方管理体系中会有详细的说明，总结一句话就是在营养标准允许的安全范围内，通过配方运算把原料质量的波动变成营养的稳定，并维持最优的配方成本。营养师的主要定位和职责从上述很明确地可以看出来，就是产品定位。产品定位管理流程涉及的做事秩序和边界如下。

做事秩序

销售部 / 客户服务部—技术研发部—技术总监 / 畜种营养师制定营养标准。

做事边界

技术总监 / 畜种营养师是营养标准的唯一制定、修改和知情者，这是技术保密的关键。

营养标准对应具体的区域且在本区域应该是统一的，配方师无权进行任何改变。

3. 产品设计

经营决策者决定投入研发后，技术研发部门把制定好的营养标准锁定到公司的配方系统中，下一步就开始试验产品的配方设计环节。这个工作可以由制定营养标准的畜种营养师亲自操作，也可以直接让对应片区的配方师来设计。从这里可以得出的结论是，营养师能够胜任配方师的配方设计主要工作，但是配方师要胜任营养师的工作，需要经过多年的实践和历练，一旦错位，潜在的风险和隐患无法估计。

产品的设计基本就是回归到饲料厂日常的配方管理体系中，配方师根据采购部提供原料的价格；质量管理部提供原料的化验结果；生产部对于工艺参数的反馈意见等进行配方运算，在保证营养达到营养标准的基础上尽量降低配方成本。营养师在营养标准制定的过程中需要明确如下信息，并把相关的信息共享给不同的部门。

◇产品的常规营养设计目标值和关键氨基酸的设计目标值。

◇饲喂阶段划分标准和对应的动物养殖模式。

◇需要养殖现场跟踪的量化指标（关键日龄 / 关键体重）。

◇工艺标准（粉碎细度、颗粒质量、粒径等）。

◇特殊原料（当下公司没有使用的新原料）的质量标准以及原料的品控标准。

做事秩序：

采购部——原料价格 / 原料采购难度

质量管理部——原料质量结果

生产部——工艺执行意见 ＞ 配方师——试验配方

产品的营养标准

做事边界：

配方设计是配方师的主要工作。

配方设计的目标值根据目的不同分享给不同的部门，比如养殖成绩的目标需要分享给销售部；常规的设计目标值需要分享给质量管理部；工艺标准共享给生产部等。

其余部门负责提供相应的信息，如采购部提供原料的价格；质量管理部提供原料质量结果；生产部反馈工艺参数的执行意见等。

4. 原料价值评估模型

配方师根据上述做事秩序中得到的信息进行配方设计，保证设计产品中的营养符合营养标准中的相关要求。设计就是需要通过对不同原料的价值进行评估，在满足产品营养的基础上去控制配方成本。因此，产品设计运算的质量基础是原料价值评估是否准确，原料价值评估是否准确依靠的是原料价值评估模型的准确性。这也是技术研发部门的核心和基础的研发工作之一，价值非常大，一般在技术研发的管理体系中会有单独的组织专门负责。

原料营养价值的评估模型是通过原料的一些常规化验指标，如粗水分、粗蛋白质、粗脂肪、粗纤维、粗灰分等与原料的效价指标，如有效能、可消化氨基酸等，通过专业的分析软件建立起对应的测算方程集。运算模型的准确性一方面受化验数据准确性的影响（常规项目和效价检测项目），另一方面受模型开发人员的专业水平和能力的影响。因此，常规化验结果的准确性很大程度上决定了原料价值的评估质量，当下很多饲料公司不重视常规化验，重点放到了深度化验项目的开展上，笔者认为有点本末倒置，如何看待常规化验以及常规化验结果的准确性如何管理已在化验管理体系中进行详细阐述，此处不再赘述。

原料价值的评估模型到底包括哪些内容，为什么开发的难度这么大并且开发的周期又很长呢？下面罗列了国际上非常知名的集团的原料价值评估模型中每种原料包含的内容（包含的内容还不限于如此），以方便大家理解原料价值评估模型的内容。

◇常规项目（14 种）：粗水分、粗蛋白质等。

◇氨基酸含量（19 种）：赖氨酸、苯丙氨酸等。

◇可消化氨基酸（18 种）：赖氨酸、蛋氨酸及胱氨酸等。

◇可消化常量元素：可消化钙和可消化总磷。

◇离子含量（15 种）：碘离子、氟离子、钴离子等。

◇离子浓度（2 个）：DEB、阴阳离子差。

◇有效能（17 个）：蛋禽、肉禽（两阶段和三阶段）、猪（妊娠、哺乳、乳猪、小猪、育肥）、反刍动物、水产、猫、狗。

由此可以看到，以原料价值评估模型是一个非常复杂的集合，因此需要经过很长的研发周期。如果一个饲料集团要从头来建立自己的原料评估模型是一件非常困难的事情。如果在现有使用的原料价值评估模型基础上进行纠偏，笔者个人觉得这反而是一条可以快速变现的通道，也可以作为饲料集团的研发可以考虑的方向之一。

做事秩序：

中心化验室——原料相应的检测结果
效价指标检测组——效价检测结果 ⎫ 配方数据库管理者
模型验证——动物试验结果 ⎭ ——价值评估模型

做事边界：

原料的价值评估模型由配方数据库管理者锁定系统中。

配方数据库管理者是唯一制定和修改者。

当下有的公司的配方师可以随意改动原料的价值评估的结果。如果这样同一种原料价值大小就变成依靠人来决定，人的因素比如人的专业能力、职业素养等就成为原料价值评估的关键。这恐怕与集团投入庞大的资金进行研发的初心是背道而驰的。结合上面所述内容，如果营养师和配方师定位不清、职责不明，营养标准和原料的价值评估的质量人为因素成为主因，那么整个公司的研发管理体系就无从谈起，更不用说研发为公司创造价值了。

5. 产品试产

试验方案在经过相关部门的确认可以执行后，技术研发部门需要沟通内部的养殖试验场进行提前准备，做好试验准备，同时把产品试验过程中需要养殖场协助收集的养殖数据设计成对应的《产品试验养殖记录表》，以方便养殖现场人员协助收集对应的数据。

双方明确好具体的养殖动物入场的日期后，配方师根据质量管理部提供的原料的质量结果和原料价格（QC 报表）设计产品生成生产配方，并把配方传递给质量管理部，通知生产部提前1～2d安排饲料生产，生产部门接到质量管理部传递的配方，在约定的时间内安排生产，同时跟踪生产过程的电耗、能耗等相关生产管理数据（具体的内容可以参照生产管理体系），为生产成本核算提供基础依据。在生产部门根据试验配方生产的过程中，质量管理部参与整个过程的质量监控，从原料的入厂到产品的出厂参照本书前文阐述的质量控制管理要点，需要收集整个过程的监控数据（具体可以参照后面的质量管理体系中的QC），以备后续出现偏差时进行质量问题界定（QE）工作。整个质量监控工作中需要采集的基础数据如下。

◇原料入厂时的质量结果。

◇产品生产投料时原料取样和化验结果。

◇生产配方拆分的大料和小料的原始配方（生产签字）。

◇混合后的产品取样重量几何对数平均粒径和粗水分的检测数据。

◇产品调制过程的质量监控数据（调制温度、调制水分、热颗粒的水分、热颗粒的温度、冷却的水分、冷却的温度、蒸汽压力、环模孔径、颗粒长度、硬度、PDI等）。

◇小料的配料质量过程监控（小料称量原始记录、零头盘点记录、小料出入库记录，以及投产产出等）；详见IPQC小料配料系统中质量管理的要求。

◇油脂添加质量（每批实际添加误差、油脂的加热温度、日用量误差等）；详见IPQC油脂添加系统中质量管理的要求。

◇产品的化验结果（粗水分、粗蛋白质、粗脂肪、粗纤维、粗灰分、钙、总磷、盐分）。

◇根据产品质量的内控标准和生产过程监控数据判断产品质

量是否合格。

❖产品的打包质量监控（包装、入库／出库信息）。

6. 产品试验

在饲料从饲料厂运到养殖场进行动物试验时，技术研发部门需要与养殖场明确需要收集的信息及具体的操作过程，并及时跟踪关键日龄和关键的体重等关键指标的实际情况。

7. 问题界定（QE）

如果发现养殖的关键控制指标，如关键日龄的体重没有达标，营养师首先需要确认养殖现场产品的使用质量是否存在偏差，如产品定位中的饲喂程序是否在执行、养殖管理是否执行到位等，查找并界定是否是养殖管理原因。如果发现非养殖管理的原因，质量管理部需要组织相关部门，如研发部门、生产部门、销售或者客户管理部一起启动饲料质量问题的界定工作。针对产品从配方设计到产品出厂的全过程的数据的分析和梳理，明确问题后进行纠偏并重新启动产品设计到养殖试验循环，直到预期目标达成。

8. 市场销售

产品的养殖效果在达到前期设定的目标后，技术研发部与经营决策者汇报试验的结果，由经营者决定是否启动重复试验还是进行市场小范围的推广试验，还是直接启动市场营销。

9. 效益核算

按照当初的技术研发方案中销售部门预期的收益进行跟踪，一般以 6 个月为界，由财务部门核算投入产出，根据实际的投入产出评价研发的实际价值。

做事秩序：

配方师——生产部——销售部／技术服务部——经营者——财务（试验配方——执行配方——产品使用——市场销售——效

益核算）。

做事边界：

◇ 配方师根据原料价值评估模型和原料价格，执行营养标准设计生产配方。

◇ 生产部根据工艺标准生产产品。

◇ 销售部或者技术服务部跟踪养殖现场产品的使用质量，并把关键数据及时反馈给配方师。

◇ 经营者根据试验结果决定是否进行市场销售。

◇ 市场销售后财务部门跟踪研发产生的经济价值，并在规定的时间内进行研发效益核算。

◇ 质量管理部全程质量监控，组织 QE 会议界定问题。

综上所述，技术研发管理体系的简图如下（图 3-1-2）。

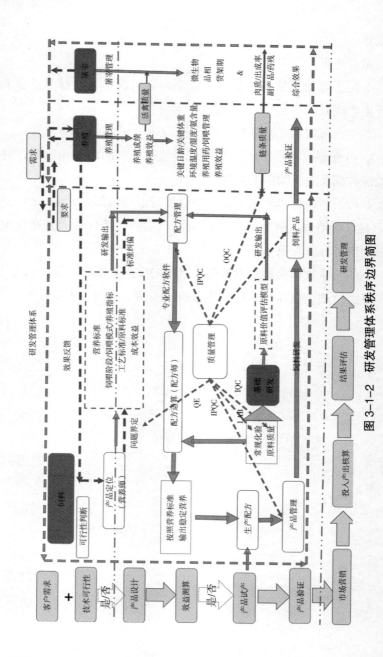

图 3-1-2 研发管理体系秩序秩序边界简图

第二节　配方管理体系

在技术研发体系中提到了产品的配方设计是属于配方管理体系的范畴。配方管理体系上面对接技术研发体系，把技术研发的成果应用到实际的经营活动中，下面对接市场，根据产品在市场上的反馈对产品营养进行调整，根据负责区域的市场情况不断缩小营养标准在自己负责区域的安全范围，从而提高产品营养与成本之间的平衡。配方管理体系的目标就是让配方师在自己负责的区域，在产品的营养稳定、配方成本最优方面充分发挥自己的价值。因此，配方师的主要工作是围绕着产品营养稳定和配方成本的控制两个维度展开。

产品营养稳定

在当下饲料营养的研究中，有些营养元素是必须添加的，添加成本取决于市场行情的把握，因为关于添加量的研究已经非常成熟，所以在行情相对稳定的情况下这部分的成本是相对固定的，比如维生素、微量元素等。还有部分是功能性的添加剂，如诱食剂、甜味剂、脱霉剂等，都具备特定明确的功能。但是对于动物日常生长和生产所需要的能量、氨基酸等主要是来自饲料生产所使用的不同种类的原料，原料之间的差异巨大。比如最主要的谷物原料玉米、小麦、稻谷、大麦等，虽然都是谷物原料，但是因为产地不同、品种不同、生长环境不同、储存条件不同、储存时间的长短不同，质量也会差异非常大。不仅是营养成分如粗水分、粗蛋白质、粗脂肪、粗纤维等的含量存在差异，同样的营养含量因为储存时间、储存条件的不同导致最终营养消化吸收的质量也不同，卫生指标尤其是毒素的差异就更大。质量的变化导致提供给养殖动物可以利用的营养也在不断地变化中。毒素的影响更是不可忽视的关键质量指标，毒素含量超标会对养殖动物造成很大的潜在风险，不仅会影响动物的采食和生产性能，还会影响动物的健康，甚至威胁到动物的生命。

饲料使用的另外一部分原料大部分都是其他工厂的副产品，这部分原料因为生产公司为了主要产品的质量安全，不会重点关注副产品的质量情况，同时为了保证主要产品的质量，公司在生产过程中可能会把不同质量的原料混合使用，这就导致饲料生产中使用的这类副产品的质量变异很大，营养指标和毒素的波动范围会比谷物原料更大，潜在的质量风险会更高。

饲料使用的原料还有一类是工厂的下脚料或者工厂废弃物加工的产品，如肉骨粉、羽毛粉、血粉等。这些产品在加工过程中本身使用的原料来源复杂，生产工艺也不同（比如羽毛粉有酶解羽毛粉、高温水解羽毛粉、烘干粉碎的羽毛粉），不同的生产工艺生产出来的产品质量根本就不在同一水平线上，尤其在新鲜度和微生物等卫生指标的风险控制方面，不同的生产厂家之间的差异可以用天壤之别来形容。产品质量波动较大，即使名称相同的产品，其提供的营养也可能存在天壤之别。

其余还有很多原料具有的抗营养因子或有毒有害成分也会影响到营养的吸收和利用，比如棉粕中的游离棉酚、菜粕中的糖苷毒素等。上面啰唆这么多的目的，就是想跟大家阐明一个观点：饲料使用的原料质量不是固定的，而是在不断变化。即使同一个供应商的不同生产批次，或者不同的进货日期原料的质量也不是一成不变。除了毒素等卫生指标的变化外，原料的营养成分也并非一个稳定的数值，也是在不断变化之中。基于这样的事实，当下有的饲料厂为了保持产品质量稳定，配方长期维持不变，这在笔者看来其实是一个掩耳盗铃、适得其反的做法。因为原料的质量在不停地变化，所以产品的营养成分也在不停地变化，维持配方不变造成当下使用的配方已经与当初的设计配方的营养相距甚远，甚至变成两个不同营养水平的配方。虽然纸面的配方看起来是没有变化，但是根据配方生产出来的产品已经完全改变，动物最终食用的是饲料产品，而不是配方，所以配方需要根据原料质量的变化进行定时调整，才有可能维持营养的稳定以及产品的设计质量的稳定性。如果在实际过程中发现某个时候配方调整后市场产品质量出现了波动，就判断是配方调整的原因，笔者认为这个结论还是有些武断。配方调整也许只是一个表象，是看到的一个变化，其中深层的原因需要通过 QE 来界定真正的问题。通过锁定配方的原料结构和使用原料的名称和添加比例来维持感觉上的质量稳定，笔者认为只是一种推责的说辞，并不是想真正面对和解决问题的思维方式。

那么，面对原料质量波动，如何维持营养的相对稳定呢？这正是配方师的日常工作。原料质量的波动需要配方师依据公司的配方数据库（原料的价值评估模型和产品的营养标准），在营养标准允许的范围内，通过专门的配方软件在保证产品安全和满足营养需求的情况下做到营养稳定。原料的价值评估模型和营养标准在技术研发管理体系中已有详细阐述。此处主要重点说明一下营养模型中的安全范围包含的主要方面（包括但不限于）。

◇ 常规指标标准及安全范围。

◇ 效价指标的标准及安全范围。

◇ 安全指标的标准及安全范围。

◇ 营养指标的标准及安全范围。

◇ 原料使用上下限的标准。

只要这些指标以及安全范围全部设定有效，配方运算就变成一个相对程序化的工作。这也是在技术研发管理体系中强调的营养师和配方师定位区别的原因。原料质量的质量监控工作主要是质量管理部门的职责，但是在现实情况下很多公司的质量管理工作和配方师工作，甚至营养师的工作交叉混杂，界限非常不清晰。很多质量管理工作是由配方师来管理，而配方师真正承担的工作职责却不清晰。笔者与很多管理者交流，大部分观点是配方师设计配方需要了解原料的质量，要对产品的质量负责。这个观点是没有问题的，但是需要厘清配方师是对产品的哪个维度的质量负责。很明显他们应该是对产品营养运算的质量，即配方运算的质量负责。同时，原料的质量监控如前面质量管理体系中 IQC 所阐述的情况，需要大量细致的工作，且需要一定的专业能力。如果配方师统管且不说精力和能力是否可以胜任，类似于裁判员和运动员都是一个人的逻辑。如果出现了客户抱怨，在问题的界定上就增加了很大难度。基于质量管理的维度，我们期望职责清晰，原料质量监控是质量管理部的工作，如果做得不到位，要解决的是如何提升专业能力的事情，而不是交给其他部门。如果原料的质量监控划归到质量管理的范畴，配方师只是运算配方，每日的工作量就变得很少了呢？事实不是这样的，配方师有另外一项非常重要的工作，大家不要忽略，那就是配方成本控制。

配方成本最优

饲料成本的组成主要有配方成本、生产成本、管理成本、销售成本和财务成本等。其中配方成本大概占 90%。配方成本的主要决定因素是原料的价值，这包括原料的价格和原料可以提供的营养。因此，配方师要想控制配方成本，工作的方向主要有两个：一是指导采购进行价值采购，即常说的技术指导采购，把握原料预期价值来控制预期产品的配方成本；二是把采购回来的原料做到物尽其用，即努力追求的营养稳定和成本最优。配方师需要根据负责饲料厂的产品的现况（一般一个配方师负责 5 ～ 7 家饲料厂为宜，这与当下饲料公司每个饲料厂都配备一名配方师，甚至多名不同畜种的配方师是完全不同的管理逻辑。这是公司的决策选择，我们会在后续的价值采购体系中进行相关说明）来开展工作。配方师需要定期根据公司规定的原料的库存周期的要求，根据销售部门提供的产品销售计划和采购部门提供的原料预判价格，以及质量管理部门提供的原料的预判质量结果，对整个负责区域的原料的价值测算，保证采购回来的原料的品种和数量对于整个负责区域的价值是最大的。这就是控制预期配方成本，关于这部分内容，也将在价值采购管理体系中进行详细阐述。

下面的内容是将到厂的原料如何实现价值最大化，以及如何协助采购从市场上发现机会原料和价值原料方面的业务流程，来阐述配方师对配方成本控制的价值。

到货原料的价值利用

◇ 采购部门提供到货的原料价格和市场预期价格给到配方师。

◇ 质量管理部门把到货的原料的质量结果和在途的原料的预测结果给到配方师。

◇ 销售部把预测的销售的产品品种和数量给到配方师。

◇ 配方师根据上述信息全部输入配方软件进行配方运算，运算输出的信息根据不同的原料价格会分别输出市场价配方成本、库存价配方成本，其中原料使用的原则是价值最大化，价值最大化的定义如下。

◇ 根据不同原料在不同饲料品种中产生的价值不同，进行排序，把原料用到产生最大的价值的某个或者某些产品中，保证整个运营单元的配方成本最优。

✧根据市场价格决定原料的使用趋势，比如某种原料的价格上涨，那么要根据市场价格来运算配方，减少原料的使用比例，增加原料的使用时间，增加产品的利润空间。反之，如果某种原料的价格后期是下降趋势，也需要用未来市场价格来运算配方，增大原料用量，尽快耗完，减少损失。尽快采购低价原料入厂，降低配方成本。

机会原料的把握

✧与采购部门合作，即使对于长期不用的原料（一般以1个月为标准），也需要正常询价。按照采购每次上报的市场价格，通过配方运算来评估是否有使用的价值。如果发现有价值后，马上与采购联系，进货入厂使用。这个定义是机会原料的把握来降低配方成本。一般情况下，机会原料会归类为价值原料，因此对应的采购动作我们定义为价值原料采购，而非原料价值采购。两者的区别在原料的价值采购体系中会进行详细说明。

✧还有一种情况是，采购部门发现了市场上的某些原料在当下的饲料中并没有使用，采购部门会把相关的信息和样品送到质量管理部，质量管理部经过质量安全评估后进行样品检测，把相关信息传递给配方师，配方师通过配方运算确定是否有价值。如果有价值就启动供应商管理体系中新供应商准入管理流程进行现场考评，通过考核后启动采购使用，降低配方成本。

采购时机的把握

✧配方师根据负责片区提供的信息，结合不同的原料的价格波动，预测相似原料或替代原料的影子价格，把相关信息提供给采购部，进行原料价格的关注，把握采购时机，控制未来的配方成本，降低配方成本。

由此可以看出，配方师的最主要工作就是不停地运算配方，在保证营养达标的基础上，通过配方运算来控制预期的配方成本和当下的配方成本，输出营养稳定、成本最优的生产配方。成本最优的定义是配方师负责的片区可能是一个公司，有可能是一个片区的综合成本是最低的，而不是一个产品或者全部产品的配方都是最低的，有时候为了保证整个区域的利润空间，可能某些量小的产品的成本还会上涨，所以这一点需要大家仔细理解（图3-1-3）。

做事秩序：

销售管理部销量预测
采购部原料价格预判
质量管理部入厂原料质量结果　　技术部配方师——生产配方
质量管理部在途原料质量预测
质量管理部新原料检测结果

做事边界（公司规定的测算周期）：

◇销售部提供下个测算周期的预测销量，细分到不同的产品品种。

◇采购部门提供下个预测周期的使用的原料预判价格，以及长期不用的原料当下市场询价。

◇质量管理部提供库存原料的质量情况，以及下个周期不同供应商的原料的预测质量情况和新原料的检测结果。

◇配方师输出下个采购周期建议采购的原料的品种和数量。

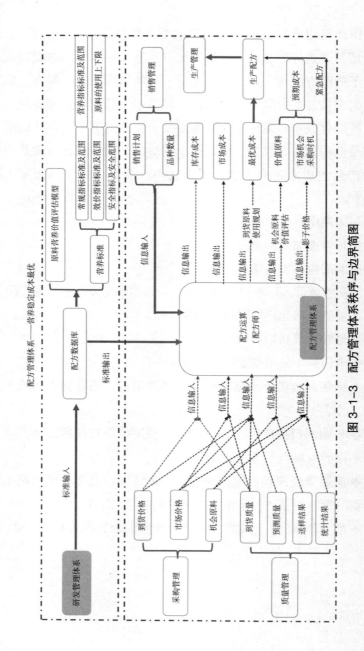

图 3-1-3 配方管理体系秩序与边界简图

第二章　价值采购管理体系

提到采购，容易让人联想到花钱买东西。所以价格就成为各部门都在关注的目标。在日常的生活中，我们都希望买到物美价廉的商品。"物美"代表了我们对商品的质量的需求，在饲料行业中因为相同名称的原料的质量波动很大，同样名称的原料的价格也会随着质量的变化而波动。如何能够买到"物美价廉"的原料？在饲料行业中被大家经常提到的词语就是原料的价值采购，原料的价值采购和原料的价格之间到底是什么关系？是不是采购的原料价格低，或者在原料的价格上涨前锁定了采购合同，就代表实现了原料的价值采购呢？原料的价值采购到底是如何定义的呢？

要厘清这些关系、回答这些问题，需要回归到原料的本质上来，原料的本质是提供养殖动物维持生命和生长性能所提供的营养，这就是每种原料的本身价值。不同原料配比提供的营养组合就是饲料产品的设计营养。不同原料提供的价值成本就决定了饲料的配方成本。原料的价值采购就是要保证采购到的原料对于经营单元的所有产品来讲整体的价值成本最低，因为不同的产品种类和数量所用到的原料组合必然是不同的，所以价值采购首先是基于经营单元预测的原料的品种和数量。

虽然从字面上来看，价值采购管理体系似乎是采购的主要职责，这与采购管理体系是互相关联且又有不同的两个体系，从一定角度上来看价值采购管理体系是包含采购管理体系的。采购管理体系主要是部门内部的流程和制度，但是价值采购管理体系是采购部门、技术部门、质量管理部门、销售部门等部门间的流程和制度。要厘清这些事情之间的关系，我们要把采购管理的职责梳理一下，采购管理体系笔者理解的主要职责有以下几个方面。

1. 原料行情的预判

采购部门的首要职责是根据国内外的形势是对世界、国内的粮食及主要原料的行情进行预测。这是依靠采购部门的资源整合能力和专业能力，需要及时了解国际、国内的政治、经济形势以及原料的生产厂家的具体的经营策略，就未来一定时期内原料的行情进行判断。预测的时间可以分为长期、中期和短期；行情的预测只是一个预测，具体的形势的变化瞬息万变。因此，在行情预测的基础上，要做好采购节奏的把握和采购数量的把控，做到风险可控。

2. 采购节奏的把握

采购的节奏是指满足公司经营需要的安全库存周期中各种原料的需求。通常饲料公司会根据每月预测销量进行原料需要量的预估。但是这个估算只是一个大概的数据，销量的预测与客户的黏性密切相关，销售无论多么努力都无法保证销售计划100%准确，所以一般每个月会分成3个或4个时间段，即按照每周或者每10d作为一个测算周期，进行纠偏。在安全库存量的管理中，需要根据每个周期内原料的实际耗用量和下个周期的预测数量及时调整供货节奏，既要保证原料的及时供应，又要满足产品生产的需要。既不能做大量的库存占用库房和资金，又要尽量减少后期原料价格波动带来的隐性成本和风险。

3. 采购合同的签订到付款过程跟踪

从采购合同的签订到原料的接受，以及到最后的付款整个过程的跟踪是采购部门的日常业务，主要的工作内容包括跟踪采购合同的执行情况，督促供应商按照约定的采购合同执行。原料在接受过程中（第一次取样）如果出现质量异常情况的沟通处理，根据原料的具体情况对内沟通质量管理部门，对外沟通供应商，妥善处理让步接受和退货。在原料接受后如果质量合格，跟踪公司的付款约定，如果出现质量扣款情况（第二次取样），要同原料供应商和公司内部进行内外沟通，在不损害公司利益的基础上，合情合理合规处理。

以上是当下的各饲料企业采购部门日常实际的工作内容和职责。还有很多饲料企业的经营者提出了技采联合、部门联动的策略和方针，以推动和实现价值采购。当笔者与很多公司的经营者沟通后发现，当下很多饲料公司在价值采购上主要的工作方向有以下几个方面。

1. 寻找新原料：重点放到新原料的寻找上。希望通过新原料来降低配方成本。笔者认为这是一条非常艰难的成本控制之路。因为饲料行业发展了40多年，饲料目录中的原料基本包括了当下市场上可以提供的所有原料，即使有的原料可以使用，但是如果不在目录中，违法使用行为也是不可取的。

2. 机会原料的采购：机会原料的定义是公司一定时间内没有使用过的原料（比如1个月）；公司以前使用过的，后来因为原料的价格的波动，没有使用价值取消了的原料。这些原料有可能在某个时间点又有了使用的价值。在每个采购周期内，各种原料的价格一定是在不停的变化中，在同类的原料（如粗蛋白质类原料、能量类原料）中，如果及时发现同类原料中的某种原料的价格有下降或者上涨的趋势，需要采购部门及时把信息提供给技术部门进行影子价格的测算；采购部需要根据配方师提供的影子价格区间关注这种原料的市场价格动态，当这种原料的价格进入影子价格区间时，采购部门就可以根据自己的专业判断在合适的时机，锁定采购的价格和数量。这也是价值采购的一个方面。

做到上面的工作是否就实现了真正意义上的价值采购呢？笔者认为这些都是价值采购中的很小一部分，并没有实现真正的价值采购。上述两种原料的价值采购，我们的定义是价值原料的采购而非原料的价值采购。那么什么是原料的价值采购呢？笔者有如下定义。

原料价值采购：是指一定采购周期内采购的原料的品种和数量满足经营单元所有产品的营养需求且总成本最低，从而保证整个经营单元利润最大化的采购活动。从上述的定义中看到，以下价值采购的几个核心要素如下：

❖ 原料价值的评估是基于整个经营单元进行测算，如果经营单元只是一个饲料厂，就基于这个饲料厂进行测算；如果经营单元不是针对一个饲料工厂，而是一个片区，就要按照一个片区的价值进行评估；如果是一个集团，就需要按照一个集团的价值进行评估。

❖ 原料的价值测算不是针对一个饲料产品进行测算，而是针对测算的经营单元的所有产品。当然，在日常的操作过程中，如果品种的数量太多，可能需要忽略少数产量少的饲料品种，但是这与有些饲料公司甚至饲料集团挑选一个产品或者两个产品作为代表来进行价值测算是完全不同的测算逻辑和方法。

❖ 原料的价值测算是要保证经营单元的综合配方成本最优，而非每个产品的配方成本最低。基于综合成本的考虑，可能某些少数产品的配方成本是会上涨的。因为价值测算是在考虑产品数量和产品品种的基础上进行的，是保证经营单元在预测的品种和数量基础上综合的配方成本是最低的，而非所有产品的配方成本都是最低的。如果一个饲料厂配置了不同畜种的配方师，每个配方师都基于自己产品线进行测算，那么要实现原料的价值采购从组织架构上来说就是不合理的。

✧ 价值采购的目标是市场上常见的原料采购的价值最大化，而非误解的新原料或者赌市场行情提前锁定价格低价买入，以期待后期原料价格上涨产生价值的概念。

✧ 价值采购管理体系是一个系统工程，而非采购部门一个部门的事情。

那么，既然价值采购管理体系是一个系统工程，涉及销售管理体系、技术管理体系、质量管理体系、采购管理体系，那么这些不同体系承担的部门之间的工作流程和秩序是什么呢？这些部门之间是如何配合、监督、强化实现原料价值采购的共同目标的呢？我们先来浏览一下原料价值采购管理体系的流程简图（图3-1-4）。

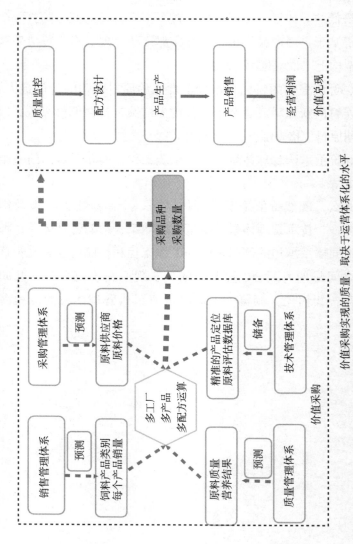

图 3-1-4 原料价值采购管理体系流程简图

价值采购实现的质量，取决于运营体系化的水平从图 3-1-4 我们可以看到，采购管理是包含在价值采购管理体系中的一个子体系。价值采购体系的实现重点是需要销售管理体系、采购管理体系、质量管理体系、技术管理体系（技术研发管理体系和配方管理体系）组成一个大的价值采购管理体系才能完成。要实现这个目标，必须保证每个体系的运转质量在一定的质量水平上，通过体系的复利去完成。那么，在其中各部门之间做事的秩序和边界是什么呢？下面我们就上面的价值采购的流程简图 3-1-4 做一些详细阐述和说明。

原料的价值测算

价值采购的流程分为两部分，一个是原料价值测算；一个是原料价值变现；原料的价值测算的是下一个周期的计划采购的原料品种和数量；因此原料价值采购的预测都是基于对未来的预测信息；包括销售的饲料的品种和数量；供应商的名称和数量，原料的质量情况等；不同体系提供原料价值测算的不同的预测信息；预测信息的相对准确性就决定了原料价值测算的质量；也决定了价值采购的质量；预测信息预测的准确性本质上是考验的是每个相应体系的运转质量；也反映了对应部门的管理的水平。

◇ 销售管理体系预测信息是产品的销售计划（品种和数量）；销售计划是整个经营单元运营计划的基础，所有价值采购管理体系中相关子体系中首当其冲应该关注的是销售管理体系中销售计划的管理；这个在笔者接触的大多数的饲料企业中忽略或者还没有完全看见销售计划对于运营质量和效率的潜在影响；很多的管理者基于客户是上帝，销售是龙头等观念的驱动下，认为客户随时要货内部的运营必须随时及时供应。为客户提供质量稳定有竞争力价格的产品是饲料运营的目标；不是随时满足客户要求是目标；如果是为了满足客户随时供应那就需要做好长期安全库存，这是与当下经营所追求的周期管理相违背的。因为做好长期库存会造成产品周转时间长，出现产品过期等潜在隐患，从生产成本的角度考虑也是不合理的。如果根据客户的要求通过随时调整生产计划来满足，那么生产的效率和成本必然因为计划的打乱和生产时间的浪费，造成生产成本的上升和效率的下降。另外，销售计划变动，原料的价值测算必然随之改变。那么基于上个销售计划测算的原料价值，又可能因为计划的变动就变成没有价值，甚至需要通过增加配方成本来消耗已经采购回来的原料。因此，一个相对准确的销售计划是价值采购测算的基础，是控制预期产品配方成本的关键。这点希望能引起经营者的关注和重视。

◇ 采购管理部门需要预测的信息是原料的下个库存周期原料到厂的价格。基于对国内外市场原料的分析和供应商的把握，采购部门给出可以采购到厂的原料的价格及供货原料的供应商的名称，给到测算单元的配方师。当下的大部分饲料企业在这个流程上做得比较完善。采购部门都有成熟的流程和制度，其中存在比较普遍的现象是没有形成固定的工作频率和制度，很多饲料公司都是建群随时沟通，如果是这样的操作类似于随行就市，价值采购也无从谈起。

◇ 质量管理部需要预测的信息是根据采购部门提供的下个库存周期可以到厂的原料名称和供应商的名单，给出原料的不同供应商的原料质量的预测指标。这主要是配方运算需要的营养指标，一般情况就是常规的检测项目，需要通过质量管理中日常供应商进货的质量统计分析来进行预判。结合不同供应商供货原料的质量整体情况，同时根据原料质量的稳定程度给出合理的预测数据，以控制到货后质量波动过大的潜在质量风险。

◇ 技术研发部门需要提供的相对固定的产品的营养标准和原

料价值评估的方程集，这在技术研发管理体系中已经进行了说明。

上述所有部门的信息都需要分享给测算单元的配方师。配方师根据测算单元的预测产品销售的品种和数量，利用配方软件中的多配方运算工具进行测算（多配方运算是实现价值采购的重要工具，也是不同配方软件公司的核心。其中运算的逻辑烦琐复杂，不是简单的就可以拷贝和复制的，更不是简单的原料数量的加和。配方师对多配方运算的熟练掌握和应用是每个配方师必备的专业技能），输出下一个库存周期需要采购的原料的品种和数量。从上述的描述我们可以看出，都是 1 万 t 产量的公司最终实现的原料的采购的数量和品种是不同的，其中的原因如下。

◇ 饲料产品的种类不同，所需要的整体的营养不同，导致最后采购的原料的种类和数量一定是不同的。

◇ 同样的饲料品种由于相同料号数量的差异，比如两家公司都生产 1 万 t 的肉鸡全价饲料，同是 3 个料号，因为每个料号对应的销售数量的不同最终导致采购的原料品种和数量也是不同的。这是因为同样营养的原料同一品种的养殖动物在不同的生产阶段对原料的消化吸收是不同的，那么对应的原料价值也是不同的。这就是在配方管理体系中强调的配方师的配方运算工作；是控制和降低产品配方成本的核心。

整个价值采购管理体系决定了原料的采购的品种和数量后，接下来就是具体的采购作业流程，即采购管理体系。采购管理体系中设计的主要的作业流程和边界如下。

1. 采购合同的签订：采购部门根据采购的原料及供应商填写相关信息并对采购合同进行编号（合同编号为了在 IQC 原料的进货质量控制中进行信息核对和跟踪）。

2. 质量管理部门对质量标准进行确认。不同的集团操作方式各不相同，有的是通过系统确认，有的是需要通过质量管理部经理签字。如果是集团统一规定采购合同中必须填写的固定原料质量标准，质量管理部就可以忽略质量标准的确认工作。

3. 原料到货前一天采购部门需要通知相关部门，具体参照质量监控体系中的原料入厂接受流程（IQC）。

4. 第二天根据公司的原料到货流程卸货入库，库管员跟踪相关信息，并对信息进行整理与分享。

5. 质量管理部进行样品检测，并上传检测结果到系统中。

6. 采购跟踪原料品检结果和付款结算。

原料的价值利用

在价值采购管理体系中的技术和采购的经典定位是"技术指导采购"。最终决定是否执行是在采购部门，这与有些公司日常的运营中采购何种原料是技术部门决定的或者采购部门把原料采购回来以后技术如何用掉的逻辑是不同的。这些是由于部门职责不清晰导致的边界问题。正常的运营管理必须清晰和明确边界，通过价值采购管理体系采购回来的原料，如果公司内部没有配套的相应管理体系，那么就无法判断价值采购产生的价值，同时也无法把采购到的原料价值进行变现。因为原料的价值采购必须与原料价值的变现相结合，形成闭环的管理系统，价值采购的价值才能真正得以实现，也才能真正地凸显出公司在采购方面的竞争力。饲料成本约 90% 是由原料的价值决定的，因此，价值采购体系运转的质量也决定了饲料产品的成本优势。那么，采购回来的原料价值如何变现呢？主要的流程如下。

◇采购部参照技术部提供的原料采购的品种和数量，结合当下原料的库存情况和原料的行情的把握，进行原料的采购和进货节奏的把控。

◇ 采购回来的原料因为前期营养指标是预测结果，与实际到货原料质量肯定存在差异，原料入厂后根据原料入厂质量监控的要求，把原料的实际到货质量情况通过固定的流程，如 QC 报表的上报流程报给配方师。

◇ 配方师根据下个周期的原料的价格行情规划当下已经采购原料的价值使用计划。比如如果下个采购周期原料的价格是上涨行情，配方师需要根据上涨后的价格进行配方设计，延迟原料的使用周期，创造更多的利润；如果是后期的行情下落，配方师需要根据后期的原料价格加大原料用量，尽快消耗，以方便低价的原料入厂，减少损失（当然这个决定需要与经营者确认，管理者如果看重的是账面数据，那么这个方案实施的难度会极大）。

◇ 如果在后期原料整体平稳的情况下，配方师主要的职责是根据 QC 报表中原料的质量进行配方设计，做到原料价值利用最大化。

◇ 接下来就是产品生产、销售环节，把原料的采购价值通过饲料产品转化成测算单元的利润，这就是价值兑现。

从上述的描述中可以看出，在产品定位和原料价值评估相对稳定的情况下，价值采购的实现的核心是技术指导采购。技术指导采购的核心信息是原料价格的预判和原料质量的预测。而这一切实现的基础是产品的销售计划。这就是我们一直强调的销售计划是运营计划的基础，当然也是价值采购的基础。但是原料的价值采购回来是否能够变成经营单元的利润，其核心是配方运算的质量。配方运算质量的主要受到营养标准、原料价值评估模型预测的准确性、原料质量以及营养化验数据的准确性以及配方软件专业性的影响。因此价值采购能否真正实现取决于饲料企业运营管理的方向和水平。运营管理的质量决定了价值采购的质量，也决定了产品的配方成本的竞争力，也会对市场的占有率和影响力产生直接的影响。

第三章　生产管理体系

中国饲料的生产管理从刚开始铁锹搅拌的野蛮制造，到后来的标准化制造，到当下行业在推进的精益化制造历经了 3 个阶段。饲料行业发展到目前大家普遍共识是已经完成了标准化管理，开始迈向精细化管理，精细化管理是在标准化的基础上管理做得更细、更精准。

事实是否如此呢？从上面的阐述中我们可以看到，无论是生产的标准化管理还是精细化管理，其中的关键词是"标准"。标准化管理和精细化管理都是通过标准来系统地厘清生产管理中的真正问题，看清楚问题才是解决问题的开始。标准反映的不仅是生产管理的现状，包括人的思维水平、认知水平、行为习惯，也包括生产的设备硬件、工人的技能水平等。因此，在健全生产管理的标准时，最关键的不是苛求标准是最高的，而是要结合当下饲料企业的整体管理水平和团队技能水平制定出符合现况，且可以达到管理目的的标准。只有这样，才能实现真正的标准化管理，也才能实现从标准化向精细化管理的迈进。要做到生产管理的标准化，首先需要厘清相关标准的定义和逻辑，比如需要思考清楚以下几点。

第一个问题是标准（动词）什么？

在生产设备技术等行业内相关标准完善的情况下，对于企业来说生产在日常的管理活动中首先需要进行标准化的是什么？是作业流程还是规章制度？还是工人的行为规范？还是相关的生产指标？

第二个问题是标准（名词）从哪里来？

标准的作业流程和作业标准是照搬其他企业的，还是结合公司管理现况自己规划设计的？生产指标的标准是优秀企业的标准，还是企业财务数据统计结果？还是自己部门期望的目标？

第三个问题是标准（数值）是什么？

是大家共同期望的目标值，还是针对当下管理现况通过管理提升可以达到的结果？是生产自己管理数据的结果，还是财务统计结果或老板下达的要求目标？

从管理的角度来看，如果要实现生产管理的标准化，笔者认为首先需要梳理生产管理的作业流程，减少生产的无效环节，同时通过规章制度来规范工人的行为提升工作效率。在此基础上，建立生产自己的管理数据，总结分析出对应的生产管理指标标准，然后对标同行业或者优秀的企业，发现差距、查找问题、借鉴优秀做法，进而提升生产管理的水平。其中的核心是生产要有自己的管理数据，只有这样，才能真正地发现问题、解决问题。笔者当下在与很多饲料集团的生产管理者沟通时发现，大家在谈到标准时，基本就回归到了具体的生产指标（忽略了生产作业流程对指标的影响），比如粉碎吨电耗、制粒效率等，并且这些指标往往都是从其他渠道得来的标准。

◇ 行业内交流学习得到的标准，看到自己的指标和交流企业的指标有差距，就照搬过来对方的标准作为自己的管理标准。

◇ 集团内部的优秀公司的标准作为自己工厂的管理标准。

◇ 根据财务数据从财务管理角度核算的结果作为管理标准。

其实上面的标准来源都忽略了企业当下生产管理面临的问题内容和需要解决的问题顺序，不同的公司是不同的，生产过程的浪费和成本只有通过每个企业自己的生产管理数据流，分析、发现、排序和改善，才能达到最终的管理的目的和效果。这就是本章想阐明的观点，生产管理的核心是建立自己的管理数据。财务数据往往是从经营的角度来分析整体情况，会忽略和隐藏很多的潜在问题，它是从另外的角度对生产管理结果的一个监督，并不能代替生产进行数据收集和分析。

那么，符合公司现况的生产管理标准是如何来的呢？通过基础的生产报表把实际的作业流程中产生的数据及信息先记录下来是至关重要的第一步。当下很多饲料工厂的生产管理者往往忽略了这一至关重要的步骤（有报表，但是没有确认和跟踪数据的有效性和完整性）。因此，很多公司当下执行的标准大概率会背离公司生产管理的现况，真正的问题往往容易被掩盖，也无法真正实现通过标准化管理和精细化管理来降低生产成本的目标。

如果想要生产管理的标准符合公司现况，并且成为生产管理的有效手段，那么这个标准的来源一定是公司的生产数据信息的分析和提炼。一般生产管理的标准是通过以下途径产生的：

基础报表—基础数据—有效数据—数据有效—有效标准—标准固化—量化管理

◇ 基础报表：通过基础的数据报表，进行数据收集。报表的设计需要根据管理的目的，不是追求内容的完美，而是要追求落地逐步完善。

◇ 基础数据：对应基础报表需要收集数据的关键生产环节，培训和教辅工人进行数据的采集和报表的填写。

◇ 有效数据：在前期的操作过程中，不同的人对于报表的内容理解不同，同时因为操作技能的差异，不可避免地造成数据误差太大或者偏离现实和常识。这需要生产管理者花大量的时间和耐心跟踪、教辅，直到数据的统计结果基本符合生产的现况为止，这时数据才可以算为有效数据。数据的判断和筛选往往是依靠生产管理者的个人能力，这个也是生产管理者需要具备的专业能力之一。

◇数据有效：在有效数据的基础上，对数据进行处理，提炼数据中的有用信息，建立数据管理模型，让数据变成生产管理的有效工具。如果不通过分析数据间的关联关系建立模型，再多的数据价值也是有限的，因为它只是一堆数字信息，对生产管理产生不了太大的价值。

◇有效标准：有效数据提炼的结论可以准确地反映生产过程的质量、成本、效率、损耗变化，这时数据分析的结论就可以作为有效的标准。

◇标准固化：有效标准在经过一段时间的推广和验证后，适当纠偏后就进行固化，成为当下生产管理体系中的重要管理指标。

◇量化管理：通过对生产过程中关键点的标准逐个固化，最后就可以通过实际生产过程中与标准的差异进行量化管理。

生产管理制定这些标准的基础数据如何得到呢？那么，就需要回归到生产的整个过程管理中，如图 3-1-5 所示的生产管理体系图。

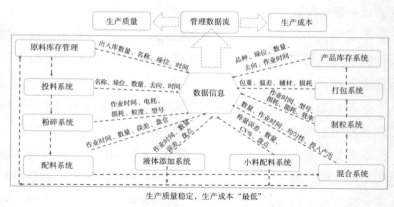

图 3-1-5　生产管理体系简图

从图 3-1-5 中我们可以进一步看到生产管理体系的核心就是形成生产自己的数据流和信息流。通过数据来洞见管理中存在的漏洞和成本浪费，在保证产品生产质量的基础上去降低生产成本。上面的图 3-1-5 是按照饲料生产的一般的工艺流程和每个流程中需要从管理角度去采集的基础信息绘制的。下面就每个工艺流程的关键信息做一些简单阐述。

一、原料的库存管理

原料库存管理从生产成本的角度考虑目标是减少损耗和提高作业的效率。从生产质量的角度是保证原料的库存质量，要建立原料库存管理的数据流需要的基础信息有原料的名称、存放的垛位、出入库的时间、出入库的数量、库存原料的质量变化等。其中在这里需要强调一下垛位标识的重要性，无论是从质量的可追溯，还是从生产的效率和有效的作业动作来说，垛位的划分和标识是非常关键的环节。垛位的划分标识不单单是为了好看，更重要的是生产管理和质量管理的关键信息链接点，原料入库后的去向、质量的变化跟踪都需要通过这个链接点进行关联。

原料每日出入库数据的采集是原料库管员每日的固定工作。需要每日进行原料的实际盘点，整理分析并把信息分享给相关部门，不是通过产量数据套公式计算的理论数据。库管员是作为原料管理的主要负责人，是要根据自己采集的数据去验证生产的作业是否出现了偏差，而不是去追求两者的完美统一。由于管理的重点和方式不同，原料的库存管理在饲料生产过程中分为大宗原料，小料和油脂（液体原料）的管理，其中每种原料的操作的频率和方法各不相同，下面分别进行阐述，以供大家参考。

A1. 大宗原料（非筒仓储存方式）

原料盘点：

一般是以生产 24h 为一个盘点周期，库管员每日上班后需要把整个原料库库存的原料进行整体盘点，并把盘点的数据记录到"原料库存生产盘点日报表"及原料的垛位卡上。

数据汇总：

库管员：每日具体的盘点数据。

中控员：24h 的中控配料的记录。

投料员：24h 的"生产投料日报表"。

这些具体的盘点数据需要汇总到生产数据负责人员手中，为了后面的阐述方便，统一称这个岗位为厂长助理。

数据分析：

厂长助理根据上述信息进行汇总分析，核对投料报表中的原料品种和数量同库存的数据是否一致。原料在日常使用中基本不可能投入的原料全部用完，因此，需要定时进行盘仓，以评估投料（包装内原料是否投干净）、生产配料（精度是否偏离安全范围）、入库包装均重（是否准确）、地磅过磅（误差及是否有人为作弊的风险）等。生产盘仓从操作的难度和必要性综合考虑，建议生产每周进行 1 次；在约定好的盘点时间生产可以尽量把部分原料仓中的原料用空。如果没有用空，需要根据生产的盘仓作业流程进行盘仓，数据一样汇总到厂长助理，打通原料从入库到出库到生产配料过程的数据流。

A2. 大宗原料（筒仓储存）

筒仓内原料盘点是一个非常困难的事情，也是生产管理的难点之一。在日常的生产管理中，一般会采取筒仓整进整出的管理方法。由于当下饲料经营对于原料周转率的要求，在实际的生产过程中很多筒仓的原料是边用边进，这样原料的实际损耗要想拿到一个相对准确的数据就更难。在实际的日常管理中，大家基本都是按照理论的数据进行推算，但是等到一定时间进行清仓核算的时候，发现实际的数据和测算的数据差距非常大，笔者经历过一家公司出现筒仓的玉米盘点误差达到几千吨。当然这是误差累积的结果，其中也不排除有人为作弊的可能，既然存在这么大的隐性风险；我们还是需要想办法对筒仓的库存量进行盘点。在技术发展的当下，有很多的先进技术完全可以实现日盘点的功能，比如雷达扫描技术等。如果工厂做不到每日盘点，也需要规定一个固定的时间，把筒仓内原料全部使用完毕了进行一次核算。另外，进入筒仓的原料如果长时间不进行管理和监控，那么原料基本就进入一个黑匣子。因此，生产的筒仓管理制度至关重要，在日常的生产管理中很多企业都忽略了或者没有足够重视这项工作。筒仓的盘点是一个系统的工程，需要质量管理部和生产部的配合共同完成，且需要回归到每日的数据收集和纠偏上。

A3. 小料的库存管理

小料重点：小料的库存管理的质量标准在质量管理体系中已有非常详细的描述，这里主要是从生产管理的角度如何通过小料库存管理的标准作业程序来提升作业的效率和降低损耗。小料库存管理的作业流程主要包括以下几个方面：

◇ 小料划分专区上锁管理，小料的每日出入库需要库管和领料工双人签字确认，这样就保证了小料出库的数量和品种信息的准确性。同时也省去了小料每日盘点的工作。库管只需要把每日的出库单数据统计汇总给厂长助理。

◇ 小料零头的日盘点：配料工在下班前对已经开包没有使用完的小料进行称量，并存放到专门的零头存放区，这样就采集到零头盘点数据。

✦ 小料零头复核：库管员和质量管理部需要根据需要每日挑选品种进行重量复核，相关数据也要汇总报给厂长助理。

✦ 小料混合车间每日的生产配料记录也需要汇总报给厂长助理。

数据分析

每种原料垛位上的库存数据与前日的数据差为出库数据，需要与出库当日领料量进行核对。

根据出库数据和当日的配料记录以及零头数据分析每日小料的日用量误差。

根据误差标准进行日常的损耗管理。

A4. 油脂库存管理（液体原料）

油脂盘点：一般是以生产 24h 为一个盘点周期，库管员每日上班后需要把每个储存罐流量计的数据进行现场记录。同时，根据流量计的数据计算 24h 出库重量。同样的操作步骤对生产的日用罐进行盘点，数据整理后汇总报给厂长助理。

生产中控的 24h 的配料记录中油脂的使用重量汇总报给厂长助理。

数据分析

基于上述信息进行分析出库数量与使用数据的误差，并设定对应的误差标准。

基于误差标准进行日常的损耗管理。

二、投料管理

参考投料记录，根据其中的基础数据我们要总结得到的标准如下。

投料包装内的原料残留（抽查包装的重量）。

投料作业的有效时间（开机停机时间）。

投料作业的效率（当班投料量及操作人数）。

这些基础的数据收集后，我们就可以在这些数据的基础上进行分析和提炼，以及标准的设定。在标准经过纠偏固化后，我们就可以通过标准进行日常的投料管理。因为这些内容都是日常工作，此处就不再赘述。

三、粉碎管理

饲料的粉碎系统是制造费用管理的重要环节之一。因此，在粉碎生产管理环节，我们需要的关键指标有粉碎的损耗、粉碎的吨电耗、粉碎的效率，粉碎的电耗数据需要在生产工艺的设计过程中有单独的电表，这些指标的标准是要通过基础数据分析所得。

数据流

粉碎机的有效工作时间（开机停机时间）。

粉碎效率，吨／小时（粉碎量／有效工作时间）。

粉碎的电耗，千瓦·时／吨（电表读数／粉碎量）。

粉碎的损耗（结合原料的库管管理和原料粉碎后的质量监控数据）。

基础数据（原料名称、粉碎机型号、筛网规格、原料粗水分、粉碎机电流等）。

数据分析

通过粉碎数据流，我们可以建立单班次不同原料、不同粉碎细度、不同原料粗水分的生产粉碎的管理标准（粉碎效率、粉碎的吨电耗、粉碎的损耗）。

设定对应的粉碎管理标准对粉碎环节进行量化管理。

根据不同的设备型号、粉碎细度、原料品种、原料粗水分范围等信息进行分析，形成同种原料的管理标准。

针对生产条件多样且影响因素众多的情况，我们可以尝试对同种原料不同条件下的统计结果进行分析，在探究不同条件下的标准之间的比例关系，尝试把同种原料的生产管理指标折算成以一个标准条件为前提下的生产粉碎管理标准，从而简化生产管理的难度。

四、配料管理（大料配料）

生产的大料配料系统是当下饲料企业中自动化程度非常成熟的工艺环节，其中产生的绝大多数的数据系统都可以自动地采集和保存。所以生产管理需要的工作是对保存的数据进行分析，其中需要关注的标准如下。

每种原料的每次称量的误差标准。

每种原料当班的称量总量的误差标准。

混合机每次混合的总量的误差标准。

每种原料采集数据与实际使用的误差标准。

这些标准可以参考质量监控体系中的数据分析的方法进行分析和提炼。

五、液体添加管理

液体添加系统包括油脂添加系统和液体的蛋氨酸、氯化胆碱等的添加系统，从液体添加的方式和添加的位置分为混合机内添加和外喷涂添加两种形式。液体添加的质量在质量监控的章节会有相关的阐述。在添加质量完全可控的基础上，生产还需要关注原料的损耗情况，原料的损耗需要关键的数据流在原料的库存管理中已经有了说明，此处不再赘述。

六、小料配料管理

关于小料配料的质量，我们在小料配料的质量监控的章节会有详细的阐述。在小料配料质量完全可控的基础上，生产还需要关注原料的损耗情况。每种小料的原料的损耗需要关键的数据流在原料的库存管理中已经有了说明，此处不再赘述。

当下，饲料企业基本不再采用每种小料按照每批的添加量进行单独称量的配料方式，应用比较多的是多批小料先进行预混合，然后打包成每个混合批次需要添加的重量。这样，从生产管理的角度来看，除了关注生产的质量外，还需要关注小料的生产效率和损耗。

数据流：

小料的出库数据在小料的库存管理中已经进行了阐述。

小料的配料误差数据在小料的配料质量监控中进行了阐述。

小料的投料的数据在小料的配料质量监控中进行了阐述。

小料的打包的数据在小料的配料质量监控中进行了阐述。

小料的作业效率则需要在小料生产混合环节获取相关的数据：

混合机的有效工作时间（开机停机时间）。

混合机的工作效率，吨／小时（混合量／有效工作时间）。

混合的电耗，千瓦·时／吨（电表读数／混合量）。

人工效率（工人数／混合量）。

配料的损耗（出库量／零头库存量／打包数量／包尾料／包装重量）。

七、混合管理

饲料混合过程的质量监控在生产过程的质量监控的章节进

行了详细的阐述，在混合均匀度达标的情况下生产还需要关注原料的损耗情况。关于损耗我们在配料环节中已经进行了数据流的说明。

八、制粒管理

饲料的制粒工段是生产制造费用和损耗产生的关键环节之一，现在几乎所有的饲料企业都在关注颗粒的制粒效率、吨电耗、吨能耗等生产的管理指标。这其中潜在的一个最大损耗是调制质量不过关，造成的水分损耗。根据笔者多年累积的数据来看，潜在的损失在 0.5% ～ 1% 是比较常见的现象，即在调制的过程如果生产实现了自己的管理数据，是有可能及时发现甚至挖掘出这部分的隐性损耗的，提高颗粒制粒环节的投入产出。如果按照吨饲料的配方成本 3 000 元计算，忽略效率提升带来的电耗能耗的降低的价值，单纯从水分的提升可以带来 15 ～ 30 元 /t 的经济价值，所以从生产成本和生产质量的角度，需要引起大家的关注和重视。要想厘清这个过程中的真正的问题所在，还是需要回归到通过基础的数据去分析和洞见。制粒环节需要的基础数据流如下。

基础数据

根据"生产制粒日报表"和质量监控中的"饲料制粒过程质量监控日报表"的基础数据，需要分析总结的标准如下。

1. 制粒机的有效工作时间（开机 / 停机时间）。

2. 颗粒饲料的吨电耗（电表的起始 / 结束读数）。

3. 颗粒饲料的吨能耗（蒸汽的起始 / 结束读数）。

4. 制粒机的效率（配料量 / 有效工作时间）。

5. 制粒损耗（冷却后产品粗水分与混合粗水分差）。

九、打包管理

饲料的打包除了从生产质量的维度要关注标签、包装袋要与产品匹配、包装的净含量不能低于标示值等质量要求外，生产成本的角度则要考虑的是打包的效率和包装的净含量的偏差。

基础数据

根据"生产打包日报表"的基础数据，需要分析总结的标准如下：

1. 打包的工作效率（入库重量／有效工作时间）。

2. 打包的误差（抽查重量与标准重量的差）。

3. 投入产出管理（头尾料的重量）。

十、成品库存管理

饲料产品的入库和出库管理，从生产质量的角度就是要保证不要发错货，并且保证库存过程中产品的质量不要发生质量问题，从生产成本考虑则是人工效率和损耗。当下很多饲料厂都忽略了垛位信息对于发货效率和成本的影响，部分公司还在依靠成品库管的个人能力来降低出错的概率。如果已经打通了质量的全程可追溯和生产的管理数据流，那么在产品的发货单上一定会有明确的垛位的信息和产品的信息，因为这样一方面方便库管按照先进先出原则发货，同时也会大大提高作业效率，大幅度降低了发错货的概率，根据垛位信息也可以实现产品的可追溯。另外，在产品库区需要有一个专门的倒包区域，把装车过程中破碎包及时处理，以减少生产损耗，也是需要关注的一个方面。

但是在实际的生产管理中，虽然成品库中成品码放得很整齐，但是仔细观察却发现，还是有些细节需要注意，比如不同的饲料产品存放在一个垛位、一个垛位有多个生产日期、同一生产日期的产品码放在不同的垛位等现象，这些细节都会直接影响到发货的效率和增加发货过程出错的概率。另外，为了防止市场断货，产品生产出来长时间存放，也是需要关注和避免的问题。产品长时间的库存不仅影响到产品的新鲜和质量，同时对于产品的损耗也会产生影响。笔者曾经跟踪过一家公司的产品库存损耗情况，一般情况下产品放置 1 个月左右会产生 0.1% ～ 0.2% 的额外损耗。要解决这一问题不能单纯地要求生产部门，需要从销售计划开始进行系统梳理，才能从根本上得到解决。

其他如备品备件、五金以及包装辅料等的管理都需要建立自己的管理数据，通过数据来分析建立标准，只有这样才能真正从标准化管理走向精细化精益化的管理。

第四章　质量管理体系

第一节　质量管理体系的价值

如前面所述饲料的经营管理体系主要包括技术研发体系、配方管理体系、生产管理体系、质量管理体系、采购管理体系、销售管理体系、财务管理体系、人力管理体系等多个体系。每个体系互相监督、互相强化就构成了整个大的运营管理体系。其中这么多的体系中质量管理体系是在质量的维度上贯穿了整个经营的唯一体系。质量管理体系的价值体现的方式既不能像销售部门那样通过销量把自己的价值直接体现在公司的销量和利润上，也不能像生产管理部门那样把价值直接体现在产量的增加和生产成本下降上。它的价值核心是通过提前发现问题，提前预防，解决隐性的质量风险和挖掘潜在的成本浪费，最终通过市场终端产品的综合表现体现出来。

质量管理体系价值最终会体现在 3 个方面。

1. 产品质量的稳定性

✧ 通过看到的质量结果洞见背后的质量隐患，提出建设性的质量方案，做到质量提前发现，提前预防，为市场提供质量相对一致性的产品。

2. 综合成本最低

◇围绕质量指导建立价值采购体系最终实现价值采购，降低采购成本。

◇围绕质量指导建立技术管理体系实现原料物尽其用，降低配方成本。

◇围绕质量发现和挖掘隐性浪费，通过系统能力转化成经营利润。

3. 客户黏性

◇围绕质量通过系统能力打造，准确理解和把握客户需求和市场动态。

◇围绕质量通过系统能力打造快速满足客户需求，来增加客户的黏性。

由于质量管理体系是在质量的维度贯穿整个经营过程，所以它的规划设计需要从上而下（组织架构层面）进行总体的规划和设计。体系落地的路线和地图必须与公司的战略地图相匹配。围绕并服务于公司的战略目标。公司战略目标一般是以财务指标如收入的增加、生产率的提升来体现。这些财务指标最终兑现是需要通过公司有形成果的落地来完成。有形成果在饲料的运营管理中包括两个方面：一是饲料产品本身，二是通过产品与公司建立合作关系的客户。

饲料产品和客户之间存在互为影响、互相促进的关系。我们通过为客户提供饲料产品，满足客户的需求来建立合作关系，通过持续满足甚至超过客户的预期来增加客户的黏性。客户的需求得到满足就会认可公司的产品，会自发帮助公司宣传，提升品牌的影响力。因此，饲料的质量和价格是公司和客户之间互动永远的话题。

　　要实现这样的有形成果，一方面公司必须追求饲料产品质量领先、成本最低（不是价格最低，成本低是为了保证产品的竞争优势）；另一方面与客户建立长期的合作关系，客户关系的建立更多的是依靠产品和服务实现的。而这些目标的实现需要有为客户持续提供质量一致且有吸引力价格的产品的系统能力。这种系统能力的打造需要建立卓越的运营管理体系和客户管理体系。这两个体系的核心工作都是两个方面：一是全面质量管理（TQM），二是相关的标准作业程序（SOP）。全面质量管理就是要把质量的维度嵌入整个的作业程序中，包括质量管理部内部的作业流程和其他部门的作业流程。同时通过对组织的指导和监督，保证组织输出的质量，通过体系的系统能力来保证产品的质量稳定和综合成本最低。

　　质量管理体系如何在经营管理中实现自己的价值呢？首先我们来看它在质量一致性即产品质量稳定性上实现的途径是什么？其实核心就是"预防"。正如《礼记·中庸》所述"预则立，不预则废"，要做到质量风险提前感知，提前预防。如何做到提前预防呢？提前预防实现的途径是通过建立数据化的质量监控体系，通过数据分析获得相关信息，通过信息去洞见和预判存在的质量风险。同时建立质量保证体系，通过明确各组织的质量责任和做事的顺序和边界，在发现质量隐患时采取相应行动，及时消除，阻止看见的质量隐患发生，防止已经发生的质量问题再现。质量风险消除得越多，质量问题发生的概率就越低，在市场端产品质量表现的稳定性就会越高。质量管理体系对于成本的价值主要是来源于以下几个方面：

　　◇原料价值采购体系中相关业务流程的设计，为实现原料价值采购提供质量保证。

◇原料价值采购活动中提供所需的质量管理信息。

◇原料价值利用过程相关业务流程的设计，为原料物尽其用提供质量保证。

◇原料价值利用过程提供对应的质量管理信息。

◇建立产品生产过程数据化的质量监控体系。

◇协助生产建立自己的生产管理数据流，找到影响成本的根本原因，从而降低生产成本，主要是生产的隐性成本和潜在的浪费。

最后，必须再重申一点，质量管理体系的推动需要经营者的参与，这就是我们经常听说的质量是一把手工程，其中的原因如下。

1. 质量体系建设的本质就是进行流程的优化、完善甚至重塑。流程的设计准则背后是权力和利益的分配，所以这需要经营管理者从全局思考和决策。

2. 如果当下体系的运转质量完全不能满足经营的需求，公司将会面临一场管理的变革，管理的变革对应的重要流程可能需要重塑。流程重塑的目标就是确保把实现公司经营需要的变革转化为流程的变革。这需要决策者通过自己的权力和影响力来进行资源和利益重新分配。

3. 体系的核心是流程和制度，流程就是要厘清做事的边界和顺序，所以随着体系化建设的推进，不同部门岗位职责会非常清晰和明确，同时关键岗位需要人所需要具备的能力画像也逐步地清晰。公司的决策者根据整体战略推进的需要，配套相应的资源和文化建设，打造一支与体系落地相配套的团队。

4. 质量管理其实是违背人性的，这也是一个简单的质量动作难以落地的原因，因此需要辅助一定的权力进行推进，这个权力是需要得到经营者的支持。

第二节 体系建设行动模型

质量体系建设的核心不是完美而是落地，因此每个体系的建设都需要一个比较漫长的过程。由于全面质量管理体系涉及与经营相关的所有体系，所以它需要的过程相对更长，是一个长期坚持和不断完善的过程。体系建设是否能够成功，其中有 3 点非常关键和重要，具体如下。

◇ 以客户至上，质量第一，坚持长期主义，追求卓越经营有决心的经营者。经营者决定体系建设的方向，是否要进行全面质量管理体系的建设。

◇ 具备深厚领域知识、丰富管理经验、成熟心智模式，并见过成熟优秀的体系，有创新思路并能根据现况设计灵活行动方案的能力的设计者。这其实就是一个优秀合格质量总监的具体画像。因此，质量管理需要一个综合能力很强的职能线领导者。一个公司质量最高管理者的能力和对体系的理解水平，将直接决定公司质量管理体系的实际水平和工作方向。

◇ 以下属成长为目标，具备谦卑、开放、进取、明达的特质的服务型职能线不同层级的领导者。这与传统的管控型的金字塔模式完全相反，是一个倒立的金字塔。领导更多的服务、监督、教辅的职责，权力更多的是在基层的管理者手中。

以上 3 点组成了质量管理体系建设的行动模型。

做不做——经营决策

做什么——落地关键

如何做——执行效果

根据上述理论我们可以看出，公司是否要推行全面质量管理，需要公司经营的层面决策者来决策。决策者在公司的经营者手中，但是经营者做决策的依据和原因需要质量管理的领导者来提供。一旦决策者做了"做"的决定，那么在实际体系建设的规划设计和落地纠偏的具体承担的部门原则上就是公司的质量管理部门。质量管理部门的领导者如何说服经营者来支持和全程参与全面质量管理体系建设的全过程？首先质量管理者要先看见质量，看见质量结果背后的质量隐患，其次对看见的质量结果或者质量隐患进行质量问题的界定，根据界定出影响质量结果的主要影响因素的权重进行排序，结合现况给出建设性的系统解决方案。把方案与经营者沟通获得相关的支持。这就是本书第二部"质量问题界定"的内容。基于这样的目标，质量管理者一般情况下需要经过以下几个方面的工作。

1. 当下体系质量情况的评估

◇ 围绕产品的设计质量、运算质量、生产质量和使用质量，对公司当下体系的质量做一次全面的评估。主要是判断当下体系发现、预防和解决质量问题的能力。

◇ 相关业务部门在质量维度的行动目标是否一致，业务部门之间的职责和边界是否清晰。

◇ 公司最近几年是否发生过重大的质量事故，事故发生后问题界定得是否清晰准确，针对质量问题的解决方案是否可以有效预防质量事故的再次发生。

2. 至关重要流程质量水平判断

对公司经营成功所必需的至关重要的流程是否达到可以接受的最低质量水平，比如从产品的设计质量管理流程，公司的原料价值评估的数据库开发流程是否可以保证评估数据的准确性；产品定位的营养标准制定流程是否可以满足管理要求；从市场端的客户抱怨到公司内部是否有清晰的反馈和解决流程，且相关部门的职责是否清晰等。

3. 根据流程影响权重排序

对于经营成功至关重要的流程，我们根据评估结果的质量水平进行排序。排序更多地是依靠质量管理领导者的专业技能，对每一个流程当下的质量水平可能产生的质量风险进行预估。然后根据预估风险的大小进行排序。

4. 给出系统解决方案

根据体系的排序结合公司当下的现况，给出建设性的系统解决方案，供给经营决策者作为判断的依据。

第三节　质量控制体系

质量管理的职责主要的工作内容在本书的第一部"与饲料质量对话·看见质量"中质量的相关定义章节中已经进行了详细的阐述，上述体系建设的行动方案中的内容其实就是质量保证体系的建设。体系的建设需要经营者的决策，且不同的公司面临的情况千差万别，笔者也无法给出共性的措施和方法，这需要根据不同公司的情况灵活地进行规划设计。因此，笔者只能根据自己的经历和体验给出一些原则性的建议。

根据本书第二部"与饲料质量对话·质量问题界定"中阐述的内容，产品的质量是体系质量的外显，体系质量决定了产品的质量。体系质量的问题界定是需要通过产品质量界定的结果。无论是产品质量的界定，还是产品质量的保证，都离不开质量监控体系提供的质量监控的数据。且质量监控体系的逻辑和方法大部分是有共性的部分，是可以参考和借鉴的，基于这样的想法和逻辑，从本章节开始阐述的内容就围绕质量监控体系展开。

饲料的质量监控在前面质量管理职责中已经进行了说明，主要是包括 5 个方面，产品设计质量监控 DQC、原料入厂质量控制 IQC、生产过程质量控制 IPQC、产品质量控制 FQC、产品出库质量控制 OQC。本章节将每个工作的工作逻辑及如何操作进行详细的阐述，以供参考。

一、产品设计质量监控 DQC

产品设计质量监控的基本作业流程

✧ 质量管理部门收到生产配方后，根据收到的新配方与当下正在使用的配方进行对比。从质量的角度进行判断是否存在质量的隐患，比如会造成产品感官的剧烈变化，影响到产品的颗粒质量、生产的效率等。

✧ 根据发现的质量隐患与配方师沟通，进行配方的调整，确定最后的生产配方。

✧ 统计新配方常规项目配方设计值的目标值，与当下使用的配方是否一致。如果差异超过了质量标准的许可范围，需要与配方师沟通确认。

✧ 根据质量管理的要求，根据产品的化验结果与配方设计目标值的差异判定产品的质量结论。

二、原料入厂质量监控 IQC

原料入厂的基本作业流程

✧ 采购部门需要在当天下班前把第二天到货的原料的名称、数量等基本信息共享给门卫、质量管理部及生产部的库管，以方便相关部门组织第二天的人员和计划安排。

✧送货司机到工厂后，需要首先到门卫室进行登记和排号。其中需要把信息登记在"原料送料单"上。

✧司机需要带着已经填写好信息的"原料送料单"到质量管理部的取样室，通知取样员已经到货，并且把"原料送料单"放到取样室。

✧原料取样员根据"原料送料单"的电脑编号和实际需要，通知司机提前打开篷布，等待取样。第一次取样现场需要有取样平台可以顺利登上货车，对挡板以上的可以取到的原料进行取样。

✧原料取样结束后样品送到检测室进行检验，具体的化验的项目的要求参照公司的"1次取样检验流程"，并把结果登记在"原料进货质量日报表"上。

✧根据检验结果是否符合"原料的质量标准"，判断原料是否合格，并在"原料送料单"上面填写检验结论及相关的信息。如果出现结果不符合原料的质量标准，则通知质量管理部经理进行确认后走"不合格品处理流程"。

✧取样员把相关信息填写完毕后，把"原料送料单"返回司机，通知司机可以入厂过磅。司机给门卫出示"原料送料单"上质量管理部的合格签字后，门卫放行入厂上地磅。

✧司磅员核对"原料送料单"上的车号及原料信息后输入电脑系统，过磅并打印"原料接收报告（五联单）"上的入厂信息并在原料接收报告单上签字，然后把"原料送料单"和"原料接收报告（五联单）"装订到一起给库管，并通知司机到厂区卸料等候区等候库管卸车安排。

✧库管拿到"原料接收报告（五联单）"后通知司机和质量管理部卸车具体的位置，在卸车的过程中，取样员要随车进行2次取样，取样结束后填写相关信息并把"原料送料单"装到样品袋中一起带回取样室。

✧ 在卸货结束后，库管核对卸货包装的数量，确认无误后签字。退货或要随车带走包装等特殊情况，要在"原料接收报告（五联单）"上标明。

✧ 司机拿到库管签字的"原料接收报告（五联单）"后重新上磅过磅，地磅员录入相关信息后打印并在出厂信息的地磅处签字，同时把供应联交给司机带回。"原料接收报告（五联单）"其余联第二天由地磅员分送到相关部门。

✧ 门卫看到"原料接收报告（五联单）"后在确认随车退货或者带走的信息准确后在上面门卫处签字放行。

✧ 2 次取样的样品由取样员下班前统一送到化验室进行样品的常规化验，检验结果出来后化验员需要把结果录入电脑，并打印在"原料接收报告（五联单）"上。如果出现质量不达标的情况，通知采购部走"不合格品处理流程"。

✧ 让步接收的原料处理结果需要附在"原料接收报告（五联单）"后面，与合格原料的付款流程相同送至财务进行付款。

这个作业流程要阐述的是原料接受的基本质量控制点和如何控制，在当下数字化高速发展的时代，可以完全实现信息化的管理模式，信息的自动采集、分配、转发，但是每个关键点的质量监控的逻辑是不能改变的，不能为了 IT 的需要去改变业务的流程（IT 的逻辑和业务逻辑是不同的，IT 只要有一个点不通，整个设计是无法兑现的，业务逻辑是关注重点而不是全部，即业务逻辑追求的是落地而不是完美），而是根据业务的需要规划设计好让 IT 来帮忙落地实现。因此，想通过信息化建设来落地业务规划，笔者认为这条路是行不通的。由于各集团的实际情况和信息化水平的不同，在实际工作中上述内容大家可以自行修改，这仅作参考。以上内容总结的流程简图如图 3-1-6 所示。

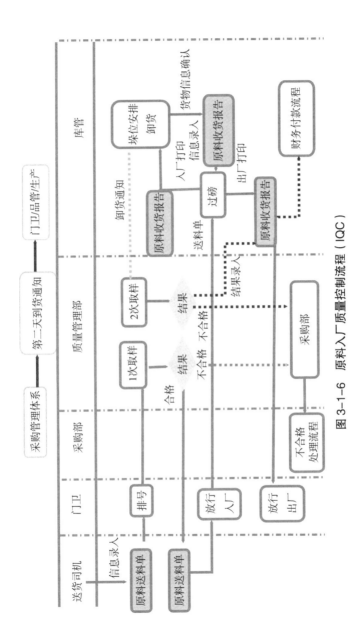

图 3-1-6 原料入厂质量控制流程（IQC）

三、生产质量监控 IPQC

（一）原料库存质量监控

原料入厂后，在储存过程中，受存储条件、原料特性等因素影响，随着时间的变化，原料质量也会发生变化。为了避免入厂合格的原料在使用前因储存不当发生质量变化，从而造成损失；同时也为了消除因储存过程中原料质量的变化对产品质量造成的潜在的影响，我们需要对原料的储存过程的质量变化进行监控。原料存储过程中质量监控主要包含以下几个方面：

◇原料库房的储存条件：这需要质量监控人员每天通过库房的巡查及时发现问题并通知生产部门进行及时改正。库房的储存条件包括库房的通风，顶棚是否漏雨，地面是否有杂物未及时清理，库房原料是否生虫等。具体的库存条件和标准可以参照公司的"原料储存标准"。

◇原料的码垛是否符合安全要求、是否与垛位信息相符，是否留有检查和通风的通道等，这些相应的标准和要求需要"原料储存标准"中有相对详细的说明。

◇原料的垛位卡悬挂是否正确，是否按照原料的待检、合格、禁用不同的要求悬挂不同颜色的垛位卡，且垛位卡的信息根据每日出入库的情况进行及时更新，确保出入库及库存的数据与垛位的实物数量一致。

◇原料的质量抽查。

公司的现场品控员根据质量管理的要求，需要定期对库存的原料取样，进行质量的检测和跟踪。这个工作的具体操作流程一般包含如下几个方面的内容：

1. 一般以周为单位对原料库库存的原料进行抽查，具体的抽查时间可以与公司的配方调整周期保持相对一致。

2. 抽查的重点是高风险的原料，如动物性原料（鱼粉、肉骨粉，乳清粉等），粗脂肪含量高的原料（如膨化大豆、全脂米糠等），以及对于库存时间有严格要求的原料（如维生素、微量元素、酶制剂、益生菌等添加剂）。

3. 检查的内容包括原料的感官、气味，是否结块，垛位卡信息，环境的温度、湿度，原料的料温等信息，根据公司配方调整周期的需要对于下个周期需要使用的主要原料，重新取样并送化验室进行常规化验。

4. 库存原料抽查的质量结果需要整理记录在"库存原料质量监控报表"中。

5. 根据"库存原料质量监控报表"中的相关信息，跟踪原料的库存时间、进货时候取样的代表性。在库存过程中原料是否产生损耗，原料是否已经发生了不利的质量变化。如果发现不合格原料需要走"不合格原料处理流程"。

6. 库存样品的检验结果填写在"库存原料质量监控报表"中，作为 QC 报表中原料营养的填报依据之一。

（二）生产配方质量监控

饲料的生产就是把产品按照设计配方完成加工的过程。本章节所阐述的生产配方的质量监控是以配方设计完成为起点，关注的是配方的执行质量，在配方的执行过程中从质量维度监控主要是配方下发、核对、更新、留存和销毁几个关键的环节，其中每个关键环节质量监控主要工作内容如下。

◇ 配方的接收人员及方式：当下不同的饲料集团有不同的处理方式，有的公司是配方师把配方从配方软件导出固定的格式后直接发给质量管理部经理；有的公司是直接上传到生产中控的系统；有的是配方师传给生产，生产部门自己导入中控系统。无论哪种传输方式，质量关键点是配方传递过程中至少需要有两方对配方的内容进行核对，以防止配方传递中的信息出现偏差。生产配方是生产质量的第一步，所以这需要引起质量管理人员和生产人员的足够重视。下面我们就以配方师把生产配方传递给质量管理部经理，由质量管理部传递给生产的流程为例来阐述一下相关的作业流程。

✧ 质量管理部经理收到配方后，首先要把新配方与当下正在使用的配方进行对比，内容包括但不限于下面的内容；两次配方原料使用品种的差异，同一种原料的比例的变化，新原料第一次使用的比例，常规营养指标的变化等。质量管理部经理通过对比差异，同时根据自己的经验，预判此次配方的变异是否会对产品感官颜色造成明显的影响，以及可能存在的质量风险。如果发现有疑问需要与配方师进行沟通确认，配方师确认无误后进行下一步配方的分解工作。如果发现因为特殊的情况，如原料短缺，配方的变化会对感官造成大的影响，需要提前与销售部门沟通，提前通知市场和客户。这里必须说明一点，配方师首先需要对配方调整造成的影响进行判断和预防，质量管理部只是另外角度的监控，不能把配方调整后颜色变异造成的主责定义是质量管理部门。

✧ 按照公司生产工艺的整体情况，如生产中控配料仓的数量、配料秤的称量范围、小料配料的配料方式等。质量管理部经理需要把配方师下达的生产配方按照公司的生产管理的整体情况进行配方分解，把下达的生产配方分解成两大部分：一部分是需要输入生产中控系统的大宗原料的配方，俗称大料配方；一部分是需要经过人工称量复配的氨基酸、维生素等，除了大料配方及液体添加以外原料部分的配方俗称小料配方。

✧ 大料配方各饲料厂输入的方法和方式各不相同，质量监控的核心是需要两个不同组织的人员共同录入、互相监督：一个组织的人员输入，另外一个组织的人员进行复核监督。配方输入后原则是同一产品的以前配方要被覆盖掉，当下生产中控系统只保留最新配方用于生产。同时配方输入后输入部门和监控部门需要在纸质配方上面签字确认（或者从电脑系统类似的确认流程和权限设定）。这是从质量风险的预防上思考的做法，如果公司规定只需要单方面操作即可，这就是不同公司的不同选择了。

✧ 双方签字后的纸质配方由质量管理部回收，并进行归档保存，根据国家相关法律对于生产配方保存的要求，保存时间不得少于 2 年，配方过期后要对过期配方进行销毁。

✧ 配方销毁一般采取锅炉房直接焚烧的处理方式，处理时质量管理部配方保管人员要用"过期配方销毁申请单"提出申请，经过质量管理部经理、总经理同意后，司炉工确认数量等相关信息后，由质量管理部经理现场监督投入锅炉焚烧。各公司信息化的程度不同，可能已经没有纸质的打印配方，需要考虑电脑系统中的过期配方如何处理，这里要表达的就是过期配方要有固化的处理流程和方法。

✧ 小料配方管理。因为小料配料是饲料生产中非常重要的相对独立的环节，我们称之为小料配料系统。关于小料配方的管理在后面的"小料配料系统质量监控体系"会做专门的详细阐述。

（三）投料过程质量监控

质量管理部门收到生产配方后，根据销售部门下达的销售计划和生产部门提供的原料库存信息，根据自己部门原料质量的把握情况，在保证产品质量的前提下，本着原料先进先出的原则，出具"原料使用顺序表"下达给生产组织相关部门，一般情况会直接下达给生产库管员及生产的中控室。

"原料使用顺序表"的出具需要与公司的运营管理相匹配，是为了保证原料的先进先出信息的共识和便于后面的质量监控，公司可以根据自己的现况决定是否需要。公司运营计划的开始是销售计划，关于销售计划的管理将在后面相关体系中进行阐述。原料的安全库存的周期、配方调整的周期、生产计划安排周期、原料的供应周期等需要在公司销售计划的基础上保持一致，整个计划顺畅运转是需要通过运营体系建设来保证。此处阐述的操作流程是基于整个运营都是在系统化良性运作的基础上，单纯从投料过程的质量监控来看质量管理部的具体工作和目标是什么。质量管理部门在投料过程的质量监控和追溯也是从"原料使用顺序表"开始的，质量监控的具体工作如下：

◇ 生产投料记录表的设计，把质量监控需要的信息嵌入其中，比如投料时间、投料人、原料垛位、投料数量、投料时间、物料去向等。这样做的目的是与生产部门实现质量监控需要的信息共享。

◇ 生产部门的库管员需要把每日原料的出入库信息与质量管理部实现信息共享。

◇ 质量管理部的现场品控员，根据上述收到的信息每日抽查不同的原料的出库数量是否与投料信息一致。同时要抽查垛位卡填写的信息以及垛位的实物信息是否一致，保证能够对原料的投料的过程做到有效监控。

◇ 原料投料是从投料口投入，经过提升机和分配器到不同的原料仓中。其中存在的质量风险是投错料、进错仓，或者进仓过程中存在分配器未到位造成的混料风险。这个风险的屏蔽和发现在以前是通过顶楼的看仓员来实现的。他的主要工作职责就是验证投料后原料是否进入对应的料仓，同时检查有没有发生漏料、混料现象，同时对原料进行取样进行观察是否存在质量问题。取样并把样品相应信息填写在"原料样品生产取样单"上。把样品送至质量管理部，以便现场品控人员进行抽查和复核。随着生产工艺的改进和人员成本的增加，当下的饲料厂看仓员的岗位基本取消。这部分具体的工作比较常见的是由生产中控员来兼任，工段中的取样点都安装了自动取样器，中控员在中控可以完成样品的取样工作，但是质量监控工作的内容与看仓员一致。

◇ 中控员对样品进行相应的质量检查，并按照质量管理要求填写相关信息在"原料样品生产取样单"上。样品取样量一般情况下不少于200g。如果需要检测粉碎后粒度的样品，取样量不能少于1kg。

◇ 现场品控人员根据质量管理的要求进行原料的感官检查和抽查部分原料送至化验室进行常规项目的检测，并把原料的化验结果填写到"原料投料质量监控报表"中。

◇ 质量管理经理要根据"原料投料质量监控报表"中的相关信息，来跟踪生产配方使用的原料质量与 QC 报表中原料质量的差异是否在合理的范围，如果发现问题，要及时沟通提前预防。

（四）粉碎过程的质量监控

目前饲料生产工艺基本分为两种：一是先粉后配工艺，二是先配后粉工艺。当下行业畜禽料还是以先粉后配的工艺为主，下面以这个工艺为主线来阐述一下粉碎过程质量监控的具体工作职责和内容。国内的很多质量管理者和生产管理人员，对于粉碎的关注重点在粉碎使用的筛网规格、粉碎的损耗和粉碎的效率等方面，这些都是非常重要的参数。饲料最终的目标是给养殖动物提供充足的营养，粉碎是根据动物生理特性以及营养消化吸收的需要确定的，并不是原料粉碎得越细营养吸收越好，对于特定的动物是相反的，可能原料越粗反而更有利于动物的健康和营养的消化和吸收。

因此，粉碎过程粒度的监控不仅仅是考虑生产成本的问题，系统地考虑粉碎质量的价值，选择合适的粉碎细度是我们努力的方向。在实际的生产过程中，因为粉碎机设备的不同、配方结构的不同，不能简单地通过生产所用筛网的规格来控制产品的粒度标准，需要通过检测混合样品的实际平均几何粒度来控制产品粒度的变化。通过跟踪重点原料粗水分损失的变化，来跟踪粉碎设备的运转情况。

技术研发部门在做产品定位时，输出工艺参数中应该有明确的粒度标准（具体的内容阐述见技术研发管理体系）。在此基础上质量管理部进行质量监控的流程如下：

❖ 在产品正式生产开始，每次配方的调整都需要对新配方产品的粒度进行监控。

❖ 监控的方法是将混合好的饲料产品分别过不同目数的标准筛，一般是采用 7 层筛或者 9 层筛，分别把筛上物和筛下物对应的重量信息填写到"饲料粒度质量监控报表"中。

❖ 根据"饲料粒度质量监控报表"中测量的原始数据，计算出样品的重量平均几何粒径 Dgw 和对数正态几何标准偏差 Sgw。

❖ 饲料混合样品平均几何粒径的主要影响因素是饲料产品中的主要原料的粉碎粒径。因此，需要通过控制配方中的重点原料的粒径情况来控制最终产品的粒径。

1. 谷物原粮和豆粕的粒度：日常工作中在原料投料质量管理的监控环节，这两种原料需要生产在粉碎后取出的样品数量不低于 1kg。

2. 特殊的畜种，比如蛋鸡料，我们需要通过原料粒度的标准提前进行粒度控制，比如石粉在原料质量的标准中要有明确的关于石粉粒度的标准。

饲料粒度质量日常监控

◇ 在维持配方结构整体稳定的基础上，通过分析数据，重点找出在 3 个主要筛网标准下筛上物或者筛下物的标准作为日常质量监控工作的标准。

◇ 当谷物原料或者豆粕的用量出现大的波动时（一般比例超过 10%），我们需要重新回到标准粒径的检测（7 层筛或者 9 层筛法），确认粒径是否在合格的范围内。

◇ 产品粒度对于不同动物生长的影响也不一样，所以需要根据相关研究资料结合公司产品的定位质量和市场反馈进行纠偏和制定。

（五）配料过程的质量监控

饲料的配料系统包括生产车间的大料配料系统、小料车间的小料配料系统和液体的添加系统。其中小料配料系统和液体添加系统都是生产过程中相对独立且非常重要的关键环节。我们将在后面的"小料配料系统质量监控体系"和"液体添加系统质量监控体系"中作为独立的章节进行详细阐述。

本章节主要是针对生产车间的大料配料系统的质量如何进行质量监控做一些阐述和说明。从质量监控角度，需要通过配料过程中采集的数据来评估整个配料系统的运转质量。不同的饲料集团对于数据统计中常用批次的定义不同，所以我们需要首先对齐几个重要指标的定义。

大料的定义：大料是指除氨基酸、添加剂、多维多矿等以外通过生产车间配料系统添加的大宗原料品种，如玉米、豆粕、DDGS、麦麸、次粉等原料。

混合批次的定义：是指从原料配料结束，到混合机完成排料，再到缓冲斗结束，混合机每混合一次，定义为一个混合批次。

原料配料批次：在每个混合批次中，每种原料从下料到进入称量斗，原料每称量一次，定义为某种原料的一个配料批次。

基于上面的定义，我们主要从下面几个维度对配料系统的质量进行综合评估，评估的内容主要有以下几个方面。

1. 原料入仓的原则

◇流动性较好，在配料仓中不易结块的原料可以入仓。

◇周转慢且粗脂肪含量较高的原料，如鱼粉、羽毛粉等，原则上不能入仓。

◇添加量小于秤的最小称量的原料不能入仓。

◇添加量低于原料配料批次误差要求的最低称量的原料不能入仓。

◇易吸潮、易结块的原料，如食盐、碳酸氢钠、乳制品等，不能入仓。

2. 入仓原料的最小添加量

◇确认工厂使用的配料秤鉴定分度值，最小称量必须大于20倍的鉴定分度值。

◇最低添加量 = 秤的最大量程 ×0.2% ÷ 原料配料批次误差要求。

如我们设定每种原料的配料批次误差要求 ≤ 5%，秤的最大称量为 1 000kg，则入仓原料最低添加量为 1 000×0.2% ÷ 5%=40kg。

3. 每种原料的配料批次误差合格率

原料的配料批次误差（%）=（实际称量值 − 配方设定值）/ 配方设定值 ×100

合格率（%）= 误差范围内的原料配料批次总数 / 统计配料批

次总数 ×100

4. 混合批次的总量的合格率

合格率（%）= ≤ 0.3% 的混合批次数量 / 统计批次总数 ×100

5. 每种原料的配料批次重量最大误差

原料的配料批次误差最大值 =（实际称量值 – 配方设定值）最大值

具体的质量监控流程如下。

◇ 质量管理部根据公司当下配料系统存在的风险大小，以及上述关键环节质量监控的需要，定期从生产的中控配料系统中导出一定时间内不同饲料品种的配料数据。

对导出的抽查数据进行分析，首先从入仓原料的名称中确认是否有违背进仓原则的原料在入仓配料。

◇ 根据秤的鉴定分度值，分析是否有 < 20 倍鉴定分度值的原料入仓再通过配料秤添加。

◇ 按照每种原料的配料批次误差不同范围内的批次数量占总批次的比例，以及根据公司要求设定的误差标准范围内合格率来评估误差分布的范围和质量风险。

◇ 每次混合批次总量与配方设计值的误差在 0.3% 以内为标准，统计混合批次的合格率。

◇ 根据每个原料的称量值与配方设计值的差异是否超过允许最大的误差值来评估配料过程中的偶然误差风险。

质量监控的标准因为各公司的现实情况不同，所以需要根据以上的统计结果结合公司的现况制定可行的、适合的质量标准，在实际工作的推进中，逐步提升标准，最终稳定在安全的质量波动范围内。

如果通过分析发现大料配料的准确性达不到我们的标准，大家经常会对配料秤进行校正。在日常的操作中发现很多生产厂长都是简单地进行满量程的校正，这与真正的校正方法存在很大的偏差。一般秤的校正有以下几个方面：零头测试、偏载测试、满量程测试、半量程测试、加载测试、检定误差等。具体的误差要求和操作方法见国家计量检定规程相关操作规范。单纯的一个点的测试结果是不能证明秤的校正结果的。

（六）混合过程的质量监控

饲料生产质量受很多因素的影响，其中搅拌的均匀性也是非常重要的因素之一。影响饲料混合均匀性的因素同样也很多，比如向饲料的混合机中的加料量超过了混合机的额定容量，设备磨损，混合机设计不良，不同物料的添加顺序不当，以前残留原料积聚，搅拌后物料分离等。

从饲料加工者的观点来看，最佳的搅拌步骤必须是时间、电力和人工等的投入最少的。因此，必须制定一个标准以规定充足的（不过是最低限度的）搅拌均匀度。这一标准通常就是饲料内所含某种养分或标记物浓度的变异系数（Coefficient of variation，CV）来表示。Beumer（1991）、Lindley（1991），其中 Wicker 和 Poole（1991）提出最高为 10% 的变异系数是一个"魔数"，它表示一批饲料得到了充分的搅拌。随着行业的研究和发展，对混合均匀度的定义重新进行了纠正和细分。同时设备的更新换代，对于搅拌的均匀性越来越好。因此，一般我们会以下落混合均匀度 ≤ 7% 来评估混合的均匀程度。

国家标准 GB/T 5918—2008 中推荐了两种混合均匀度标识物的检测方法：一是氯离子选择电极法，二是甲基紫方法。无论选择什么样的标识物来确定搅拌均匀度，最为需要考虑的是测试方法既能为饲料行业接受，又能为立法部门接受。同时对饲料企业来说花费较低的成本且有较快的测试速度和较高的实用性。对单一来源的某种原料、养分或者药物进行测试的方法可能较为优越，因为这种方法可以评估该成分在搅拌物料中均匀分布。

基于上面的理论和当下所用原料中的标志物的含量情况，食盐即被认为是以玉米－豆粕为基础的普通日粮中首选的来源比较单一的成分，粗蛋白质、钙和总磷都不适用，因为多种原料中都含有这些物质（即它们来源广泛）。由于不同原料中氯离子的含量也不相同，用于检测混合均匀度的原料中氯离子的含量越低越好，其中玉米的含量大概也只有在 0.05% 左右，在玉米中加入标记物食盐进行测试的方法，基本符合了上述的要求。

其实混合均匀度就是度量不同物料经过混合所达到的分散掺和的均匀程度。在饲料测试的过程中，根据取样位置的不同，又区分为混合机混合均匀度、下落混合均匀度和筛分混合均匀度。

混合机混合均匀度：是指物料混合结束后，在混合机内部不同位置取样化验所得的结果。

下落混合均匀度：是指物料混合结束后，经过提升设备，在进入待制粒仓前的流管按照间隔相同时间，同一混合批次取样化验所得的结果。

筛分混合均匀度：多数是指物料经过调制、筛分、打包等多种工序，在打包口间隔相同的打包数量后取样化验所得的结果。

其中下落混合均匀度包含了混合机的混合均匀度和物料提升过程中造成的均匀变异，是客观评价饲料混合均匀性比较客观和常用的。

筛分混合均匀度物料多数是颗粒饲料，经过了二次提升、调制、过筛等多种工艺过程，因此其中包含了等多种因素，所以在评估混合均匀性的实际工作中意义不是很大。

同一种物料的混合机的混合均匀度和下落混合均匀度还是存

在很大的差距，下落混合均匀度的数值远大于混合机混合均匀度，如果下落混合均匀度达标，那么混合机的混合均匀度必然达标，反之则未必。

（七）制粒过程的质量监控

饲料从粉状变成颗粒是一个相对复杂的工艺过程，是一个系统的工程，众多影响因素都在不断变化和交互影响中。据生产方面的经验，制粒作业之前的因素，如配方结构、原料组成、粉碎细度等，对颗粒饲料质量的影响接近60%。其中配方结构占40%，原料的粉碎粒度占18%，环模因素占18%，调制因素占24%。

在配方结构、原料的粉碎粒度，以及环模等条件基本稳定的情况下，调制因素成为影响调制质量的主要因素，包括调制时间（物料在调制器内滞留的时间，这主要是由调制器的层数和长度决定的）、调制水分和调制温度。物料的调制水分和温度是通过物料与蒸汽在调制器内发生热交换产生的，所以蒸汽的质量直接决定了调制质量，也直接决定了最终颗粒的质量。

为了保证饲料颗粒质量的稳定性，需要回归到整个制粒过程的质量监控中。为了理解和明确过程管理中的关键点，需要再梳理一下饲料制粒的过程的基本原理和当下不同公司在实际的操作中存在的误区，以及不同制粒过程造成的不同结果。笔者理解的制粒的基本原理是混合好的饲料样品在调制器中与饱和蒸汽混合，饱和蒸汽穿透物料表面进入物料内部，释放潜热后冷凝成水滴存在物料内部。这样调制出来的样品与通过外部加水等方式来提高调制水分样品，除了在物料的实际调制温度上存在很大的差异外，在手感上也存在极大的区别。前者用手去接触物料会发现物料很干，但是温度很高，烫手，用手稍微用力可以攒成团，但是用手指一碰就散开。后者是感觉很湿，温度很低，物料发黏，用力可以攒成团，且不易散开。

我们追求的调制质量是在增加物料水分的同时，提升物料的温度，达到物料熟化、软化、灭菌等目的后通过制粒机制成颗粒。然后通过冷却器对热颗粒进行冷却，再带走通过调制过程增加的水分，同时降低饲料产品的温度，完成了整个过程的水循环。因此，制粒过程的要素是水分和温度，其中水分的增加是核心，本质是通过水分的增加带来温度的提升。

当下国内饲料公司由于在蒸汽的管道设计、蒸汽的质量方面存在不同的理解，所以实际生产过程中采用的蒸汽的压力和上述资料还是有很大差异，往往也是通过蒸汽压力的提升来减少对生产的影响。目前国内对于饲料的制粒原理存在两种不同的操作方法，其中一种是一般部分厂家推崇的所谓的"高压低流量"的调制方法，追求的首要目标是调制温度，忽略调制过程中的水分的变化，通过高压蒸汽一般在 $3 \sim 5 \text{ kg/cm}^2$ 在与物料接触的过程中，释放蒸汽的潜热来提升物料的温度，由于蒸汽从高压到常压需要较长的时间，这么高的压力，蒸汽没有来得及到常压释完潜能就从调制器的出料端冒出来，造成大量蒸汽的浪费。发现调制的温度显示得很高，但是物料的水分增加得非常少，基本在 $2\% \sim 2.5\%$，现场发现有的更低。物料水分比较低，软化的程度就低，通过压辊的作用强制挤压出环模，由此增加了出环模的摩擦力而降低生产效率，缩短了环模的寿命。出环模颗粒的温度进一步升高，颗粒的高温会散失更多的水分，从而增加水分的损耗。制粒过程中会造成的额外损耗在 $0.5\% \sim 1\%$。笔者根据多年现场的实践经验，这方面的优点是对制粒工人的操作技能要求较低，在实际的制粒过程中不容易堵机。

另外一个是有些饲料集团采用的"低压高流量"的调制方式，

蒸汽的压力一般在 1.5 ～ 2.5 kg/cm² 。这个方法追求的目标是在调制过程中物料增加了多少水分，在水分增加的同时物料温度升高了多少，也就是调制温度是多少。它追求的目标是要求饱和蒸汽在与物料接触的过程中，穿透物料表明进入物料的内部，蒸汽穿透物料进入内部时由于能量的损耗，释放出蒸汽的潜热，同时有蒸汽冷凝成水滴，增加物料的水分。物料由此变得柔软，通过淀粉的糊化作用和粗蛋白质的黏合反应，物料结合到一起，这样通过环模的阻力明显减小，减少了物料与环模的摩擦阻力，从而在保证完成颗粒制粒目的的同时，延长环模的使用寿命，有资料显示环模的寿命会延长 1 ～ 2 倍。这个方法的劣势在于对于蒸汽质量以及制粒工的操作技能要求较高。

上述的调制过程中的一些基本理论是为了质量管理者能够更好地理解调制的目的原理，便于我们找出质量控制的关键点。那么，质量管理部如何对整个调制质量进行监控呢？逻辑还是需要通过基础的报表收集基础的数据，然后通过数据去预判和监控颗粒的质量，具体的作业流程如下。

◇ 生产现场质量管理人员要跟踪每个班次不同颗粒料制粒的整个过程，监控的频率因公司管理要求的不同可以自己规定。一般的情况下我们会要求每个班次每个配方需要制粒的饲料产品至少实现全程跟踪 1 次。

◇ 每个颗粒料在配料过程中，需要生产中控根据质量管理要求取对应产品的混合样品，样品的取样信息填写在"生产过程样品取样单"上。

◇ 现场品控人员要在制粒过程中需要现场对混合后对应的调制后样品和热颗粒样品，样品现场取出后立刻放到密封袋中，并扎好袋口。把样品取样单一起扎好在包装外面，或者在包装袋外面用记号笔记录产品名称、生产日期、制粒机编号、配方日期等相关信息。

◆ 同时现场测量产品的实际调制温度（生产现场显示的调制温度与物料的实际温度很多情况下存在很大的误差，因为生产采集温度的温度探头直接放到调制器的出料口，这个地方测的温度主要是蒸汽和物料的混合温度，一般情况比真正物料的调制温度要高），实际生产过程有两种常用的检测方法：第一种用红外测温枪，用导热率低的塑料板或者木板等伸到调制器的出料口，让调制好的物料一直落到塑料板或者木板上，然后用测温枪持续测量板上物料的温度，可以取其平均温度作为调制温度；第二种比较烦琐，需要现场准备一个保温桶，在桶顶盖打一个洞，用酒精温度计（不要用水银温度计，防止破损，饲料中带入有毒水银）通过顶盖的洞伸到保温桶内，在正式检测前需要使用塑料或者其他导热率低的工具取样品装满保温桶预热，盖好盖子后 5min 后把样品倒掉，同样的操作重新取样，5min 后温度计的读数作为调制的温度。

◆ 从制粒机下料口区热颗粒样品的取样，样品的处理方法与调制样品一样。

◆ 测量制粒机出来的热颗粒的温度、测量方法与调制温度的检测方法相同。

◆ 样品检测完后对应生产过程的相关参数，并把相关数据记录到"饲料制粒过程质量监控报表"中。

◆ 通过"饲料制粒过程质量监控报表"中的数据进行分析来预判调制过程的质量。

（八）冷却过程的质量监控

饲料经过调制和制粒后，温度和水分都很高，不能直接进行包装和运输，所以必须经过冷却工艺带走多余水分的同时，把饲料降到与环境温度安全的温差范围，与环境的温差一般要求 ≤5℃。在春季和冬季气温低的情况下可以稍微高些，但温差也不能高于8℃。当下饲料行业常用的冷却是通过风冷，即通过引风机吸入一定量的冷空气，让冷空气从冷却器的底部穿透饲料，在冷空气加热过程中带走热颗粒饲料的水分，达到去水和降温的目的。

饲料冷却的效果与颗粒的粒径、料层的厚度、布料的均匀性、环境的温度和湿度、风量及风压的大小等很多因素相关。因此，生产现场需要根据具体的情况进行料位器高低的调整和风机频率的调整。其中布料的均匀性是很多饲料厂容易忽略的问题；很多饲料厂会发现一个奇怪的现象，即饲料的水分很低，但是市场上还是会出现饲料发霉的客户抱怨，尤其是在夏季或者空气比较湿润的季节，这可能与冷却的均匀性有很大的关系。

冷却质量的均匀性如何判断？根据笔者多年生产质量控制的经验，以下方法大家可以作为参考。

◇ 制作一个简易取样器，顶部可以用一个容器（比塑料瓶）把瓶壁去掉一部分，然后把塑料瓶安装到一个长度大约为冷却器的长度一半的木杆上。

◇ 然后用这个简易取样器从冷却器底部不同位置取样，多点取样（一般建议从四角加四边的中心加冷却器的中心，总共取9个点的样品）。

◇ 取样后进行粗水分的检测，结果填写在"饲料冷却器质量监控报表"。

◇ 根据检测结果统计粗水分的标准偏差和变异范围。

◇ 根据统计的结果来评估冷却效果的均匀性，一般情况冷却质量比较好的冷却器粗水分偏差在0.2左右，不好的冷却器会超过1.0。

◇这个数据对于我们制定产品最高粗水分控制标准的参考意义非常大。因为饲料中的水分总含量中有结合水，也有部分游离水。如果游离水的含量达到某些微生物的生产条件，那么微生物就会快速地繁殖，饲料就会出现发热或者发霉的情况。微生物的安全阈值我们用水活度（一定温度压力下溢出水蒸气压力与同条件下纯水蒸气压力之比）来表示。常见微生物的水活度的阈值从相关的资料中可以查到水活度 ≤ 0.65，对于产品来说相对是一个安全的范围。

◇在实际生产中，我们可以通过检测产品水活度的具体数值对应产品的最高粗水分的数据。

◇为市场产品的安全，我们应该根据整体分布的概率控制产品的最高粗水分值，并根据冷却器的偏差来确定安全范围。

即：冷却后产品控制的最高粗水分 = 根据水活度（≤ 0.65）确定的最高粗水分值 −2× 冷却器的标准偏差。这样产品就可以保证 95% 以上的概率在安全的范围内。

（九）成品的质量监控（FQC）

饲料经过冷却器冷却后进入打包仓，经过打包秤进行包装，或者直接进入散装仓等待检验结果发货。成品的出入库质量监控，大家可以参考成品出入库管理制度。在打包环节，根据公司质量管理的要求，需要取样进行成品质量的监控，监控的内容如下。

◇包装物（包装、标签）和打包产品是否一致。

◇料温抽查：现场品控员主要是要抽查打包产品的料温，取一包打包的产品放到旁边，把温度计插入饲料中，等待 5min 后读数，同时记录环境的温度和湿度。

◇样品取样。

打包员取样：成品打包时需要打包员不定时从打包的样品中

取出少量样品，打包一定的数量后，样品装入样品袋，填写样品的信息在"生产过程样品取样单"上，放到固定地方。

生产中控取样：在冷却后样品进入打包仓之前，中控通过自动取样器，定时取样，样品装入样品袋，填写样品的信息在"生产过程样品取样单"上，放到固定地方。

取样频率：根据各公司质量管理的要求和实际的化验能力，规定生产最低的取样量和样品最大的代表量（成品已经打包的数量），比如可以规定最高不超过 50t 的产品必须有一个混合代表样品。

✧打包重量的抽查：生产品控员现场抽查 10 条包装称重，记录相关数据，然后把平均重量作为每条包装物重量，每日不定时抽查不同产品的包装重量，每次抽查至少 3 包，并把数据记录到"饲料打包质量监控报表"中。

✧根据打包秤的检定分度值和具体打包的重量国家计量标准中允许的偏差，统计分析打包重量的准确性。

✧下班前把打包的样品送到化验室进行检测。

✧根据产品质量管理要求和公司的实际的化验能力，确定产品必检项目以及产品的质量的判断标准。

✧饲料成品的检测以八大常规为主要目标，粗水分、粗蛋白质、粗灰分、钙、总磷、盐分的含量建议每个产品全部检测。

质量判断标准有的公司都是以企业标准中规定的最少项目来执行的，比如只测一个粗水分或粗灰分。其实这忽略了检测的真正目的，不是简单地为了符合国家的法律法规，真正的目的是要通过这些常规项目的变化来预测和评估产品的质量变化趋势。因此，如果想控制产品质量的稳定，建议上述 6 项列为必检项目。粗脂肪和粗纤维可以根据配方的变化进行抽查，如果可以做到那就每个样品都检测。检测数据的精准性是关键，不能用检测样品的数量和频率来证明检测数据的准确性，这是两个维度的事情。

如果检测数据不准，再多的数据都是无效的，错误的数据比没有数据更可怕。判断是否合格的质量标准，有的公司是与标签值去做对比，标签值是为了符合国家的法律法规标出的对于企业经营来说最安全的底线标准，它反映不了产品质量的实际情况。同时如果检测误差再以符合国家的推荐误差为标准，这样判断的范围就很宽泛，这样的判断标准很难反映出产品质量的实际情况。我们建议推荐的是产品的检测项目的误差与产品的配方设计的目标值进行对比。同时设定内部控制的质量标准，当然这个内部控制的质量标准会远远高于企业标准和国家标准。一般情况下设定的关键指标的内部质量控制标准如下。

粗水分≤14%（一般是参考企业标准）；粗蛋白质≤±3%；钙≤±15%；总磷≤±15%；盐分≤±25%。

我们判断产品质量是否合格，会根据上述几项指标，并要求这些指标在误差范围内。如果其中有一项不合格，我们就判断该产品为不合格。根据公司的现况选择3项/4项不同的项目进行质量监控，一般情况粗水分、粗蛋白质、钙、总磷是可以提前考虑的4项，在此基础上增加产品监控项目的数量。产品检测合格后通知生产可以出库，进入下一环节出库质量监控。

（十）产品出库质量监控（OQC）

产品打包后通常需要在成品库中暂存。根据市场需要出库，产品完成从工厂到市场的过程，根据质量管理的要求，质量管理部需要对库存的成品质量以及出入库的作业质量进行监控，同时把质量监控需要的相关信息需要填写在"产品出入库质量监控表"中。出入库质量监控的主要内容（包含但不限于）如下。

◇成品库的温度、湿度和通风条件检查。

◇账、物、卡三者一致性抽查。

✧库存时间监控。

✧产品的料温抽查。

✧破包及时处理跟踪。

✧先进先出执行情况抽查。

（十一）小料配料系统

小料配料是饲料生产中非常关键的环节，因为很多的"小料"比如维生素、氨基酸、微量元素等，在全价料中每吨的添加的量非常少，从几百克到几千克。但是这些原料对于动物的健康和生长的性能影响又非常大。并且这些小料实际添加的情况又不能通过类似常规化验这样的简单低成本的方法来对生产过程的质量进行风险的把控。因此，小料的质量管理必须回归到过程管理（就是从小料的出入库到投入生产的大料混合机中），通过建立全程的管理数据流，形成信息的管理闭环。从数据的变异中洞见存在的风险，无论是从对产品的质量风险影响的权重还是对质量管理最终结果的角度出发，在小料配料的整个管理环节中笔者认为工作就是要追求"完美"，尽量做到细化和量化。

小料的配料从字面上看似是一个简单的称量配料的工作环节，其实如果要保证小料的配料质量是一个系统工程，其中包括小料的接受流程、小料的出库退库管理、小料的称量管理、小料的投料管理、小料的混合均匀度监控、小料的打包管理、小料投料复核等多个生产环节。接下来，我们将从质量监控的角度出发，针对每个环节的质量如何实现量化的质量监控进行阐述。

1. 小料的接收流程

✧小料的入厂流程与大宗原料相同。在 IPQC 中已经有了详细的说明，在此就不再赘述。

◇小料入厂后在小料的存放方面有一些特殊的要求，比如公司要划分小料的存放专区，不得露天存放，小料存放区域需要实现封闭上锁管理。

◇小料存放专区内按照6S的要求划分垛位，且每个垛位编号需要清晰标识，方便小料出入库时库管员及小料配料员通过垛位快速找到对应的小料种类。在实际的生产现场发现往往是小料的存放垛位标识还不如大料车间的清晰和规范，这需要转变思想，引起足够的重视。

◇在小料存放时，必须与地面间加有防潮层（垫板），不得直接放在地上。在装卸过程，如果有烂袋应开口朝上，扎口存在垛位最上面，防止抛撒损失，使用时优先出库使用。

◇微量元素类添加剂储存应防潮、防高温、通风、干燥；维生素类添加剂应防潮、防高温、密闭、防油，避免与矿物质、氯化胆碱直接接触；应防止存放区域温度过高，尽量避免可见光和紫外线，防止氧化后而失效。当下很多公司设有空调房，需要注意的是，很多公司的空调房温度是可以恒温比较低，但是忽略了湿度，很多空调房的湿度非常大，湿度对小料质量的影响程度远远大于温度的影响。因此，这需要在日常的管理中需要引起足够的重视。如果公司的条件达不到恒温恒湿的储存条件，建议可以通过控制小料的库存时间加速周转来降低和避免上述风险。

◇在小料进厂前，原料质量管理人员首先需要核对包装、标签、厂家、供应商、生产日期是否合格。如果生产日期超过了规定天数（各公司根据公司的周转情况制定对应的标准），直接退货处理，退货流程同"原料不合格品处理流程"。

◇小料入厂过地磅，生产库管安排卸货垛位并通知原料品控员准备卸货，原料取样员到卸货现场需要根据取样比例的要求，抽取一定数量的样品。样品取样的工具参照原料取样的要求，取样后的包装根据需要用胶带密封后，码垛时放到最上面，以便尽快使用。

◇小料取样后与上次留存相同供应商的样品进行感官和颜色、气味等对比；确认没有异常后通知库管入库，并把相关信息登记在"小料进货原料质量监控表"中。

◇生产库管员接到原料品控员合格的通知后，盘点卸货的具体数量，把进货的数量登记在对应的垛位卡上面，同时把相应的信息同大宗原料一样，与质量管理部实现信息共享。

2. 小料的出库退库管理

销售计划是饲料公司内部运营计划的开始和基础。以下所有的作业流程是基于公司的销售计划定期（一般以周为单位）分享给生产、品管、采购等相关部门且信息相对比较准确情况下的工作作业程序。

◇周五下班前，销管把下周的销售计划分享给相应的部门（生产、品管、采购等）。

◇生产收到销售部下发的下个周销售计划后（包括每个饲料品种及数量），基于生产的效率、质量及市场满足等综合情况进行下周生产计划的规划和安排。

◇中控员根据周生产计划下达当日的生产计划单给小料配料员（因为当下饲料公司小料配料员的素质参差不齐，整体的文化水平相对比较低，根据公司的具体情况可以安排不同的人员进行需要领料数量的测算）。小料配料员根据小料配料单及前日小料零头的库存及当日的生产计划需要量，计算需要领用的小料的名称及数量。前日小料零头的库存的数据来自"小料零头日盘点表"，使用微量自动配料系统的公司来自"小料日盘仓记录"。

◇填写"小料领用退库单"通知生产库管开始领料，把当日需要的整包小料一次性或者分两次全部领用到小料配料区。领料时生产库管员必须在现场进行监督和复核，领料结束后库管员在领料单上签字确认领用的品种和数量，并在垛位卡上进行信息更新。领料结束后小料区上锁；钥匙只有在生产库管处保管，其中需要领料重复上述作业过程。

◇小料配料员把当日需要的所有小料领到配料区后，准备下一步小料的称量工作。配料前把需要的前日剩余零头一起拿到配料区，配料过程中优先用掉，自动配料系统中不需要，只需要关注配料仓中小料是否需要补充。

◇当班结束后，需要进行现场盘点，因为生产计划调整等原因没有开封的整包小料，填写"小料领用退库单"通知生产库管员退库。退库的流程及要求与领料相同。

◇当班已经开封的小料（无论剩余多少，只要打开原包装，就不能退库，需要在小料的零头存放区存放），称好重量并用记号笔在包装外袋子上标识后，放到小料零头存放区，并把相关的数据登记在"小料零头日盘点表"上，小料零头存放区域最好靠近称量区，用多层货架存放。

◇小料配料区存放的货架管理与小料存放专区内的货架一样；需要有明显清晰的位置标识，方便配料工取放，每种小料零头下班前需要称量后全部存在此处。

3. 小料的配料管理

小料的配料过程是指按照小料配方单中每种原料的设定值原料的称量过程。因为不同的公司重视程度和理解不同，每个公司都有自己不同的标准和要求，且每个公司的流程和工艺也不同。当下不同公司的小料配料方式也不同，下面是当下比较常见的几种配料工艺。

自动配料工艺

公司根据需要生产的饲料品种的情况把所有产品共用的或者某些品种特用的小料（根据公司小料配料仓配置的数量决定）预先投入小料配料仓中，小料配方预先输入生产配料控制系统后，根据每种小料配方的设定量，通过微量秤对不同的小料进行分别称量，称量后的小料直接通过运输设备进入生产的大料混合机中与大宗原料和液体原料一起进行混合。

小料预混合工艺

把同一饲料产品需要的多种小料、多个批次的需要量，提前按照小料混合机的单次混合量进行预先混合。然后根据产品的吨需要添加的重量进行打包，打包好的小料从小料车间需要运输到生产大料车间（一般是生产车间二楼暂存）。在产品混合过程中按照配方，需要的数量通过小料投料口直接投入混合机中，与大宗原料和液体原料一起进行混合。

人工配料工艺

1. 根据不同产品的不同小料配方，每种小料都人工单独称量，称量后存放在不同的容器中。

2. 通过小料配料车把每批需要投入的量及品种全部放到一起。同时把配料的明细单放到配料车上，投料时方便投料员进行复核。每种配料打印的记录在每批投完后，订到一起方便后期跟踪追溯。

3. 这种纯人工配料，因为生产工艺的改进和当下人工成本的增加，已经很少有公司采用。但是现实情况中预混合中的小料的添加量肯定不都是整包的重量，所以这个更多的是配套小料预混料的零头称量。

无论公司采取哪种方式进行配料，从质量管理的角度来看根本逻辑是一样的，即整个配料过程的质量可控。因此，我们就从质量监控的角度出发，阐述一下不同配料过程中监控的逻辑，具体的操作方法各公司可以参照公司的现况进行灵活调整。

A. 自动配料的质量监控

✧ 首先确认微量秤的检定的分度值，预判称量的误差是否在质量标准的范围内。一般情况下对于大部分的小料品种期望每次称量的结果和配方设定的标准值之间差异 ≤ 20g。

✧ 确认通过自动配料系统配料的小料的品种，确定哪些小料是可以进仓的，哪些是不能进仓的。不能进仓的小料主要包括以下几个方面原因。

1. 添加量低于 0.2% 的小料，这需要提前进行稀释，增大添加量。

2. 添加重量低于微量秤最低添加量的小料（ < 20 倍的检定分度值）。

3. 易吸潮结块小料，如氯化胆碱、食盐、小苏打等；在小料仓内容易结块吸潮影响添加的实际重量。

4. 和其他小料发生反应的品种如酸化剂等。

✧ 微量秤每次称量的数据能实时保存，且可以随时导出需要的格式进行数据分析（控制系统需要设定不同的权限，以实现配方保密）。

✧ 小料配料仓管理标准是实现上锁管理，这样小料投料员在投料时需要确认投料的品种和料仓编号是对应的（预先设定好小料配料仓的编号与钥匙的编号相同，且小料配料仓中每种小料是固定的）。这样小料投料员在投料前必须进行相关信息确认，否则无法打开配料仓。现在科技的发展已经可以通过信息技术在生产的中控进行确认。原理是相同的，即避免小料投料员投错料。如果投错料又没有及时发现，连续生产多批产品，造成产品的质量风险是巨大的，甚至可能发生动物死亡等恶性质量事故。因此，需要引起大家足够的重视。

◇ 小料投料员在投料前首先根据需要投料的小料品种；拿到对应的钥匙打开对应的小料配料仓，信息与"小料投料记录表"中的编号无误后投料。

◇ 投料结束后需要把具体的信息及时进行记录。

◇ 每日下班后小料投料员需要对每个小料配料仓进行盘点（如果每个小料配料仓下面安装了传感器是通过减重法配料的，不需要进行盘仓，直接参考中控仓内小料剩余的重量数据即可），小料仓盘点的具体操作参照如下。

1. 每个小料配料仓内壁预先设置好标尺标识，且旁边有距离小料配料仓仓顶距离的数字标识，或者通过激光测距仪每次测量对应的距离。

2. 用专用工具在盘点时把小料配料仓内剩余的小料摊平。

3. 读取剩余的小料距离小料配料仓顶部的距离。

4. 根据小料配料仓的每个刻度单位代表的小料重量来估测剩余的小料的重量。每个刻度单位代表的小料的重量通过空仓后添加小料的准确重量进行计算得到。

5. 小料投料员每日的盘仓数据填写到"小料盘仓记录表"中。

◇ 每日我们需要根据小料出库返库的具体数量及生产系统的配料量与每日盘仓数量和系统设定数量汇总到"小料日盘点质量监控表"中，实现对小料配料过程的全程监控。

◇ 每个月最好是把所有小料配料仓剩余的小料打空，财务部、生产部、质量管理部门共同彻底盘点一次。

根据上述小料配料过程中采集到的数据，可以对小料的每个关键环节实现数字化的监控，打通小料配料过程的信息流。这样在每个关键环节设定允许的偏差和对应的标准就可以实现质量的有效监控。

B. 小料预混合质量监控

B1：小料配料

小料预混合的生产工艺在小料的出库和退库管理方面与自动配料的质量监控完全相同。主要是在小料的称量和零头的盘点方面存在一些差异。所以质量监控的关键点和方法有就有所不同，具体如下。

✧小料配料员拿到当班的生产计划后，从质量管理部领取小料配方表，根据小料配方表配料，同时要注意配方表中的说明，如栏中对特殊的小料说明，如酸化剂必须单独称量、存放、投料。

✧小料配方表在配方不变的情况可以重复领用。第一次领用从质量管理部领用到下次更新新配方时返回，其间由小料配料车间保管（不同公司做法也不相同，有的公司是当日领用、当日返回；各公司视具体情况而定）。

✧配料现场首先需要准备好托盘或者配料车，把每次预混合需要的整包小料预先全部放到托盘或者配料车上。

✧然后进行零头的称量，零头称量的秤要根据公司日常称量的最低称样量及误差要求进行配置。

✧零头称量秤的要求具有数据的记录和编辑功能（这是整个小料配料管理质量监控的关键点，一旦省略数据无法闭环），可以保存每次称量的具体数值，同时可以定期导出配料数据，以便进行质量分析和跟踪。

✧如果配料秤没有记录的功能，最低也需要配置打印功能，需要把每次配料的数据进行打印（有些公司因为生产成本的控制，此项被定义为浪费，笔者认为这是质量监控和追溯的关键环节，不能以成本为由取消）。

◇ 零头称量时先要把零头暂存区域内前日的零头用完，称量好的小料如果是存在一个包装内，需要把打印的配料记录也放到配好的小料中。如果是不同的包装，则需要把不同包装内小料称量打印出来的记录放到不同的包装中。

◇ 配好的零头放到预先已经放好整包重量的托盘或者配料车上。需要单独称量存放投料的小料，需要单独运到二楼车间单独投料，或者在生产的二楼车间小料暂存区投料时及时称量。

◇ 小料配料车或者托盘上每批需要跟随一个"小料配料单"，小料投料员投料前需要对小料的品种和包装的数量进行核对。

◇ 小料配料员在下班前需要对已经开封的小料称重，并把相关数据记录在"小料零头日盘点记录表"中，同时用记号笔在外包装上记录重量，扎口放到小料存放的专门货架上。

生产品控员主要的工作职责

◇ 生产过程中现场品控抽查小料配料车上的配料单，核实具体的数量是否同配料单数量一致。

◇ 通过配料秤记录或者打印出来的称量记录统计（一般由生产库管统计信息分享给质量管理部）配料批次称量误差合格率。

◇ 零头现场品控员需要根据质量管理的要求每日进行抽查，并把抽查的结果记录到"小料零头日盘点记录表"中，并对差异超标（一般以差异50g为标准，具体的可以根据公司实际抽查的数据情况进行校正）进行跟踪。

B2：小料投料

◇ 投料前小料投料员把需要投料的托盘或者小料配料车推到小料投料口。

◇ 投料前投料员需要根据"小料配料单"上的内容进行核实，

并在后面投料员核对栏中进行打钩确认。

❖ 小料投料结束进入小料混合机的过程，很多公司对其中的质量风险重视度是不够的，认为小料无论哪种方式投入后最后都可以进入混合机中。其实这个结论是完全错误的，因为每个提升设备都会有残留且在提升过程中因为小料的相对密度不同，残留和损耗的量也不相同，所以投料后进入混合机的方式需要引起重视，不能忽略。当下饲料厂有几种常见的方式。

A 小料的称量在小料混合机上面的平台完成，小料的称量完成后直接从投料口投入混合机中。

B 小料的称量在小料车间专门的称量区，完成称量后通过提升设备全部提升至混合机上面的操作平台，从投料口直接投入混合机。

C 小料的称量在小料车间专门的称量区，完成称量后通过轨道车，把投入料斗中，通过轨道把料斗提升至混合机顶部，直接进入混合机。

D 小料的称量在小料车间专门的称量区，完成称量后投料口投入，通过提升机进入混合机。

根据现场不同形势，小料的投入产出以及产品的混合均匀度和残留等多项指标的综合评估，从质量风险的角度来看，是 A〈B〈C〈D。

❖ 投料结束后需要小料投料员把"小料配料单"回收，统一保存。

B3：小料混合

❖ 首先根据小料混合机的有效容积和预混合小料的容重，确认每批需要混合的小料的混合重量范围，以保证小料混合的均匀度。

❖ 每批混合的重量 = 小料混合机的有效容积 × 小料的容重 ×

（60%～80%）

✧因为每次小料的容重不同，所以在实际重量确认时，需要考虑混合机的承载能力，防止超载造成断轴风险。

✧混合时间的确定可以参考大料混合机的测定方法，根据混合机的使用年限定期对混合均匀度进行检测和验证。

✧混合机混合时间一定要安装计时器，投料结束后启动计时器，混合时间到了以后自动停机。

B4：小料打包

✧为了防止混合好的小料在打包环节中产生分级，一般饲料公司都是在混合机的缓冲斗下面直接安装打包机。

✧小料的包装一般会直接使用印刷好的小料包装，如果用其余的废包装来打包，则需要在打包好的每个包装中或者包装袋上附上产品打包的标签（参考产品标签中的内容）。

✧每批配好的小料需要有一个"小料批次转运单"，放到每批配好的小料托盘上。

✧生产品控员需要在生产现场抽查打包好的小料的重量，并把抽查的结果记录到小料的打包标签上。

✧打包后的剩余零头需要用记号笔清晰地在包装外记录饲料代码、生产日期、剩余的重量，并把信息填写到生产管理的相关报表中。剩余零头及现场清扫料的处理见生产不合格品处理流程。

B5：小料投料

✧打包好的小料需要扎口，从小料配料车间运输到大料车间的混合机投料口暂存区存放。

✧中控通知投料员投料时，投料员需要把要投入的小料与投料口显示屏显示的饲料代码核对，相关信息无误后投料，并把投料时间记录到小料转运单上。

◇投料期间小料投料员在现场不少于 3 包小料重量的抽查并把信息记录到小料转运单上。

◇打包后抽查重量及复核重量信息收集后，需要定期对数据进行分析，以判断打包过程中质量风险。

C. 小料人工称量质量监控

◇小料出库退库管理与自动配料一样。

◇小料的人工称量监控同小料的预混合方式中的零头称量，其中有些差异在于人工称量的包装可能不是一个包装，有可能是多个包装，在小料的标签上要区分出来。

◇人工称量的工艺中没有混合的过程。

◇小料的投料参照预混合工艺中的投料。

◇整个过程的数据分析可以参考自动配料。

（十二）油脂添加系统

在饲料的生产过程中用到的有些原料是液态的，比如油脂、液体的蛋氨酸、液体的氯化胆碱等。这些原料的添加只能通过喷涂的方式，其中液体的蛋氨酸和液体的氯化胆碱每吨饲料中添加的重量比较少。这与混合机每次混合的重量和饲料品种有关。其中这两种小料的添加质量对动物的生长影响又很大，在后面液体原料的添加系统中会有详细的阐述。本章节阐述的主要是针对饲料油脂添加质量的监控。当下饲料行业油脂添加方式主要有两种：一种是在混合机内添加，一种是在饲料成品进入打包环节前进行外喷涂。产品中添加的油脂的量会影响到颗粒的质量和制粒成本。因此，在混合机内添加的油脂含量一般不会超过 3%，如果饲料产品中油脂的添加量超过这个比例，那么剩余部分油脂就需要通过后喷涂的工艺添加。

无论是哪种生产工艺，对于油脂的添加质量监控还是需要回归到生产过程中，质量监控的关键点包括：一是油脂添加的重量与配方设定值的差异，二是油脂添加的均匀性。油脂添加的均匀性在现实的生产过程中往往会被忽略，但是在生产过程中由于高压喷头堵塞等问题，会造成油脂喷涂的不均匀。为了系统地保证油脂添加的均匀且重量准确，需要从油脂原料的入厂质量开始说起。

1. 油脂入厂质量监控

✧同类油脂至少需要两个油罐，一个是储存罐，另一个是日用罐。储存罐根据公司日常经营需要保证一定时间内的用量，一般油脂储存的量不要超过 1 个月。

✧油罐储存的外界条件要求存放在阴凉处、遮阳避光、遮雨，且方便油脂的卸货。

✧油罐底部最好是锥形设计，设有排污口，定时排污（每月至少 1 次），且在锥底上部有取样口和液位标尺，以方便取样和盘点。如果是卧式罐，且一定要保持一定的坡度，方便排污。

✧油罐清理一般每年要彻底清理至少 1 次。

✧油罐进样口需要有过滤网（根据油脂的情况一般用 40 目左右，这是为了防止杂质堵塞后面的高压喷头）。

✧油罐需要有加热保温设施。油罐的加热最好是用夹套蒸汽加热和电加热两种方式，目的是防止生产停产时可以用电加热，以免造成油温波动过大，因为油脂的重复加热会加速油脂的酸败。加热管不可以直接安装在油脂中，直接安装到油脂中的危害主要有两个方面：一是安全风险，因为油脂会在电热管上慢慢反应，产生焦糊，影响传热，导致局部温度过高，引起火灾；二是油脂焦糊的味道会直接影响到饲料，即便是使用蒸汽的加热管，也不建议放到油脂中直接加热，存在的风险是如果管道破碎，蒸汽会进入油脂，一个是油脂加热温度过高影响质量，同时蒸汽冷却的水也会被误认为油脂添加到饲料中，造成油脂添加重量不足，同时添加的水分会造成饲料发霉的潜在风险。

◇ 从油脂储存罐出来的油脂需要经过过滤罐（内部必须配置过滤网，过滤网至少 1 个月清理 1 次）和液体流量计后通过液体泵输入生产的日用罐中，生产日用罐的储存及加热设施的要求同上面的储存罐，且要有液位标尺。

◇ 从日用罐出来的油脂同样需要经过过滤罐和流量计进入液体秤进行称量，称量好的油脂需要经过高压泵添加到混合机中。

◇ 日用罐和液体秤的位置对于液体添加的准确性影响较大。很多饲料公司忽略了这个的重要性，液体秤距离混合机的位置远且高度低于混合机。这都会对油脂添加的准确性造成不利影响，一般推荐的安装位置是在混合机的上面楼层且贴近混合机，保证称量后的油脂以最小的运输距离和阻力进入混合机，为保证后面油脂添加的均匀性提供足够的动力。

2. 油脂储存质量监控

◇ 储存罐中的油脂每周需要取样进行相应的检测；包括感官、气味、酸价等常规指标。

◇ 每日油罐的流量计数据和油罐库存量的数据需要生产库管每日跟踪，整理后数据实现与质量管理部共享，生产现场品控员每周需要根据要求进行抽查核对。

◇ 检测的结果填写到大宗原料相同的"库存原料质量监控日报表"中。

3. 混合机油脂添加质量监控

A. 油脂称量准确性

◇ 从液体秤称量结束到添加至混合机，由于不同公司的管道设计及液体秤与混合机的布局等不同，需要评估称量好的重量每次实际进入混合机的情况如何。

✧检测的方法是需要提前在油脂进入混合机前的管道上安装一个旁通，旁通的位置一定是在与混合机内的油管平行的位置上。

✧根据液体秤的最大称量及需要控制的每次添加量和设定值的误差要求，设定最低的测试重量。

✧生产中控系统设定需要称量的量。

✧打开混合机的旁通处，用塑料袋或其他容器接出每次加入混合机的重量，重复10次。

✧每次打出的量分别称重，计算液体添加的均匀性。

根据生产中控系统导出的数据，我们可以按照每日的配料的误差标准合格率，比如5%以内的称量批次数占当日称量批次总数的占比，以评估总体称量的准确性

✧根据误差分布的规律，称量的误差应该有正误差，也有负误差，在日常生产过程中，如果只关注每个添加批次误差，称量误差如果全是负偏差或者正偏差，统计误差还在合格范围内，总量误差的质量隐患就不能被及时发现，只有在月底盘点超标亏耗或者盘盈时我们才会发现。因此，还需要跟踪油脂的日用量的误差合格率，保证日用量的误差控制在一定范围内避免这种问题。

✧上述数据是根据生产中控系统记录的数据进行质量的分析，实际生产过程中数据的采集以及秤称量本身显示的数值和实际存在偏差。因此，需要通过油脂的日盘点制度来验证和评估油脂的添加质量。

✧油脂日用罐每日的流量计示数，需要生产每个班次的中控员在当班结束前查看并记录流量计的读数，相关信息记录在"油脂日用罐每日盘点表"中。

✧储存罐的流量计示数，生产库管员每周要查看并记录流量计的读数，相关信息记录在"油脂日用罐每日盘点表"中。

◆根据不同油脂的容重和流量计算出日用罐每日的用量，与生产中控系统中累计的每日用量总量进行对比。

◆根据储存罐的周流量计的读数和油脂的容重计算出周油罐的出罐量，然后与日用罐每日累计的使用量进行对比，形成生产中控系统记录的日用量，与日用罐出罐量的日对比和生产中控系统记录量、日用罐用量、储存罐的输出量的周对比。

◆上述数据的采集方主要是生产相关部门，收集整理后的信息需要与质量管理部进行共享。

◆生产现场品控人员要根据质量管理的要求，不定时地进行现场信息的验证，现场获取的相关信息填写到"油脂日用量质量监控报表"中。

B. 油脂添加的均匀性

前面所阐述的质量管理的目标主要是保证油脂称量的重量与生产系统中设定值之间的误差可控。但是油脂进入混合机内部是否混合得均匀，是当下很多饲料工厂都忽略的问题。由于油脂在进入混合机内部之前的过滤或过滤网的清理不到位，导致混合机内的高压喷头经常堵塞，很多公司的生产管理者为了减少麻烦就拆除了高压喷头，这样油脂进入混合机后就无法形成雾化的小油滴，均匀地分布到粉状原料中。

当下很多饲料厂忽略油脂添加的均匀性对产品质量的影响，或者认为这根本不重要，不需要小题大做，油脂已经全部加到混合机中，不会出现问题。如果我们经常打开混合机检查，就会看到添加的油脂很多都喷到混合机的内壁或者桨叶上，生产刚结束时会发现内部或桨叶上有很厚的油团。这样的情况会导致成品中的粗脂肪含量变异会非常大，因为有些批次油脂添加是不足的，有些批次壁上或桨叶上的油团掉下来，这批产品添加量就会超量。

如果在炎热的季节，发现产品在很短时间内出现哈喇味，尤其是在加油的浓缩料中，即使饲料中添加了抗氧化剂，甚至在油脂的储存罐中添加了液体抗氧化剂，发现问题并没有从根本上得到解决。根据笔者的经验，如果抛去油脂本身的质量问题和产品库存条件的影响，油脂的不均匀性是造成这一问题的另一关键因素。

要保证油脂的均匀性，需要首先保证混合机内油管的安装位置的合理性，现场发现很多公司的油管都在混合机的侧壁上，这是违背常识的，这样油脂的添加无法达到均匀。油管正确的位置是在混合机的中央位置，同时还需要保证合适的混合时间，很多公司都是混合开始就加油，原则是不太合理的。

油脂添加的均匀性最简单的方法就是通过混合机上面的观察口直接查看油脂的雾化情况，雾化效果越好，油脂添加的均匀性也就越好。如果想找一个量化的指标来评估油脂添加均匀性的质量。笔者建议大家在做混合机的混合均匀度时，可以顺便对油脂添加的均匀性进行一下评估，参考的做法如下。

（1）选取一个需要通过混合机加油的全价料产品作为跟踪对象。

（2）按照正常的生产顺序进行生产，但是注意这批样品中不添加油脂。

（3）与混合均匀度测定取样的方法相同，随机取 12 个或者 14 个样品。

（4）这批样品需要打出后进行回机处理。

（5）根据混合均匀度测定的操作，按照正常的生产程序添加油脂后取样。

（6）分别检测两组样品的粗脂肪含量。

（7）用添加油脂的样品减去未添加油脂样品中粗脂肪含量的

平均值，得出的粗脂肪含量可以大概认为是油脂的添加量。

（8）计算样品的粗脂肪含量的变异 CV%，来大体评估油脂添加的均匀性。

4. 外喷涂油脂添加质量监控（干流秤法）

（1）外喷涂的质量监控由于不同的设备厂家的差异较大，且质量监控的难度较大，本来以一个公司的设备为例进行了详细的阐述，受本书篇幅的限制不再展开。但是有几个关键的质量监控点希望大家能够引起重视。颗粒质量对外喷涂油脂均匀性的影响。

（2）干流秤的及时校正。

（3）液体泵的及时校正。

（4）干流秤与液体秤的匹配质量监控。

（5）油泵的校正。

（十三）液体（液蛋 / 液体氯化胆碱）添加系统

液体的蛋氨酸和氯化胆碱无论是从生产添加的便利性，还是从配方成本的节省方面考虑，都比添加固体原料有较大的优势。因此，当下越来越多的饲料厂开始考虑使用液体蛋氨酸和液体的氯化胆碱，有的公司还考虑使用液体的酶制剂。厂家提供的添加系统从理论上来看添加的精度和准确性应该是非常高的，完全可以达到质量管理的要求。但是在实际的生产过程中，我们发现情况并非想象中的那么好。因此，每个饲料公司应该通过自己的质量监控的数据，分析评估当下液体添加的质量控制水平是否在自己许可的安全范围内，预判存在的质量风险并通过质量活动进行改善和提升。

现在很多饲料公司认为液体原料的这种添加方式比较方便并且电脑自动化控制，添加的准确性一定会比人工称量得高，可以避免很多人为因素的影响。其实这是基于很多前提条件，比如设备精度达到要求，及时地校正、清理，维护保养到位，每日采集的数据真实有效且每日核对分析等。笔者从 2000 年左右开始就接触液体的蛋氨酸和氯化胆碱的使用，从亲身的经历中得出的结论是液体添加过程实现数据化的质量监控难度比较大，其中的质量风险远远要大于大家普遍认为的，如果整个添加过程中不能做到有效的数字化监控，还是建议暂时使用固态的。笔者也遇到了很多公司在使用过程中经历了多次因为液体添加质量接到的禽出羽晚、鸡掉毛、采食量下降、生长迟缓等方面的市场客诉。鉴于以上原因，我们把这类液体的添加质量监控作为一个重点进一步进行阐述。

（1）当下很多饲料厂使用的液体添加系统很多是原料供应商提供的，很多设备的安装还存在很多质量风险，需要引起大家的注意。比如添加到混合机的管道很多都安装在混合机的侧面，这直接影响到添加到干料中的均匀性。

（2）装液体的吨桶距离混合机的距离比较远，因为动力的损失，管道会增加残留，同时因为压力不足造成雾化效果差等质量风险。

（3）液体的蛋氨酸和氯化胆碱都属于"小料"；它们的储存、出入库的管理与固体的小料管理一样，这里不再赘述。

（4）这类液体原料的添加误差要参照小料的配料质量要求。每个批次的添加误差一般需要控制在 20g 以内，误差越小越好。添加的方式是通过液体泵喷到混合机内，液体雾化的效果决定了添加的均匀性，添加的均匀性直接影响到饲料成品的质量。

因此，整个添加系统设备的清理和维护是首先需要去关注和监控的地方。在硬件能够保证正常工作的前提下，需要对液体泵定期进行校正，流量计每批添加误差，流量计的日累计添加量与理论用量的误差，流量计的累计添加量与液体原料的实际出库数量定期核对等，形成液体原料从入库出库到最终的使用，全过程地监控数据流，具体需要采集的数据如下。

脉冲当量的校正

液体经过高压泵从液体桶中抽取，经过流量计添加到混合机内部。其中添加量是通过流量计每个冲程数可以添加的液体重量和不同的脉冲数进行控制。因此，每个脉冲的当量是需要监控的关键质量指标之一。

批次实际添加误差

因为每个脉冲当量与设定值之间必然存在偏差，不同的添加批次中一定会出现与配方设定值的误差超过20g的情况，那么这种情况的比例是多少呢？整体的误差分布是什么情况呢？这些都需要从系统中导出数据进行分析。

日用量与理论用量误差

误差的分布应该是符合正态分布的，有正有负，但是在实际的生产过程中，由于很多影响因素会在特定的条件和环境下，误差有趋向都正或都负的可能。为了能够及时发现这种质量风险，需要跟踪每日的用量与配方设计标准用量的差异。

日用量与实际出库量误差

当下液体一般是用塑料吨桶进行包装，每桶的重量在2t左右。从塑料桶会被放到一个平台上面，平台下面一般会安装计重设备（如果没有，需要首先用地磅称重满桶的重量和空桶重量，测量满桶的液位高度，根据液体的净重和液体高度计算单位高度代表的重量，通过每日对塑料桶液体高度进行测量得出每日的实际用量），对每日的添加量进行计量。相关信息记录到"液体添加量日统计表"。

液体添加的均匀性

无论是液体蛋氨酸，还是液体的氯化胆碱，添加均匀性是非常关键的指标。但是在实际生产过程中，这个关键点往往容易被忽略。以为都加入混合机中就不会有问题。其实这是非常错误的判断，加入混合机中并不代表加到饲料中，有的喷到了桨叶上，有的喷到了混合机的内壁上。这样就会造成有些批次添加量是不足的，但是有的批次因为桨叶或内壁上的液体团的脱落会超过配方的添加量，无论多加或少加，从质量的角度都是不合格的。

液体添加的均匀性如何评估在当下也没有找到一个易于操作的行动方案。如果检测其中的蛋氨酸或氯化胆碱的含量，这些营养的来源也不唯一，且需要的检测的设备贵，操作成本较高。因此，更多地需要通过观察生产现场去评估，在液体的添加过程中通过混合机上面的透气孔观察液体的雾化情况是一个比较直接的判断方法，大家可以参考。

第四节　供应商质量工程（SQE）

SQE 有不同的理解和定义，如果是从质量管理体系的角度来看，供应商的质量工程应该是质量管理体系中的一个相对独立的管理体系。这个角度翻译成供应商的质量工程是比较合理的。如果从工作的岗位来看供应商质量工程对应的岗位应该是供应商质量工程师 Supplier Quality Engineer，也没有错。供应商的管理需要多个部门的参与，从不同的维度上进行综合评价，因此笔者暂且从质量管理体系的角度翻译为供应商质量工程。

供应商质量工程管理的目标就是通过对提供相同产品的原料供应商通过设定相同的评价指标，同时对每个指标赋予不同的分值，根据约定的指标对每个供应商进行评分，通过指标的不同权重计算综合得分，根据最终的综合得分对供应商进行分级管理，以筛选出优质的供应商。

一般工厂在同一原料的采购上保持 3 家或 4 家供应商，一个是优质供应商保证供应量的 50% 左右。一个是良好供应商保证供应量的 30% 左右，剩余的是备用供应商，保证供应量的 20% 左右。不同的供应量分配比例公司按照自己的实际情况设定。原则是优质的供应商的量占大部分，且不同供应商的供应量拉开差异且根据考核期间的考核结果进行动态分配。如果有列入黑名单的供应商，可以启动新供应商准入流程，补充新的供应商进来，形成供应商的动态管理。最终在保证合作双方共赢的基础上，达到工厂采购原料的质量稳定和价值最大。

供应商质量工程是质量管理的主要内容之一，在建立供应商质量工程的管理体系中，质量管理部门的主要工作定位根据供应商管理的内容稍微有些区别，具体如下：

A. 供应商管理

主导现有供应商评估方案和流程的设计，具体负责评估方案中质量评估部分的评分。

B. 新供应商准入

主导新供应商准入方案和流程的设计。

主导供应商现场质量评估的具体方案的设计。

新供应商现场评估工作实际执行者。

C. 战略客户质量工程

根据公司的经营需求，协助特殊的战略客户（公司可以拿到绝对的供应量和价格优势的基础上建立长期合作关系的客户）按照公司的要求协助供应商建立相应的质量管理体系，协助其纠偏和提升其质量管理的水平，不断提升产品的质量及稳定性。

鉴于上述供应商质量工程的工作定位和目标，供应商质量工程师或公司的质量管理者具体的工作职责主要包括以下几个方面。

1. 按照设计方案组织相关的评估部门按照约定的流程和方案定期（季度或者半年或者年度）对同一原料的供应商进行评比。

2. 质量管理部门（或者专门的供应商质量工程师）对供应商的质量评估项目进行统计评分。

3. 根据评比的结果进行供应商排名，并通知公司内部相关部门（如采购部、总经理、质量管理部、技术部、财务部等相关业务部门），根据评估方案约定的处理流程，进行对应的奖励和惩处。

4. 鉴于公司实际的情况对第一次评比后评分较低的供应商可以提出限期改善的要求，并负责追踪确认供应商的改善报告及实施效果，必要时可进行现场审核检查以及辅导。

5. 设计并参与新供应商的全程评估工作（具体的阐述见新供应商准入流程）；与采购、研发、技术等相关部门一起对新供应商进行现场考核。

根据上面我们对供应商的质量工程的工作定位及具体的工作职责的描述，在日常的质量管理工作中该如何设计具体的流程和方案呢？笔者将分享自己的一些具体的操作案例，希望可以在实际的工作中给予大家一定的帮助和参考价值。

A. 供应商管理

供应商管理主要是针对当下公司已经合作的供应商如何进行实现动态分级管理，设计的主要工作要从供应商的评比方案，供应商的奖罚制定，供应商的辅导三大方面展开。由于饲料的原料的种类繁多，供应商又存在不同的等级和水平，原料的工艺不同的限制等条件。首先需要根据现况对原料进行分类管理，在此基础上设计不同的管理方案。笔者根据自己的工作的经验，建议把原料分为以下几类分别进行考核方案的设计。

谷物原料：如玉米、小麦、稻谷、高粱、大豆等原始的、没有经过加工的原料。

植物原料：玉米副产品、小麦副产品、稻谷副产品、豆粕、棉粕、菜籽粕等，由谷物原料经过加工后剩余的副产品在《饲料原料目录》中允许添加到饲料中的植物源性产品。

动物源性原料：肉骨粉、鱼粉、鸡肉粉、羽毛粉等养殖动物或者其下脚料通过不同工艺生产的，在《饲料原料目录》中允许添加到饲料中的动物源性产品。

油脂原料：豆油、鸭油、鸡油、猪油等由相应的油类原料或动物的组织提取的相应的油脂类产品，在《饲料原料目录》中允许添加到饲料中的产品。

矿物类原料：饲料工业中的矿物质饲料主要指补充常量矿物元素的饲料原料，在《饲料原料目录》中允许添加到饲料中的产品如石粉和磷酸盐类原料。

特殊原料：原料来源本身不单一，工艺多变且成分复杂无法固化的；在《饲料原料目录》中允许添加到饲料中的原料。这类原料的使用风险大且风险不可控性高，从质量管理者的角度不建议使用。除非有优质的供应商可以保证产品质量的相对安全和稳定。

添加剂：氨基酸、多维、多矿、益生菌、酶制剂等需要按照不同的类别设定不同的评估方案，从大的方面可以考虑是否需要养殖动物试验来分成两个评估方案，如复合酶制剂、复合益生菌、功能性的添加剂或者新的添加剂都需要通过动物的养殖试验来进行评估；单体的维生素、微量元素等不需要通过动物试验的，我们可以从设定共性的评估项目对供应商进行评估。接下来，以谷物原料供应商的考评设计方案为例，阐述一下方案设计的具体的内容和逻辑（表3-1-1）。

表3-1-1　谷物原料的供应商管理

原料供应商（谷物原粮）等级评估表

××× 有限公司

原料名称：　　　供应商名称：　　　评估期间：　　　评估时间：　　　得分　　　评估人

原料名称	评估内容	分值（分）	部门	评估关键点	评分原则	得分	评估人
	公司资质	2	质量管理部	营业执照（三证合一）/生产许可证	其中任何一项不全，不提供，或者过期；0分		
	供货能力	3	质量管理部	供货能力	全部供应商的年供货能力排名前三名满分；前四到前十名各1分；十名以外0分		
		5		仓储条件	符合原料的储存条件（人车粮水分监控有效，实时测温，有效通风等），全做到满分，缺一项扣2分而院为止		
		10		质量红线	产品恶意掺假或意故意次充好；评估期内发现一次扣对应分值，累计扣分不归零；1年内发现2次当年停止合作，下个年度拉入供应商黑名单		
	进货质量	10	质量管理部	质量稳定性	（进货总量－退货量－让步接收量）/进货总量乘以分值		
		7		产品质量	选定同类原料的第一个关键指标，取评估期内的平均值为标准，得分为供应商与均值比值乘以得分		
		3			选定同类原料的第二个关键指标，取评估期内的平均值为标准，得分为供应商与均值比值乘以得分		
		5		退货配合度	瑕疵原料处理（积极/一般/不处理对应分值5/3/0分）		
		5		卫生指标（抽查）	根据国家相关法规原料的卫生指标进行抽查，合格满分不合格0分；如果评估期间没有抽查以满分计		

续表

原料名称		供应商名称:		评估期间:	评估时间		
评估内容	分值（分）	部门	评估关键点	评分原则		得分	评估人
合同执行	10	采购部	按期交货比例	（1-误期数量/交货总量）乘以分值			
	10		进货价格	价格公平合理（不高于均价的10%）得分15分；高于均价10（含）-20%（含），10分；高于均价20%以上0分			
	10		按照合同价格执行比例	执行合同价格的进货数量/合同签订总量乘以分值			
	5		进货比例	按照评估期内进货数量/当期进货总量乘以分值；无进货0分			
	2		发票管理	无发票分值为0			
	3		交货配合度	基地采购员根据配合情况（积极/一般/不配合）给出对应分值3分/1分/0分			

续表

原料名称		供应商名称：	评估期间：	评估时间：		
评估内容	分值（分）	部门	评估关键点	评分原则	得分	评估人
交货款期	5	财务部	货款期限15d	15d及以上5分；7～15d 3分；7d以内0分		
	5		交货量	评估期内合同签订量与实际进货量的误差小于等于5%以内，满分；5%～10%（含）以内3分，大于10%0分		
总分	100			得分		
等级	供应商评估等级（90～100分，A优级；80～89分，B良好；70～79分，C一般；60～69分，D合格；60分以下，E不合格）					
评价结论	A、B优先合作，C保持合作，D暂不合作，E不合作					

备注说明：

公司资质：谷物原粮供应商有可能是国家大型粮库，也有可能是小的种植户，所以这个项目不作强制性要求，设定分值的目的还是引导采购部门与大的供应商合作，这样对于原料质量的稳定是有利的。

供货能力：因为谷物原料的使用在饲料的实际生产中占了很大比例，基本超过50%，所以我们需要筛选有供应能力的供应商保证供货量，也是引导采购尽量去筛选大的供应商合作。

存储条件：谷物原料的储存条件对原料的质量影响较大。因此，质量管理者必须去现场考评供应商的储存管理情况，包括硬件及日常的质量监控是否到位；通过日常的温度监控记录，通风的判断标准，通风的原则及记录等根据供应商的实际的管理动作评估原料储存过程中的质量风险管理水平。

进货质量：

◇ 从几个维度进行评分。一个是质量红线，是指原料的恶意掺假掺杂，如入厂原料同车原料上下的质量不一致；人为掺土等作弊行为，考核期间发现了一次扣此项分值，两次就扣两次分值，不归零；连续发现两次后停止合作并列入下个年度的黑名单中。

◇ 质量的稳定性是通过考核期间进货合格的数量占进货总量的百分比进行评估。同一原料由于不同的供应商的进货的质量与合同约定的标准会出现不同程度的波动。我们期望每个供应商提供的原料的实际质量都是符合合同约定值。因此，需要把实际供货质量好的供应商给筛选出来，由此以进货质量的某个关键指标的平均值为标准，根据实际进货与标准的差异给予评分。选取指标时要考虑我们期望的质量与评分之间的关联关系，调整公式的设定。

◇ 在原料的接受过程中不可避免地出现质量纠纷，在处理过程中供应商的配合度也从一定角度上反映出供应商的管理水平，同时对于质量管理工作的推进也会产生不同的影响，因此需要设定一定的分值，来推动供应商的积极配合。

◇ 日常原料的进货很难对每批原料进行卫生指标的监控，需要定期（比如一年）至少对不同原料的卫生指标进行一次抽查，抽查项目如重金属、沙门氏菌等（根据公司质量管理的要求）。根据抽查的结果对供应商进行一个评比得分，如果本年度没有抽查这些工作，所有供应商都以合格满分计算。

合同执行：

◇ 公司合同的签订是基于整个运营计划制订的采购计划，因此供应商能否按期交货会直接影响到内部的运营效率和成本，所以采购部门需要重视。

◇ 我们希望采购原料的价值最大化，价值最大化的两个主要因素是价格和营养。价格决定了每单位营养的价值，所以价格是非常重要的考核指标但不是唯一。因为原料的价值需要结合公司的产品结构通过配方运算进行评估，在此只能设定一个平均价格的波动区间作为评分标准。

◇ 合同执行比例的评分是为了评估供应商的信用维度，防止供应商在合同签订期间因为原料价格的上涨，采取不执行或者少量执行合同的情况。

◇ 不同供应商提供的原料的数量一定是不同的，进货的数量越多，出现质量风险的机会就会越大。设定这个考核项目的目的就是平衡进货量大的供应商在这个维度的公平性。

◇ 发票管理和进货的配合度是为了推进供应商对运输公司的管理，减少因为运输卸货安排等问题对公司经营方面造成的困扰。

交货款期：

◇ 款期的长短对公司经营来说会影响到财务的成本和现金流的压力，经营者会根据当下的现况可能采取不同的措施。因此，原料的供应商给与公司的款期也是重要的一个评价维度。表中设定的是以 15d 为付款时间，7d 为一个节点，来给予不同的得分，各公司可以根据自己的现况进行约定和调整。

◇ 交货量的考评是为了防止供应商在市场原料价格出现较大波动时，根据对自己有利的因素随意加大或者减少供应数量。如果出现这种情况，财务部门可以根据合同的约定拒绝按时支付误差以后的货款，这样可以从另外的角度保证合同的有效执行。

基于上述设定的不同考核项目和每个项目赋予的分值，以及考核期间不同部门给予的得分，会得出每个供应商的综合得分。根据供应商的得分，我们按照区间给予评估等级的结果：90～100分，A优级；80～89分，B良好；70～79分，C一般；60～69分，D合格；60分以下，E不合格。根据不同的等级决定合作的方式，A、B优先合作，C保持合作，D暂不合作，E不合作。根据公司经营的需要定期进行不同原料种类的供应商评估，筛选优秀的供应商，建立长期合作关系。

B. 新供应商的准入管理

新供应商准入定义是指第一次与公司合作的供应商或在某种原料已经与公司合作，当下是要为公司提供另外一种原料的供应商都定义为新供应商。这样的供应商都需要经过新供应商准入流程的审批和现场考核，新供应商准入审批流程一般如下。

1.采购部首先需要把供应商的相关资质、月最低供应量、产品的生产工艺图（新产品）等基本信息和初始样品收集起来一起送至质量管理部。

2.质量管理部根据产品的特性确定初始样品需要检测的项目，并安排化验室进行样品检测。

3.样品检测结束后根据产品的生产工艺和产品生产原料的质量情况，评估产品化验结果的合理性和产品的安全性（生产工艺过程是否残留违规的原料等）。如果发现结果异常，及时通知采购沟通联系供应商确认，如果确认结果异常或存在安全隐患则直接通知采购部停止评估；如果一切正常则把样品的检测结果和价格，以及月最低供应量等相关信息提供给技术部。

4.技术部根据质量管理部提供的信息进行原料的价值评估，如果发现有价值，通知质量管理部进行供应商现场考评；如果没有价值，直接通知质量管理部并停止考评。

5.新供应商现场考评需要从资质、质量体系运转情况、公司的管理水平、检化验的能力、产品质量的稳定性等多个方面进行综合评估。具体的评估内容见"新供应商准入现场质量考核表"（表3–1–2），主要是想表达考评的逻辑，具体的内容需要根据现况进行调整，所以不能简单地照搬或者套用。

表3–1–2　原料供应商准入现场质量考核表

×××有限公司 原料供应商准入现场考核表				
类别	评分项目	评分说明	满分	得分
基本情况	政府资质	营业执照、企标、标签、生产许可齐全满分；缺失一项停止考核	5	
	供应商类型	直接与厂家合作满分；个人合作6分；中间商7分	10	
	供货能力	每个月保证供货量/公司月均用量×10	10	
	质量管理部门	设立独立的质量管理部满分；没有0分	10	

类别	评分项目	评分说明	满分	得分
基本情况	质量管理部门主管	质量管理部主管专职满分，兼职 0 分	10	
	人员配置	满足最低取样、现场监控、化验最低要求（部门 4 人及以上）满分、缺少 1 人扣 3 分	10	
	主管专业水平	现场沟通综合评价，质量管理体系的理解正确和具备落地能力满分；一般 7 分；需要提高 6 分	10	
	质量管理体系	评估公司质量体系的设计的原则及当下的围绕产品质量各部门的秩序和边界是否清晰明确	30	
	合作伙伴	除我们公司外与 3 家以上知名饲料企业合作满分；与 2 家合作 8 分；与 1 家合作加 5 分；没有得 3 分	5	
统计			100	
类别	评分项目	评分说明	满分	得分
原料控制	原料标准	原料标准的制定的原则；有明确的品控标准	5	
	取样代表性	现场考核，标准满分；一般 7 分；需要提高 6 分；不及格或者不取样 0 分	5	
	检验项目	根据不同的原料品种进行评估，是否可以满足产品质量的监控需求	10	
	检验频率	产品的检测频率是否合理，能否能够达到有效发现质量风险的要求	10	
	库存条件	有没有专门独立的原料库；库房面积、防潮、防鸟、灭鼠情况	5	
	原料库存质量	对库存原料质量监控措施是否有效	5	
	原料质量监控	抽查至少 3 种以上主要原料连续 3 个月的质量情况，评估质量监控工作有效性	10	

续表

类别	评分项目	评分说明	满分	得分
原料控制	供应商管理	供应商管理的流程和制度是否能够达到优秀供应商的筛选	10	
	原料合同的签订流程	评估公司的采购流程中质量是否参与且是否做到有效监控	15	
	原料入厂的接收流程	评估公司的原料接收流程质量监控是否有效，流程中是否存在重大质量风险	15	
	原料的不合格处理流程	评估公司的不合格处理流程的有效性	10	
统计			100	
类别	评分项目	评分说明	满分	得分
化验室	专职人员	至少1名专职化验员满分，没有得0分	10	
	化验能力	根据不同的原料品种化验项目要求进行评估。完全满足，满分；基本满足6～8分；不能满足0～6分	10	
		根据不同的产品品种化验项目要求进行评估。完全满足，满分；基本满足6～8分；不能满足0～6分	10	
	人员操作	总体评估，标准满分；一般15分；需要提高10分；不及格0分	20	
	产品化验频率	抽查公司合作产品1个月的化验记录参考公司的化验频率缺少1项扣5分	20	
	化验项目	根据不同的原料品种进行评估，缺少公司要求的必需项目1项扣2分	10	
	化验室管理	化验数据的准确性评估的方法是否有效	20	

类别	评分项目	评分说明	满分	得分
		统计	100	
类别	评分项目	评分说明	满分	得分
生产过程	成品库专门库房	有没有独立的产品库，有满分；无 0 分	5	
	库房面积	库房管理是否到位，防潮、卫生、防鸟灭鼠等	5	
	产品可追溯	抽查一个产品从产品原料出库到成品出库的可追溯性	10	
	产品质量合格判断标准	是否是根据质量控制的标准	10	
	抽查产品质量	现场抽查产品品种数量合格数 / 抽查产品品种数 ×10	10	
	产品质量稳定性	抽查合作产品连续 1 个月的检测结果，根据其波动范围评估其稳定性	10	
	生产过程的质量关键点	根据生产工艺流程确定质量管控关键点设置是否有效齐全	10	
	过程管理数据化	根据生产过程质量监控的每日质量报表的类别和质量，评估过程管理的程度	20	
	产品取样代表性	现场考核，标准满分；一般 7 分；需要提高 6 分；不及格或者不取样 0 分	10	
	预防交叉污染情况	现场整体评估良好满分；一般 7 分；需要改进 6 分；很差 0～5 分	10	

续表

类别	评分项目	评分说明			满分	得分
		统计			100	
项目	权重 /%	得分	评价	综合得分	综合评价	合作意向
基本情况						
原料质量						
化验管理						
生产过程						

C. 战略客户质量工程

这基于公司的质量管理体系的水平和成熟度要远远高于合作伙伴，且合作伙伴的产品对于公司来说具有战略的意义。从提升合作伙伴的质量管理水平的角度出发，协助合作伙伴建立符合他们现况的质量管理体系且教辅培养对应的团队。质量管理体系的建立参考本书整个逻辑和方法，此处不再赘述。

第五节　质量保证体系

质量保障体系建设的主要目标是通过建立相应的保证体系，来保证质量活动在企业得以落地实施，实现质量管理的目标，让质量管理的价值通过有形的价值输出得以实现和体现。基于这样的定位，质量保证体系需要从以下几个方面进行思考和设计具体的内容。

1. 组织保障

质量管理体系是把质量的维度镶嵌于企业的各个组织中，包括质量管理部内部工作的作业流程。从前面的质量管理体系的阐述中可以看到，饲料企业常见的组织包括技术研发部、配方部，生产部、采购部、质量管理部、销售部、客户服务部等。这就是企业为了保证正常运营设置的组织。那么，这些不同部门之间在质量维度上如何合作、监控和强化，就需要把组织按照一定的逻辑和规则联结在一起，形成不同企业组织架构。比如质量管理部门有的企业成立职能线管理；有的企业总经理直接管理；有的企业归生产部管理等。

每个企业因为经营者对业务的理解不同出现了上面不同的组织形式。但是从运营的角度到底哪种形式更有利于体系的落地呢？我们可以回顾一下质量管理工作的定位和职责。质量管理体系不同于其他业务部门的体系，它既需要把质量维度嵌入所有关联的业务部门，同时又需要在质量的维度对体系的运转质量进行监控。基于这样的定位从组织架构上质量管理部的最低应该与相关业务部门也是平等的位置。质量体系的建设涉及与相关业务部门的互动，如果企业的经营管理者作为质量第一责任人亲自挂帅，对于质量体系的落地应该会有更大的积极影响。如果经营管理者只是作为方向的判断和资源支持的管理角色参与，笔者认为各职能部门成立对应的职能线管理，是比较符合当下行业现况的选择。这样做的好处，一是各职能线都有了自己的"头"，在部门间进行业务梳理时可以减少沟通的成本；二是职能线达成共识后可以各负其责，推进自己线路的工作；三是各职能线的管理会更专业、更细化，能够打造出专业的团队并形成人才梯队，避免了人走业务受损的风险。

2. 体系保障

（1）流程保障

体系的核心就是流程和制度。质量保障体系建设和落地也是需要从这两个方面进行思考。首先从流程设计的准则是"成事"，即流程的设计是为了共同完成质量稳定（包括产品质量和体系质量）这个目标；在企业所有相关业务流程中都需要嵌入质量的维度，质量管理部也需要与之相配的权利和资源，比如在采购管理体系中采购原料标准的确认、入厂原料质量的判定、原料扣款标准的制定等；在生产管理体系中产品生产质量的判定、产品质量是否符合出库的决定等。如果在企业实际的运营过程中，质量关键点判定的权利不明确，或者质量管理部门根本没有说"不"的权利，那么要想实现质量管理的目标也只能是空中楼阁。

（2）制度保障

流程的落地需要制度的保障，质量管理体系在流程梳理完成后，为了保证流程的落地，就需要制定相应的管理制度，来规范和管理人的具体行为，以保证流程得以执行落地。因此，制度的建设是基于流程的目标和现况，需要根据体系建设推进的进度逐步建立和完善。但是，如果试图先把制度全部制定好，再通过制度落地流程，个人觉得这种逻辑顺序是不合理的。

3. 能力保障

每个体系的落地需要配套的团队，团队的能力是体系是否落地的关键因素之一。因此，在体系建设的过程中，需要不停地评估当下团队的能力是否匹配，并根据评估的结果配套对应的培训和教辅。从前面质量管理体系的阐述中可以相对比较清晰地看到公司最高职能线管理者的画像，职能线的管理者根据自己的职能管理和业务落地的要求，逐步建立和清晰不同层级的管理者的岗位职责和画像，然后根据当下团队的能力进行评估后，建立对应的团队能力提升计划。

4. 机制保证

机制保证更多的在公司战略规划中的资源支持的维度。根据不同人员、不同岗位以及不同的资源和利益诉求，从职业的规划和职业提升的通道上给出比较清晰的路径，通过对应的机制保证优秀的员工获得更大的发挥空间。这主要需要人力部门结合业务需求，设计出对应的绩效、评价和升迁机制。

整个质量保证体系的核心就是围绕质量形成一个体系化的管理体系。通过各组织的输出质量，最终提升企业内部运营的质量和效率。在保证产品质量一致性的基础上，降低运营综合成本，提升企业的竞争力。

第六节　化验管理体系

关于化验管理体系，本书前面的两个部分已有详细阐述，此处不再赘述。这里主要是想与大家分享化验室 PT 测试的一些具体做法。

化验室准确度测试（PT）操作程序

1. 目的

检验各化验室化验的总体水平，找出造成化验偏差的原因加以改正，提高各化验室化验的准确度，以保证各化验室化验数据的准确性和统一性。

2. 范围

本程序适用参加 PT 测试的所有饲料厂。

3. 操作程序

（1）样品准备

➢ 按照参加 PT 测试的化验室数量和需要测试的化验项目，准备好相应的样品，样品要注意每次测试的各化验项目应有浓度的变化。

➢ 按照各化验项目对粉碎细度的要求和数量，对样品进行粉碎处理（表 3-1-3）。

表 3-1-3　检验项目

检验项目	样品种类	仪器设备	粉碎要求
快速尿素酶	全脂豆粉、豆粕	高速万能粉碎机	时间 30s
慢速尿素酶	全脂豆粉、豆粕	进口专用粉碎机	0.5mm
胃粗蛋白酶消化率	鱼粉、肉骨粉、羽毛粉等动物性原料	进口专用粉碎机	0.25mm
粗蛋白质溶解度	豆粕、菜籽粕、棉籽粕、花生粕等植物性原料	进口专用粉碎机	0.25mm
粗水分、粗蛋白质、粗脂肪、粗纤维、粗灰分、钙、总磷、盐分	饲料	进口专用粉碎机	1.0mm
	原料	进口专用粉碎机	0.5mm

注：样品的粉碎细度，各公司可以根据各自的实际情况自行调整，以接近粉碎要求为目标。

（2）样品包装

➢ 把粉碎后的样品混合均匀后，按照参加对比公司的数量均分成各等份。

> 把各样品进行密封（要求真空包装）。

> 在样品的密封袋上贴上标签，标签如下（图 3-1-7）。

PT1/2007
Sample code：PT1-2007--SOM-05
Constituent：M，Oven；CP；Fat；CF；PS；UA
Prepared by XXX Feedmill Laboratory

图 3-1-7　标签样式

> 包装结束后把样品以快递的形式寄到各公司。

（3）样品化验

> 各公司收到样品后，按照要求的内容化验并报告结果。

> 所有的结果要报平行化验的结果，不要报平均数。

> 剩余样品要按照原来的包装保存好。

（4）数据统计

> 根据各公司化验的结果进行数据统计。

> 把统计的结果反馈给各公司。

> 各公司在收到统计结果后，需要对自己的化验结果进行对比，如果发现问题，请查找原因并进行改正，然后重新化验样品，并将新结果与统计结果进行对比，以验证改正的结果。

（5）内部控制

> 对于剩余的样品要定时进行化验。

> 将化验的结果进行统计，以验证每天化验结果的准确性。

数据统计：

参与化验室的化验数据最终汇集到 PT 的组织者手中。对于整批数据的统计，采用的是稳健（Robust）统计技术，它采用的是中位值和标准化四分位距的统计方法，从而减少极端结果对平均值和标准偏差的影响。对每一个测定项目，将计算下列总体统计量：结果总数（N）、中位值（Median）、标准化四分位距（Norm IQR）、稳健变异系数（Robust CV）、极小值（Minimum）、极大值（Maximum）和变动范围（Range）。最终的结果标示为 Consensus value ± Norm. IQR，其中 Norm. IQR 是可接受数据的正常四分位距。

结束语

　　本书是笔者 25 年工作实践的总结。笔者从 1999 年起进入正大集团从事饲料化验工作，至今已成为当下饲料集团运营体系咨询顾问。25 年来，笔者一直在思考质量管理体系对饲料企业运营的利弊以及质量管理本身的价值。通过对不同集团在管理体系设计准则、执行方法、产品市场表现和经营结果的对比、分析，思考和提炼，最终形成了本书。

　　在此，首先要感谢这些年来给予我学习、成长、锻炼和实践机会的平台，感谢在工作中曾经给予我帮助的各位领导和同仁。同时，也感谢在此书创作过程中给予我信心和帮助的朋友们，在此深表感谢。在此特别感谢本书合著者李珂博士，因为有了这部分的内容饲料运营管理体系得以闭环；同时还要感谢她在定稿过程中提出的建议和校对工作。另外，书中部分引用的资料是多年来的内容整理，已无法确认当时的资料出处，如涉及版权事宜，请及时联系笔者。下图二维码是为了提供一个交流学习的通道，大家有兴趣可以扫码加入。

质量交流学习室

2024 年 10 月 29 日